LES PIERRES

ESQUISSES MINÉRALOGIQUES

PAR L. SIMONIN

OUVRAGE
ILLUSTRÉ DE 91 GRAVURES SUR BOIS
PAR EUGÈNE CICÉRI, E. PÉTOT, A. MESNEL ET E. TOURNOIS
DE 6 PLANCHES IMPRIMÉES EN CHROMO-LITHOGRAPHIE
D'APRÈS LES AQUARELLES DE A. FAGUET
ET DE 15 CARTES TIRÉES EN COULEUR

PARIS

LIBRAIRIE DE L. HACHETTE ET Cⁱᵉ
BOULEVARD SAINT-GERMAIN, Nᵒ 77

1869

LES PIERRES

ESQUISSES MINÉRALOGIQUES

PRINCIPAUX OUVRAGES DU MÊME AUTEUR

La Vie souterraine ou les Mines et les Mineurs, 2e édition, Paris, Hachette, 1867.

Les Merveilles du monde souterrain, 2e édition, Paris, Hachette, 1869.

Voyages en Californie, à l'île Bourbon, dans la mer Rouge, à Londres (quartiers pauvres), dans le Cornouailles, le pays de Galles, les mines de Saône-et-Loire, le Far-West américain, les îles Chincha, publiés dans le *Tour du Monde*, Paris, Hachette, années 1862-68.

L'histoire de la Terre, origines et métamorphoses du globe, 3e édition, Paris, J. Hetzel, 1867.

Les Pays lointains, notes de voyage (la Californie, Maurice, Aden, Madagascar), 2e édition, Paris, Challamel aîné, 1867.

La Toscane et la mer Tyrrhénienne, études et explorations (la Maremme, Carrare, l'île d'Elbe, Chiusi), Paris, Challamel aîné, 1863.

Le Grand Ouest (les pionniers et les Peaux-Rouges; les colons du Pacifique), Paris, Charpentier, 1869.

10618 — Imprimerie générale de Ch. Lahure, rue de Fleurus, 9, à Paris.

1 Fluorine jaune *d'Angleterre*
2 Fluorine bleue-verte *d'Angleterre*
3 Épidote *de l'Oisans (Dauphiné)*
4 Lépidolite *de Moravie*

5 Calcaire pisolitique *d'Algérie*
6 Calcaire cristalisé *de l'Ile d'Elbe*
7 Soufre cristallisé *de Sicile*
8 Agate sanguine *d'Oberstein (Allemagne)*

Librairie de J. HACHETTE & Cie à Paris
Imp Lemercier & Cie Paris

A

GEORGE SAND

QUI DANS PLUSIEURS DE SES IMMORTELS OUVRAGES

A RENDU AUX SCIENCES NATURELLES

UN HOMMAGE DONT ELLES LUI SONT RECONNAISSANTES

PRÉFACE.

Ce livre des *Pierres* est divisé en deux parties.

Dans la première, l'auteur fait connaître la grande famille des minéraux, il dit l'origine de ceux-ci, le rôle qu'ils jouent en ce monde, et parle, d'une manière générale, des pierres de France et des pierres du globe.

Dans la seconde, il raconte l'histoire de quelques pierres, et pour cela il a pris au hasard, dans ses souvenirs d'explorateur, parmi les minerais des Montagnes-Rocheuses ou de l'île d'Elbe, les marbres d'Italie ou les houillères de Bourgogne. Partout, des exploitations bien conduites ont créé des contrées nouvelles, ou rendu plus populeuses et prospères celles qui existaient déjà.

La science pure a été sévèrement bannie de ces esquisses minéralogiques. Elles s'adressent indistinctement à tous, à ceux surtout qui aiment les pierres, et qui sont prêts à dire, avec le grand écrivain à qui ces pages sont dédiées : « Je quitterais tous les palais du monde, pour aller voir une belle montagne de marbre dans les Alpes ou dans les Apennins [1]. »

Comme dans un précédent ouvrage, *la Vie souterraine ou les Mines et les Mineurs*, l'auteur a cru devoir appeler à son aide le crayon de l'artiste, mais sans rien emprunter à la fiction. L'enseignement par les yeux est chose excellente, à condition qu'on respectera la vérité. Cette fois encore toutes les figures de fossiles ou de minéraux ont été faites d'après des échantillons, toutes les cartes tirées de documents locaux, officiels, tous les portraits, tous les paysages dessinés d'après nature.

Le paysage était d'autant plus nécessaire ici, que les pierres donnent aux pays qu'elles environnent un aspect caractéristique, et qui varie suivant la nature de ces pierres elles-mêmes. Un géologue ne s'y trompera jamais, un artiste s'y trompe presque toujours. Il serait grand temps que le peintre demandât quelques inspirations à la géologie, et que cet axiome passât enfin de la science dans l'art : telle pierre, tel pays.

Toutes les pierres ne sont pas indifféremment des granits ou des calcaires ; il faut arriver à les connaître chacune séparément, et à saisir le caractère qu'elles impriment à une région. Ce n'est que par ce moyen que l'artiste arrivera à définir exactement ses paysages, où le sol joue un rôle si important, souvent très-mal interprété, faute de connaissances suffisantes.

1. George Sand, *Lettres d'un voyageur*.

L'auteur s'empresse de citer, parmi les personnes qui lui ont obligeamment ouvert leurs collections, M. Daubrée, inspecteur général des mines, professeur au Muséum, et M. Édouard Collomb, dont les études sur les glaciers sont connues de tous les géologues.

Il adresse aussi ses remercîments à tous les artistes qui l'ont secondé dans la partie graphique de son travail : MM. Ciceri, Dumas-Vorzet, Lançon, Faguet, Tournois, Rapine, Bonnafoux, etc.

Paris, le 1ᵉʳ juillet 1869.

L. SIMONIN.

PREMIÈRE PARTIE

LA TRIBU DES PIERRES

CHAPITRE I.

L'ÉTUDE DES PIERRES.

I

LE RÈGNE MINÉRAL.

Les terrains, les roches et les minéraux. — *Lapides crescunt.* — Formes cristallines. — Les classificateurs français. — Les pierres, les terres, les sels, les combustibles, les métaux, les liquides et les gaz naturels. — Le rôle des pierres.

Nous ne savons pas exactement ce qui est à l'intérieur du globe; la partie superficielle est formée de matières solides auxquelles on donne, en les considérant chacune dans son ensemble, et d'après les circonstances qui en ont accompagné la formation, le nom de terrains. Les roches sont les éléments constitutifs des terrains, des masses homogènes qu'ils renferment, et celles-ci se composent à leur tour de minéraux. Les roches et les minéraux sont ce qu'on nomme vulgairement les pierres.

La géologie est la science des terrains : elle les décrit, les classe, les sépare, elle en fait en quelque sorte l'anatomie; elle passe ainsi à ce qu'on pourrait nommer la lithologie, science des roches; enfin la minéralogie s'occupe

1

spécialement des minéraux. Cependant le mot de minéralogie, pris dans son acception la plus générale, comprend
aussi l'étude des roches, même au point de vue géologique,
et c'est dans ce sens que nous entendons présenter ces esquisses sur les pierres.

L'origine de toutes les pierres, de tous les minéraux s'explique aujourd'hui de la façon la plus simple, soit par des
phénomènes ignés, éruptifs, où le feu joue le principal rôle,
comme dans les éruptions volcaniques qui s'opèrent encore
sous nos yeux ; soit par des phénomèues aqueux, sédimentaires, où l'eau intervient principalement, comme
agent de dissolution ou de transport : ainsi voyons-nous se
déposer les alluvions de nos fleuves et de nos rivières, les
sédiments au fond des mers ou des lacs, etc.

La géologie a pénétré dans le laboratoire de la nature
et fait la lumière et la certitude là où il n'y avait jadis que
doutes, divagations et ténèbres. N'admettait-on pas encore
au siècle dernier, comme aux âges les plus innocents de la
lithologie, que les cailloux poussaient? On avait imaginé
un suc lapidifique, et ressuscité l'idée de Démocrite et
d'Aristote qui accordaient aux pierres une âme végétative.
A cette croissance, sinon à cette âme des pierres, croyaient
fermement et Tournefort et Linné lui-même. L'axiome du
grand Suédois est resté célèbre: *Lapides crescunt*, les pierres
poussent. D'autres savants étaient allés plus loin dans leurs
hypothèses : ils disaient que les pierres provenaient de ger-
mes comme les plantes, et ils prétendaient avoir découvert non-seulement les graines, mais encore les fleurs du
corail.

Ne nous étonnons pas de ces faits. Quelques personnes
admettent encore aujourd'hui la vie végétative des roches.
Des joailliers parlent sérieusement des sucs auxquels sont
dues les gemmes, et des archéologues assurent que c'est

par suite de la croissance des pierres que le forum de
Rome et les temples de l'Égypte et de l'Assyrie sont maintenant enterrés de plusieurs mètres sous le sol. Cela rappelle l'explication d'Aristote qui, ayant ouï dire qu'on avait
trouvé à l'île d'Elbe et dans les carrières de Paros des
outils enfouis sous le minerai de fer ou le marbre, citait
victorieusement ces découvertes comme une des preuves
les plus convaincantes de la croissance des pierres. Aristote,
malgré sa lumineuse raison, manque parfois de sens criti-
que, comme Pline, auquel ce défaut est familier, et qui n'a
eu garde de parler aussi de la végétation des pierres. Il
est vrai que pour les anciens, qui n'avaient pas découvert
la chimie, la véritable explication de certaines incrustations calcaires ou ferrugineuses était difficile à trouver.

Théophraste, l'élève préféré d'Aristote, renchérit sur les
idées du maître. Il divise, dans son fameux *Traité*, les
pierres en mâles et femelles, réservant à ces dernières les
plus belles qualités, la beauté, la couleur, l'éclat.

Au moyen âge interviennent les alchimistes et avec eux
les pierres nobles et ignobles. On attribue à certains minéraux des influences favorables, à d'autres des influences
malsaines. Les uns chassent le mauvais œil, éloignent ou
attirent la foudre; d'autres rendent Vénus propice ou contraire. Pourquoi serions-nous surpris de tout cela? Ces
idées règnent encore chez bien des gens, et c'est le devoir
de la science de les combattre, en faisant prédominer la
vérité à la place de l'erreur.

Les minéraux ont une forme invariable, toujours la
même pour chacun d'eux, offrant les mêmes angles, les
mêmes faces : c'est le cristal, figure probable de l'atome,
c'est-à-dire du dernier élément auquel un corps peut
se résoudre. L'atome est indivisible, problème inson-
dable !

C'est par la juxtaposition des atomes que s'engendrent les minéraux, toujours semblables à eux-mêmes dans toutes leurs parties, ce qui les différencie des espèces animales et végétales composées d'organes variés.

Les formes cristallines des corps inorganiques, réduites à leur plus simple expression, se résument en un petit nombre, six au plus, d'une simplicité géométrique étonnante. Ce sont des cubes, des prismes quadrangulaires, droits ou obliques. Ces six formes sont peut-être celles de six atomes élémentaires, si ce n'est pas d'un seul et même germe que procèdent tous les minéraux.

Une classification méthodique des pierres, même d'après la composition minéralogique, souvent dès plus complexes, est impossible à obtenir. Haüy, le père de la minéralogie française, qui a si minutieusement étudié les minéraux et découvert les lois de la cristallographie entrevues par Romé de Lisle, Haüy nommait les roches les *incommensurables* du règne minéral. Il indiquait ainsi qu'une base positive manquait à leur classification, comme pour ces quantités qu'en mathématique on nomme incommensurables, et qui, n'ayant aucune mesure commune avec l'unité, ne peuvent s'exprimer par aucun chiffre certain.

Après Haüy, deux autres grands minéralogistes français, Al. Brongniart et Beudant, n'ont pas été plus heureux. Si nous rappelions ici quelques-unes des expressions qu'ils ont proposées pour classer et baptiser les pierres, nous n'aurions point à les féliciter des mots nouveaux qu'ils ont essayé d'introduire dans la science ; mais n'est-ce pas ici le cas de dire : « Que celui qui est sans péché leur jette la première pierre ? »

Plus prudent que ses prédécesseurs a été notre Dufrénoy. D'autres n'ont guère imité sa réserve, de sorte qu'aujourd'hui la nomenclature des pierres et des minéraux est

devenue un amas de mots confus, un dédale où chacun se
perd et où nous n'essayerons pas d'entrer.

La nomenclature chimique, ce modèle si parfait de langue universelle et méthodique, pourrait prêter un grand
secours à la classification des minéraux, si ceux-ci étaient
simples ou seulement composés d'un petit nombre d'éléments comme les corps que la chimie combine ; mais il n'en
est point ainsi. La nature, artiste infatigable, aux merveil-
leuses conceptions, ne s'est pas contentée de produire des
corps simples, puis des combinaisons binaires ou multiples :
les oxydes, les chlorures, les sulfures, les silicates, les carbonates, les sulfates, etc. Dans son laboratoire, elle a procédé sur un plan à la fois si grandiose et si varié, qu'elle
déroute la chimie des hommes. Tous les savants se sont
perdus dans leurs essais de classification minérale, et dans
ce cas, de même que dans tant d'autres classifications, une
langue rationnelle reste à trouver.

Les anciens se bornaient à voir dans les minéraux des
pierres, des terres, des sels, des combustibles et des métaux.
Cette classification était même encore, au siècle dernier,
celle de l'Allemand Werner, ce Socrate de la minéralogie,
comme l'appelèrent les Italiens. Et la science avait en effet
besoin de son Socrate ; car au temps de Werner on croyait
toujours aux minéraux nobles et ignobles, et aux pierres
mâles et femelles !

Les pierres, les terres, les sels, les combustibles et les
métaux, auxquels il faut joindre, pour avoir une nomenclature complète, les liquides et les gaz, tels sont donc, —
si nous nous laissons guider par les anciennes classifications, et c'est ici ce qu'il y a de mieux à faire, — les sept
ordres principaux du grand règne minéral.

Les pierres proprement dites comprennent toutes les
roches solides, résistantes, et les reines du monde souter-

rain, les pierres précieuses. Les terres sont formées de
toutes les roches tendres ou désagrégées, dont les deux
types extrêmes sont l'argile et la terre végétale. En tête
des substances salines est le sel par excellence, le sel
gemme. Parmi les combustibles minéraux se rangent d'a-
bord tous les charbons fossiles, quels qu'ils soient, puis
le soufre, le bitume. Les substances métalliques terrestres
sont les minerais, dont l'industrie métallurgique tire un
si grand parti. Pour nous les minerais, comme les sels,
les terres, les combustibles solides, font également partie
des pierres, c'est-à-dire de la famille des roches consis-
tantes, et à ce titre nous les examinerons également.

Restent les liquides et les gaz. Le premier des liquides
naturels est l'eau, plus ou moins minéralisée ; il y a aussi
le pétrole ou huile de pierre, qui fait en ce moment la
fortune de bien des exploitants aux État-Unis. Enfin, parmi
les gaz, il faut distinguer surtout l'air qui enveloppe le
globe, et les hydrogènes carbonés souterrains, gaz combustibles, qu'en Chine on va chercher jusqu'à de très-
grandes profondeurs, comme une source inépuisable de
calorique et de lumière. Les vapeurs minérales, qui, en
Toscane, amènent au jour l'acide borique, doivent encore
être rangées parmi les gaz naturels les plus curieux
(carte I). Nous reviendrons sur toutes ces substances.

Les pierres parlent, a dit je ne sais quel poëte, et jamais
expression figurée ne fut plus conforme à la vérité. L'histoire de la civilisation est inscrite tout entière dans l'histoire des minéraux, de même que dans la connaissance de
leur origine se révèle l'histoire de la formation du globe.

La terre végétale a été dès le premier jour la grande
nourricière du genre humain. L'argile a donné naissance à
la céramique, et les sels ont créé la peinture et la teinture en servant à fixer les couleurs ou en étant eux-mêmes

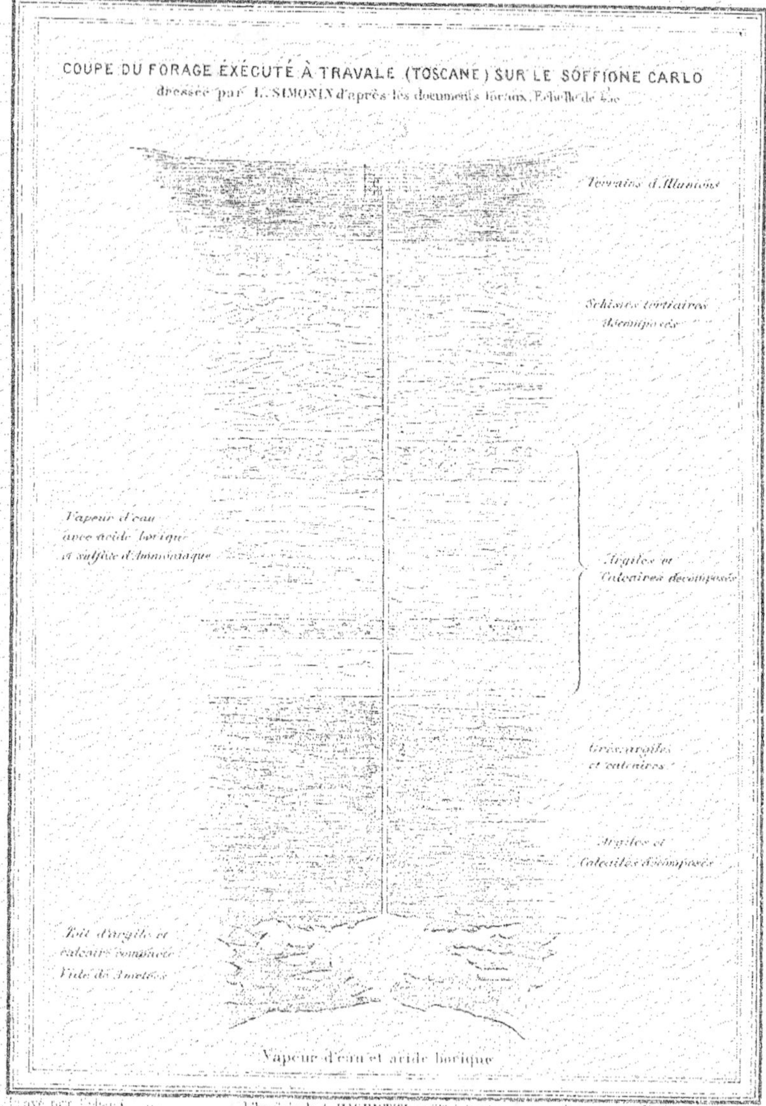
COUPE DU FORAGE EXÉCUTÉ À TRAVALE (TOSCANE) SUR LE SOFFIONE CARLO
dressée par L. SIMONIN d'après les documents fournis. Échelle de ...
Terrains d'Alluvions
Schistes tertiaires Macronipacés
Vapeur d'eau avec acide borique et sulfate d'Ammoniaque
Argiles et Calcaires décomposés
Grès argileux et calcaires
Argiles et Calcaires décomposés
Toit d'argiles et calcaires compacts Vide de Amoténés
Vapeur d'eau et acide borique

des couleurs. Des minerais métalliques sont sortis les métaux, base de tout progrès. L'enveloppe liquide du globe, la mer, a fourni la première le sel par excellence, ce condiment indispensable aux aliments dont se nourrit l'homme. La mer a été aussi, concurremment avec l'enveloppe gazeuse, l'atmosphère, dans laquelle nous sommes plongés, l'origine de la navigation. Un phénomène physique, un défaut d'équilibre de l'air, momentanément ou régulièrement troublé, a engendré le vent, et en lui une force motrice gratuite dont l'homme a su bien vite profiter.

Les eaux douces ou continentales jouent un rôle non moins marquant. C'est d'abord celui d'entretenir partout la vie, rôle qu'elles partagent avec l'atmosphère. En outre, les fleuves sont *des chemins qui marchent* (Rabelais, Pascal), plus économiques que les voies ferrées elles-mêmes, et des machines toutes prêtes à fonctionner. Mais l'homme ne s'est pas contenté de tant d'avantages que la nature a mis gratuitement à son service. Quand l'eau manque à la surface, il va la chercher sous le sol (carte II). Le liquide monte et souvent jaillit en gerbes artésiennes[1] qui fécondent les champs, arrosent et alimentent les villes, où elles distribuent aussi le calorique, quand elles viennent de lieux assez profonds[2]; enfin les mêmes eaux servent de force motrice aux usines, et peuvent être employées en médecine quand elles sont suffisamment minéralisées.

Là ne se bornent pas les services que nous rendent les minéraux. On connaît les miracles que les combustibles fossiles ont permis à notre époque de réaliser : nous leur

1. C'est à Modène, paraît-il, et non en Artois, que l'art des sondages a pris naissance pour la recherche des eaux artésiennes. Aussi Modène porte dans ses armes, de temps immémorial, une tarière ou sonde. Nous donnons, à la carte II, deux coupes de sondages modénais récents.

2. On sait que la température souterraine croît moyennement de 3 degrés par chaque 100 mètres d'abaissement sous le sol.

devons la machine et les bateaux à vapeur, la locomotive;
c'est tout dire. Et aux pierres, aux vraies pierres, que ne
leur doit-on pas aussi, à un autre point de vue? Les plus
belles, les gemmes, par l'éclat et le reflet qui les distinguent, par le poli qu'elles peuvent recevoir, par la dureté
qui leur est propre et qui leur permet de conserver indé-
finiment la trace du burin, ont donné naissance à la gra-
vure et sont venues en aide à tous les arts décoratifs. La
minéralogie, l'optique leur doivent aussi plus d'une découverte. Ne servent-elles pas enfin à rehausser la beauté de la
femme? Et quant aux plus modestes, les pierres de construction, n'ont-elles pas permis d'édifier la demeure de
l'homme? N'ont-elles pas été successivement l'origine de
l'architecture et de la sculpture? C'est peut-être à elles
qu'on doit le plus. Il n'est rien en ce monde de petit ni d'infime; un caillou bien exploité peut faire la fortune d'un
État, donner même naissance à tout un pays. Nous en
citerons plus tard de nombreux exemples.

II

LES CHERCHEURS DE CAILLOUX.

Intérêt des excursions géologiques. — Entrée en campagne : équipement,
instruments. — Reconnaissance des roches et des terrains. — La chasse
aux fossiles. — Levé des cartes. — Utilité de la science des pierres.

Il est peu de sciences d'un intérêt plus général et plus
immédiat que la science des pierres. La géologie est la sœur
de la géographie; elle est aussi l'auxiliaire indispensable
de la plupart des sciences appliquées.

Fig. 1. — Blocs de rochers charriés par le glacier de l'Aar (rive gauche), d'après un dessin inédit de E. Collomb.

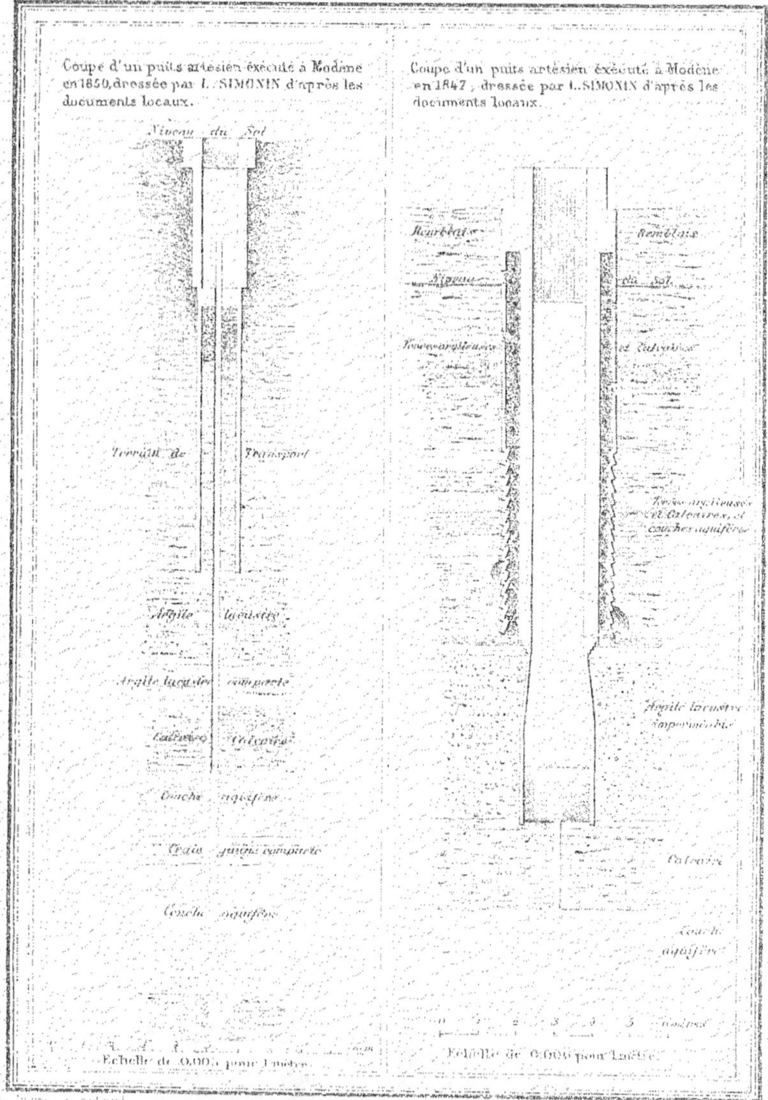

Coupe d'un puits artésien éxécuté à Modène en 1850, dressée par L. SIMONIN d'après les documents locaux.
Coupe d'un puits artésien éxécuté à Modène en 1847, dressée par L. SIMONIN d'après les documents locaux.
Niveau du Sol
Remblais
Remblais
Niveau du Sol
Terrain de Transport
Roue argileuse
et Calcaires
Argile lacustre
Argile lacustre et Calcaires, et couches aquifères
Argile lacustre compacte
Argile lacustre imperméable
Calcaires Calcaires
Couche aquifère
Calcaire
Craie grise compacte
Couche aquifère
Couche aquifère
0 1 2 3 4 5 mètres
Echelle de 0,005 pour 1 mètre.
Echelle de 0,005 pour 1 mètre.

La géologie pratique s'exerce sur le terrain, en rase campagne. Dans de telles conditions, l'hygiène du corps et celle de l'âme se ressentent également bien de cette étude. En nous rapprochant des grands spectacles de la nature, en nous faisant vivre au milieu des hautes montagnes, des profondes vallées et de leurs populations primitives, les courses géologiques donnent au corps et à l'esprit comme une trempe vigoureuse. On rajeunit à cette forte discipline.

Quelle variété, quel attrait n'offrent pas des excursions de cette sorte! Ici ce sont les hautes montagnes, les Pyrénées, les Alpes, souvent si difficiles à gravir jusqu'à leurs sommets. Au milieu des monts ardus, ce sont les glaciers avec les pierres quelquefois énormes que transportent dans leur marche ces fleuves de neige (fig. 1), ou bien encore, au flanc ou au pied des montagnes, et jusque dans les vallées, les blocs erratiques, roches perdues par les glaciers des temps antédiluviens (fig. 2). Là ce sont les veines métallifères, portées souvent aux plus grandes altitudes, comme si la nature avait voulu faire payer à l'homme le prix de ses faveurs. Plus loin ce sont les roches éruptives, ces volcans éteints des anciens âges, et les roches volcaniques elles-mêmes, encore allumées ou à peine refroidies. Toutes ces pierres ignées donnent un cachet ineffaçable aux pays qu'elles ont soulevés, et renferment la clef de presque tous les phénomènes qui ont présidé à la genèse de notre terre. Telles sont les roches de l'Auvergne, telles encore celles de l'Islande. Ailleurs enfin, ce sont tous les terrains sédimentaires, avec leurs assises remplies de fossiles, feuillets des premières archives du globe, feuillets déchirés, épars, mais que l'homme a su rassembler, et où il a pu lire avec étonnement les diverses transformations de la vie depuis l'apparition du premier être !

Une qualité indispensable que doit avoir l'ami des pierres, pour appliquer en plein air les enseignements de la géologie, c'est d'être bon marcheur. Le géologue ne va pas à cheval et encore moins en voiture ou en chemin de fer, si ce n'est pour gagner le lieu de ses explorations ou revenir au logis. Il ne faut pas faire comme ce professeur italien qui, au retour d'un voyage en Autriche, rédigeait un mémoire portant ce titre : « Observations géologiques que l'on peut faire sur le chemin de Naples à Vienne. » Fût-il monté sur l'impériale de la diligence, il n'avait pu rien voir, et avait dû être plus d'une fois induit en erreur par l'apparence, souvent si trompeuse, des roches et des terrains.

Le géologue voyagera donc toujours à pied. Ses vêtements devront être simples et ne provoquer en aucune façon la curiosité des campagnards. Il s'habillera comme le chasseur. Il portera de gros souliers munis de clous, et des guêtres en cuir ; sur le dos, une carnassière pour loger les instruments et les cailloux. Des lunettes bleues, pour garantir la vue en été et dans l'excursion des glaciers, sont d'un usage indispensable, non moins que la canne à pointe ferrée et à marteau d'acier pour aider la marche ou attaquer le roc. Autour de la taille, il sera bon d'avoir une ceinture pour passer au besoin les marteaux ; enfin le chef sera garanti par un chapeau mou, à larges bords. Les habits seront de laine forte en hiver, de toile ou mieux de laine douce en été, et, dans les deux cas, commodes et larges. Là-dessus, d'ailleurs, chacun consultera ses goûts et les habitudes du pays où il se trouve. Le géologue allemand, Léopold de Buch, qui a été avec Humboldt le plus célèbre des disciples de Werner, ne voyageait jamais sans son parapluie.

Les instruments seront peu nombreux. Il en est toute-

Fig. 2. — Bloc erratique de granit pris à Garin, vallée de l'Arboust (Pyrénées), d'après un dessin inédit de E. Collomb.

Longueur, 4 à 5 mèt.; largeur, 4 à 5 mèt.; hauteur, 3 à 4 mèt.; poids approximatif, 150 000 kilogrammes.

fois que l'on ne saurait oublier : tels sont, en première
ligne, les marteaux, ciseaux et pics à pointe aciérée. Les
marteaux seront de diverses formes et de diverses grosseurs ; ceux-ci servent seulement à casser, ceux-là à échan-
tillonner les pierres. Un des côtés de la tête est carré,
l'autre pointu ou en biseau. Le manche, assez long, doit
tenir bien dans la main. Comme on est souvent accompagné d'aides et de porteurs, on pourra les charger d'un
fleuret à mine et d'une pince, pour faire éclater ou pour
soulever la roche. Ces outils seront d'un grand secours et
permettront d'aller surprendre, jusque dans leur cachette
la plus obscure, les beaux échantillons de minéraux et de
fossiles qui ne se montrent pas volontiers. Si l'on doit traverser des fourrés, des taillis épais, des maquis, bois de
bruyères et d'arbousiers à hauteur d'homme, comme il en
est de si vastes en Toscane et en Corse, on fera bien de se
munir d'une hache pour ouvrir son chemin. Dans tous les
cas, le couteau du chasseur et du jardinier, à plusieurs lames,
muni d'une scie, d'une serpette, ne devra pas être oublié.

Si la carnassière ne suffit pas, on pourra mettre les
échantillons dans un double sac à filet. Le sac est porté sur
le dos, tombant de chaque côté des épaules, ce qui fait
contre-poids. Cela rappelle un peu la besace des frères
mendiants ; mais c'est une besace à jour.

Du papier d'emballage est indispensable pour envelop-
per les échantillons. Chaque pierre doit être soigneusement étiquetée et mise à part pour être reconnue. Il faut
surveiller les porteurs. Tel de ces hommes que l'on a engagé en passant au village voisin, jette volontiers les pierres
qu'on lui remet. Au retour, il en ramasse d'autres à l'entrée du village, s'imaginant que c'est la même chose, et
vous regardant comme un fou de prendre tant de peine à
collectionner des cailloux.

Pour étudier les échantillons, la loupe et un flacon d'acide nitrique ou eau-forte sont indispensables. L'eau-forte révèle instantanément les roches calcaires. Dès qu'une goutte en est versée sur la pierre, il se produit un mouvement tumultueux comme celui des eaux gazeuses qu'on débouche. L'acide qui se dégage est du reste le même dans les deux cas : c'est l'acide carbonique, qui s'empresse ici de céder la place à un acide violent. Aucune autre roche que les calcaires ne jouit de cette propriété.

L'eau-forte étant très-volatile et attaquant impitoyablement la peau et les vêtements, il faut avoir recours à des moyens de fermeture particuliers. Le bouchon, usé à l'émeri, sera surmonté d'un chapeau en cristal, et le flacon enfermé dans un étui en bois à couvercle vissé. C'est assez de cet incommode compagnon. Aussi n'emporterons-nous pas avec nous la balance ni l'éprouvette graduée pour calculer la densité ou poids spécifique des roches, non plus que le chalumeau ou tube d'essayeur. Il vaut mieux laisser ces appareils au logis pour des déterminations exactes qu'on ne manquera pas de faire au retour.

L'explorateur consciencieux ne se contente pas de recueillir, et de nommer des échantillons; il relève aussi quelques éléments généraux sur le terrain. La boussole de poche, munie d'un demi-cercle vertical gradué, auquel est lié un indicateur mobile, servira à prendre les angles de direction et d'inclinaison des couches rocheuses, et avec le mètre ou mieux un rouleau divisé, on mesurera l'épaisseur des différentes assises. Une lunette d'approche pour étudier le terrain à distance et juger, si faire se peut, de la nature des parties inaccessibles; un appareil photographique, et à défaut une chambre claire, pour prendre aussi exactement que possible les détails d'un paysage géologique, seront fort utiles à ceux auxquels le dessin n'est pas familier, et qui sont embarrassés pour dresser rapidement un croquis.

Dans un pays nouveau, non encore exploré, on pourra aussi, au moyen de la boussole, faire quelques levés à vue assez exacts ; mais la plupart du temps, dans nos contrées, les cartes cadastrales ou celles de Cassini et de l'État-Major serviront pour tous les besoins. Si l'explorateur, comme cela arrive quelquefois, avait à dresser des cartes topographiques en même temps que géologiques, le sextant ou tout autre appareil précis pour la mesure des angles et des hauteurs lui serait indispensable, et la chaîne ou le cordeau pour la mesure des bases de sa triangulation.

Les instruments météorologiques sont presque indispensables au géologue : le thermomètre, pour l'indication des températures, soit de l'air, soit des sources, soit des cavernes ; l'hygromètre, pour mesurer le degré d'humidité de l'air ; le baromètre, pour connaître les variations du temps et la mesure des hauteurs. Le baromètre à mercure, si exact dans ses indications, est d'un mauvais emploi en campagne, car il se casse presque toujours, et exige des lectures assez longues.

On préférera le baromètre métallique, dit anéroïde ou holostérique, dont on fait aujourd'hui de très-petits modèles fort exacts. Ce baromètre est le meilleur instrument qu'on puisse appliquer, en marchant, à la mesure des hauteurs. S'élève-t-on de dix mètres, on voit l'aiguille de l'anéroïde descendre d'une division, et l'on obtient ainsi, dans les ascensions de montagnes, l'indication des niveaux atteints, à quelques mètres près. Cette approximation est plus que suffisante dans la plupart des excursions.

L'hygromètre n'est guère plus portatif que le baromètre à mercure. L'hygromètre à cheveu de Saussure n'est pas exact et ne peut se transporter facilement. Les hygromètres à boules de Daniell, de Regnault, sont des instruments de laboratoire. En campagne, le psychromètre d'August (où l'on obtient le degré d'humidité de l'air par les différences d'indication d'un thermomètre sec et d'un thermomètre mouillé) est préférable. On fait aussi depuis quelque temps des hygromètres à cheveu sur le modèle des baromètres holostériques. Une aiguille qui se meut sur un cadran (le cheveu auquel elle est fixée est enfermé dans une boîte, et passe sur de petites poulies) indique le degré d'humidité de l'air. Cet élément est souvent utile à connaître. Dans ses explorations, le géologue ne doit pas du reste négliger les études météorologiques, car il est à même d'en faire quelquefois sur des lieux fort peu accessibles, et où nul ne vient opérer que lui.

Le but des courses géologiques est la reconnaissance des terrains et des roches qui les composent. Celles-ci n'ont bientôt plus de secrets pour le géologue. Dans l'ordre des roches sédimentaires, ce sont les calcaires ou pierres à chaux, qui font effervescence avec les acides, et qui donnent, quand ils sont assez compactes et durs pour prendre et garder le poli, la classe si intéressante des marbres (planche II); ce sont encore les gypses ou pierres à plâtre, qui sont inattaquables par les acides, mais se rayent facilement à l'ongle; les argiles, qui happent à la langue; les marnes, roches terreuses, qui tiennent de la nature des argiles et des calcaires; les grès, aux grains durs, rayant le verre; les houilles, qui brûlent au feu; les ardoises à la teinte, à l'allure caractéristique; les schistes[1], satinés, lustrés, qui se divisent en feuillets comme les ardoises; et

---

1. Du grec σχιστός, *schistos*, divisé, feuilleté.

dans l'ordre des roches éruptives (planche III), les granits, où brillent ensemble le quartz, le feldspath et le
mica; les porphyres, à la pâte feldspathique sombre mêlée de cristaux de feldspath blanc; la famille si variée
des *roches vertes*, aux tons caractéristiques; les trachytes,
poreux, âpres au toucher; les basaltes lourds, noirâtres,
bulleux, semés de cristaux verdâtres de péridot, et souvent divisés en prismes ou en colonnes naturelles.

Fig. 3. — Trilobite pétrifiée (*Cheirurus bimucronatus*). Terrain silurien de Dudley,
comté de Worcester, Angleterre. Grandeur naturelle.

Toutes ces roches se révèlent nettement, avec leurs
apparences tranchées, aux yeux de l'observateur. A leur
tour, les roches métalliques, par leur couleur et leur
poids, trahissent le plus souvent les métaux qu'elles contiennent. La main et l'œil exercé du praticien devinent
même la quantité approximative du métal qui y est principalement combiné, ce qu'on nomme le titre du minerai.
Toutefois, pour quelques substances, un premier essai de
laboratoire est indispensable; mais qui ne reconnaîtrait
le fer, qui se dévoile par le ton de la rouille (planche I, 1);

le cuivre, par celui du vert-de-gris, du vitriol bleu
(planche I, 4 et 5), ou celui du laiton; le plomb, par
une couleur gris bleuâtre (planche I, 7); le mercure, par
celle du vermillon (planche I, 8); l'or et l'argent, par un
aspect et un éclat particuliers?

Fig. 4. — Empreinte de fougère fossile (*Odontopteris minor, varietas*, Ad. Brongniart).
Terrain houiller d'Ilfeld, Harz, Allemagne. Éch. 3/4.

Le géologue confirme, dans le cabinet, toutes les prévisions recueillies sur le terrain. Il a d'ailleurs souvent un
autre but que des recherches purement minéralogiques ou
industrielles : c'est de reconnaître, de classer les formations qu'il a parcourues. Alors commence l'étude des
grandes lignes de stratification orientées d'une manière

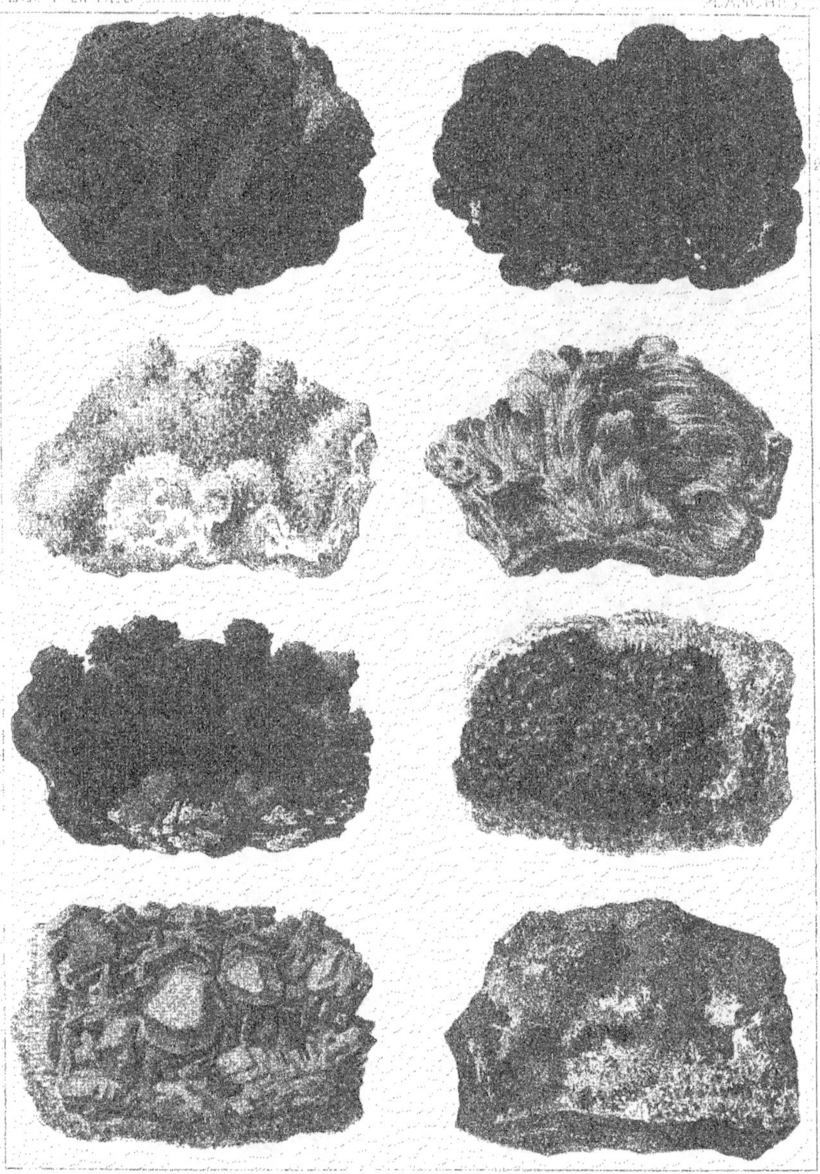

1. Fer peroxydé *ou oligiste*
2. Manganèse peroxydé *ou pyrolusite*
3. Manganèse carbonaté *ou diallogite*
4. Cuivre carbonaté *vert ou malachite*
5. Cuivre carbonaté *bleu ou azurite*
6. Plomb sulfuré *ou galène*
7. Plomb sulfuré *ou galène*
8. Mercure sulfuré *ou cinabre*

Librairie L. HACHETTE & Cie à Paris.

différente suivant les terrains, mais orientées sur des axes
fixes. M. Élie de Beaumont a le premier découvert et ma-
thématiquement déterminé ces axes pour chaque cas, et
il a ainsi calculé l'âge relatif des différents systèmes de
montagnes.

Il est des géologues qui se livrent de préférence à la

Fig. 5. — Ammonite pétrifiée (*Ammonites obtusus*, Sowerby). Terrain jurassique (étage
liasique inférieur) de Lyme Regis, comté de Dorset, Angleterre. Éch. 3/4.

recherche des fossiles. Ici ce sont les grands crustacés
ou trilobites, propres aux terrains les plus anciens (fig. 3);
là, les empreintes de fougères ou de calamites qui annoncent le terrain houiller ou carbonifère (fig. 4). Dans les
formations moins anciennes l'ammonite, ou corne d'Ammon, règne en souveraine (fig. 5), et quelques coquilles,
comme les gryphées arquées, de la famille des huîtres;
puis viennent les hippurites (fig. 6), et les nummulites.

Enfin, dans les terrains plus modernes, on trouve les premiers os des grands mammifères et ceux de l'homme primitif lui-même, ou au moins les restes de l'industrie
humaine à son aurore (fig. 7, 8 et 9).

A des fossiles si caractéristiques, l'aspect lui-même des
terrains vient en aide. Les formations les plus anciennes

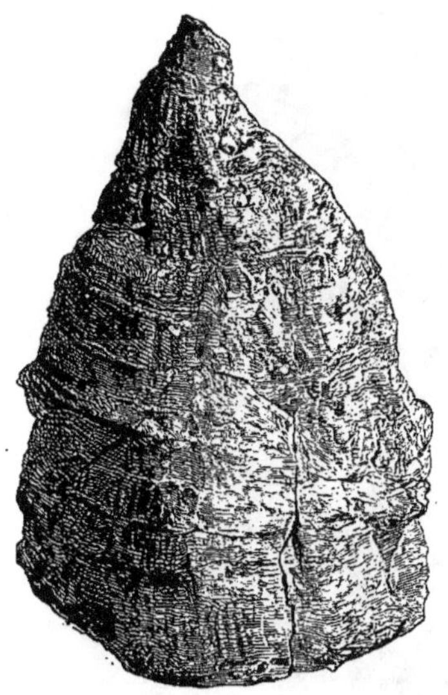

Fig. 6. — Hippurite pétrifiée (*Hippurites radiosus*). Terrain crétacé (étage supérieur)
de la Charente, France. Grandeur naturelle.

sont composées de roches durcies, calcinées, aux bancs
ondulés, tourmentés, d'une épaisseur souvent gigantesque. Les schistes sont luisants, savonneux, pleins de
talc et de mica; les calcaires, sombres, durs, compactes.
Le terrain carbonifère est reconnaissable à ses schistes
noirs, à ses grès jaunâtres, pailletés de mica, à sa houille
bitumineuse, étincelante.

. Les formations d'âge moyen sont mieux réglées que les

primitives. Elles débutent par des grès rouges d'aspect
souvent très-pittoresque, notamment dans les montagnes des Vosges; au-dessus viennent des marnes irisées, bariolées, et d'épaisses assises de calcaires gris

Fig. 7. — Hache grossière en silex, ayant appartenu à l'homme primitif
de la vallée de la Somme, France. Grandeur naturelle.

ou bleuâtres, enfin des couches de grès verdâtres et
de craie blanche.

Dans les formations plus modernes, les assises sont
moins puissantes, moins compactes, et rarement boule-
versées; les roches sont même quelquefois fort peu agglu-
tinées, souvent meubles, désagrégées, et prennent alors,
sous l'influence des agents atmosphériques, les figures

les plus originales, comme on le voit sur tant de points dans les déserts du *far-west* de l'Amérique du Nord. Dans tous les cas, l'épaisseur totale des assises n'est jamais comparable à celle des précédentes formations.

Ainsi les roches et les terrains se trahissent à la fois par tous leurs caractères aux yeux du géologue voyageur. Mais celui-ci ne se contente pas de les reconnaître d'une

Fig. 8. — Couteau en silex ayant appartenu à l'homme primitif des cavernes du Périgord, France. Grandeur naturelle.

Fig. 9. — Grattoir en silex pour le raclage des peaux, etc., ayant appartenu à l'homme primitif des cavernes du Périgord, France. Grandeur naturelle.

manière générale; il en suit tous les contours. Il remonte le long des ruisseaux, des ravins; étudie les tranchées naturelles ou artificielles qui existent le long des routes, des canaux, des voies ferrées, et aux flancs des montagnes. C'est par ce moyen qu'il arrive, en reportant toutes ses observations sur le papier, à dresser ces cartes et ces coupes géologiques où les divers terrains sont représentés par des teintes variées. Ces coupes, ces cartes offrent souvent, si elles ont été dressées avec soin, toute l'exactitude d'un véritable levé topographique. Elles sont d'un continuel secours, et l'on peut même dire l'auxiliaire indispensable des praticiens pour la recherche et l'exploitation des mines et des carrières, les entreprises de sondages artésiens, le tracé des grandes voies de communication, etc.

Telle est l'utilité de la géologie, telle se révèle aux yeux de tous, par ses applications si variées, la science des terrains et des pierres. Mais les explorations géologiques ont aussi un autre intérêt, d'un ordre hygiénique et moral, et qu'il est bon de rappeler : nous savons combien on trempe les corps à cette forte discipline, et combien elle élève l'âme en la rapprochant des grands spectacles de la nature. Nous savons aussi combien l'étude des fossiles provoque de sérieuses réflexions, puisqu'elle nous initie à l'apparition et aux diverses transformations de la vie à la surface de notre terre.

A chaque pas, dans ces transformations successives, est écrite l'histoire du progrès, et d'un progrès continu, sans hésitation, sans tâtonnements, ainsi que nous allons le démontrer en racontant tout au long la naissance ou l'origine des pierres.

CHAPITRE II.

LA NAISSANCE DES PIERRES.

I

L'AGE PRIMAIRE.

La nébuleuse terrestre. — Première écorce. — Apparition de la vie. — Terrains éruptifs et sédimentaires. — Les fossiles. — Roches de la période primitive.

Au commencement, d'après les astronomes modernes dis-·ciples de Laplace, une masse gazeuse se détacha du soleil. Tournant sur elle-même et autour de son point de départ, ·clle prit peu à peu la figure d'une boule. Une partie des gaz, formée d'oxygène et d'azote et restée libre, devint l'atmo--sphère. Une autre partie, en se combinant, donna naissance à l'eau, qui n'est que l'union de deux gaz : l'oxygène et l'hydrogène. La masse centrale, liquéfiée aussi, garda une ·température très-élevée : c'était comme une mer de feu. Insensiblement la surface de cette mer se refroidit, et une première écorce sépara le fluide igné intérieur ·des enveloppes qui s'étaient déjà formées. Sur cette ·écorce brûlante, l'eau bouillonnait, montait dans l'air ·en vapeurs épaisses, qui, parvenues à une certaine hau-

teur, se résolvaient en abondantes pluies. L'atmosphère
devait être chargée de gaz acide carbonique. Les eaux
étaient salées.

C'est au milieu de ces eaux salines et thermales, de cet
air lourd, saturé de vapeurs, sur des roches à peine conso-
lidées, et déchirées, soulevées par la mer de feu sur laquelle
elles se balançaient comme un frêle radeau, que la vie fit
sa première apparition. Des plantes d'espèces les plus humbles, des algues, des mousses; des animaux de l'ordre le

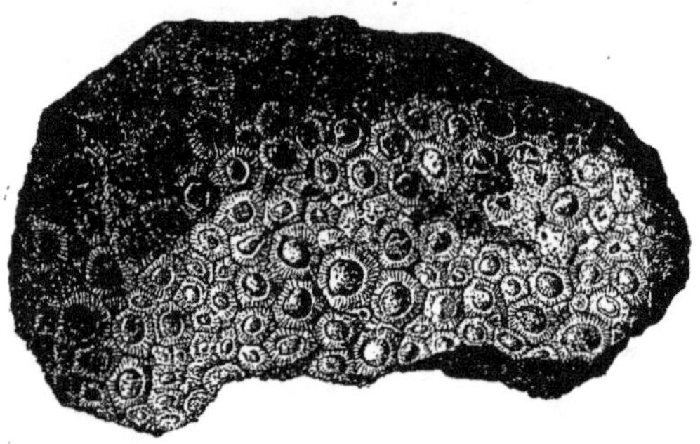

Fig. 10. — Polypier fossile (*Cyathophyllum hypocratiriforme?* Goldfuss). Terrain silurien
de Dudley, comté de Worcester, Angleterre. Éch. 3/4.

plus infime, des coraux, des mollusques (fig. 10 et 11) :
voilà ce qui se montra d'abord dans une série de longs
tâtonnements, humbles préludes de tant de futures merveilles.

La période trente mille fois séculaire qui commence
avec ces premiers phénomènes compose l'enfance de
notre planète. Les mers couvrent alors presque toute
l'étendue du globe. Le fond de ces océans est marqué
par la première écorce qui s'est peu à peu solidifiée;
les rivages sont à peine dessinés, çà et là, par quelques
portions de la croûte soulevées au-dessus des eaux. Il

n'y a encore que des îles; la terre est comme un immense archipel.

Cette écorce primordiale, ces premiers terrains émergés font partie de ce que l'on nomme les terrains éruptifs ou de soulèvement. On les appelle aussi du nom de primitifs, à cause de l'âge des plus anciens d'entre eux; du nom d'ignés, de plutoniens, qui rappelle leur origine; enfin on leur donne quelquefois l'épithète de

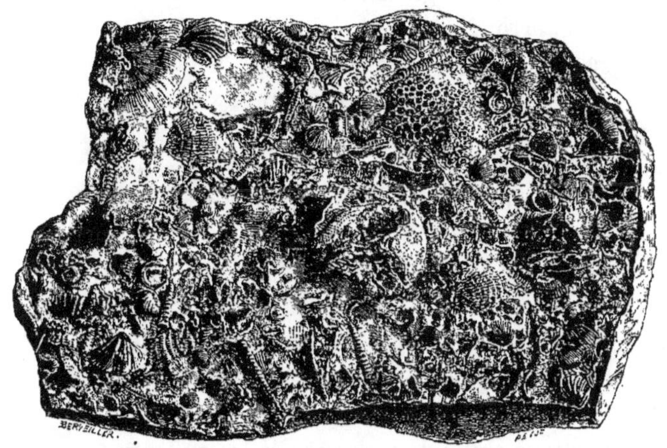

Fig. 11. — Calcaire avec coraux, coquilles bivalves, etc. Terrain silurien de Dudley, comté de Worcester, Angleterre. Éch. 1/2.

massifs ou de cristallins, qui témoigne de l'apparence, de la structure que présentent toutes les roches dont ils sont formés.

Cependant les premiers terrains éruptifs étaient sillonnés, déchiquetés par les eaux diluviennes, qui tombaient sur eux avec une abondance telle que les plus terribles orages d'aujourd'hui ne sauraient en donner une idée. Tous les blocs, arrachés violemment à la roche massive, étaient entraînés et roulés par les eaux. Les plus gros s'arrêtaient en chemin ; les moins lourds continuaient leur course vagabonde, laissant encore plus d'un compagnon en retard. Les masses qui arrivaient au bout, broyées, pulvérisées, ne formaient plus qu'un sable fin, quelquefois à peine palpable. Comme le phénomène était continu, ou du moins avait une très-longue durée, des sédiments se formaient ainsi au milieu des eaux. Les plus gros blocs, réunis, soudés entre eux par un ciment d'argile et de fer, sont ce qu'on nomme les conglomérats, les poudingues, quand les galets sont arrondis, et les brèches quand ils ont conservé leurs angles (planche II, 3 et 4).

Les roches sableuses, grenues, déposées loin des conglomérats, des poudingues et des brèches, ou superposées à ceux-ci, sont les grès. Les alternances de roches à gros et à petits fragments montrent que, dans la formation du globe, des moments d'agitation et de calme se sont tour à tour succédé : il en est de l'histoire de la terre comme de celle des sociétés.

Des grès on passe à des roches à grains encore plus ténus, aux argiles. Celles-ci alternent avec des calcaires [1] qui, le plus souvent, provenaient de sources thermales, et sont de véritables précipitations chimiques, comme celles qui, sur une échelle moins grande, se forment encore sous nos yeux dans les produits qu'abandonnent les eaux minérales, dans les stalactites des cavernes. Mais bien des dépôts calcaires ont aussi une autre origine, et ont été, par exemple, sécrétés par des coraux. Certains autres sédiments, calcaires ou siliceux, ne sont composés que des dépouilles accumulées d'animaux microscopiques. Autrefois, comme

---

1. Les Allemands ont donné et donnent encore le nom de *grauwackes*, qu'on pourrait à peu près traduire par pierres grises, à toutes ces roches sédimentaires de formation ancienne : grès, schistes, argiles, calcaires, etc., qui ont subi souvent de très-grandes altérations.

aujourd'hui, la nature employait les infiniment petits à
bâtir des continents : elle se sert assez volontiers des
humbles pour ses œuvres les plus grandioses.

Toutes les roches dont il vient d'être parlé font partie
d'une même classe de terrains que, par opposition aux
terrains éruptifs, on nomme sédimentaires, aqueux ou
neptuniens.

L'eau et le feu, Neptune et Pluton, se partagent désormais l'empire de la géologie ; les disciples de Thalès et
d'Héraclite ont fait de nos jours la paix et signé un compromis définitif.

Les terrains sédimentaires s'appellent aussi stratifiés,
parce qu'ils se rencontrent en masses plates, continues,
divisées en couches ou strates[1], en bancs, en lits, dont la
superposition ne peut mieux se comparer qu'à celle des
feuillets d'un livre. C'est dans ces lits que l'on trouve des
restes de plantes ou d'animaux, la plupart d'espèces aquatiques, et confirmant une fois de plus l'origine de ces terrains. Ces restes de corps organisés, qui ne sont quelquefois qu'à l'état d'empreinte ou de moule, sont ce qu'on
nomme les fossiles ou vulgairement les pétrifications.
Un des grands caractères des fossiles est d'appartenir
presque toujours à des espèces ou des genres éteints,
comme si la vie avait dû plusieurs fois changer de modèles, avant d'arriver à ceux qu'elle a maintenant
adoptés.

Les fossiles sont les plus sûres archives, les monuments
les plus certains au moyen desquels on peut reconstituer le
passé de la terre. Ils ont donné naissance à une branche
spéciale de l'histoire naturelle, la paléontologie ou science
des êtres disparus. Cette science a été fondée par Cuvier,

1. Du latin *stratum*, qui, au propre et au figuré, signifie couche, lit.

qui appelait lui-même les paléontologistes des archéologues d'une nouvelle espèce. Les fossiles ne sont-ils pas en effet les médailles de la géologie, et les bancs qui les contiennent, les feuillets sur lesquels est inscrite l'histoire de la formation de la terre ?

Au contact des roches éruptives, les terrains sédimentaires ont éprouvé des modifications profondes. D'abord les roches ignées, par leur apparition même, ont violemment soulevé ces terrains, et rendu quelquefois verticales leurs lignes de stratification d'horizontales qu'elles étaient. En outre le feu a cuit les roches sédimentaires, les a rougies, fendillées ; il en a même modifié la composition et y a introduit de nouveaux éléments. Les bancs d'argile sont devenus des schistes, des ardoises. La roche s'est feuilletée dans un autre sens que celui de la stratification régulière. Toute trace de fossiles a disparu. Ce sont les terrains sédimentaires ainsi transformés qu'on appelle avec les Anglais métamorphiques (il serait mieux de dire simplement en français métamorphosés), à cause du changement que le feu ou des eaux thermales, souvent à l'état de vapeurs, leur ont fait subir.

L'âge primitif du globe s'étend depuis le moment où commencent les plus anciens dépôts d'éruption et de sédiment, jusqu'à celui où finissent les grandes forêts houillères. L'architecture de notre planète débute par de gigantesques assises qui en forment comme les inébranlables fondations. Ce sont des schistes métamorphiques, satinés, lustrés, où brillent le mica en paillettes, le talc savonneux, le quartz ou cristal de roche compacte, aux grains durs, probablement déposé par des eaux siliceuses ou arraché aux roches granitiques préexistantes.

Après ces schistes, qui règnent sur d'immenses espaces, viennent des bancs de conglomérats, de grès, d'ar-

doises, de calcaires. Ces derniers passent le plus souvent
aux marbres, c'est-à-dire qu'ils sont compactes, à texture
cristalline, et capables de recevoir un beau poli (planche II, 8).

La faune fossile ou collection des animaux éteints est
nombreuse et variée. La vie n'a pas tardé à prendre un
grand essor dès que les milieux l'ont permis. A côté des
coraux, des rayonnés, apparaissent bientôt les mollusques,
dont nous retrouverons les dépouilles ou coquilles dans
tous les terrains, et dont plusieurs genres naissent et meu-
rent dans cette période, tels que les calcéoles en forme de
sandale, certains spirifères et productus, etc.

Avec les mollusques il faut citer les crustacés, dont une
famille, celle des trilobites (fig. 3), qui empruntent leur
nom à la partie dorsale de leur carapace divisée en trois
lobes, disparaît entièrement après la période primitive.

Les poissons sont également très-abondants, et bien des
espèces, que les mers de l'âge suivant ne verront plus, les
amblyptères par exemple, vivent en bandes dans ces mers
anciennes.

Le grand nombre des trilobites et des poissons caractérise cette période terrestre que certains géologues ont proposé d'appeler trilobitique, et d'autres, avec M. Agassiz, le
règne des poissons. Pour être plus clair, plus précis, il
conviendrait peut-être de dire simplement le règne des
crustacés. Quelques reptiles, au nombre desquels est l'archégosaure ou le premier lézard, apparaissent à la fin de
la période primitive. Les insectes se montrent aussi; mais
les êtres supérieurs, les oiseaux, les quadrupèdes, l'homme,
sont complétement absents.

La flore fossile ou réunion des végétaux de ces temps re-
culés n'est pas moins remarquable que la faune. Après
quelques tâtonnements, la vie végétale apparaît dans toute

sa splendeur. Une température torride règne partout. Il y a dans l'air un excès de vapeur d'eau et d'acide carbonique qu'on ne retrouvera plus à aucune époque, et l'on sait combien ces deux éléments de l'atmosphère sont indispensables à la nutrition des plantes. Aussi avec quelle facilité se dépose le charbon au milieu de ces forêts antédiluviennes! Il y forme des couches puissantes où se moulent les feuilles et les troncs des végétaux qui concourent à le produire, et au pied desquels il se dépose en bancs tourbeux. Les schistes, les grès eux-mêmes nous ont conservé ces empreintes, et les lits de ces roches sont devenus comme les herbiers de cette flore primitive. La terre avait alors toute sa jeunesse, et le sol était partout paré de feuillage et de gazon. Les énormes calamites, les sigillaires au tronc élancé, les gigantesques lépidodendrons, les cycadées, les walchias, ancêtres des palmiers et des conifères, les fougères arborescentes (fig. 4), une foule d'autres plantes depuis disparues ou qu'on ne retrouve plus que sous les tropiques, croissaient partout en bois touffus.

La décomposition sur place de ces plantes dont quelquesunes étaient d'espèce marine, mêlée à la décomposition d'animaux gélatineux, a donné lieu aussi à des sources abondantes, à des lacs, à des fleuves souterrains de pétrole, de gaz combustibles et d'eaux salées, que la sonde, à notre époque, devait faire remonter au jour. Tels sont les fameux gisements d'huile de pierre des États-Unis, dans la Pensylvanie et l'Ohio. D'autres géologues, il est juste de le dire, attribuent ces sources minérales à des émanations gazeuses échappées au foyer central de la planète, et montant le long des fissures du sol. Nous reviendrons sur ces gîtes curieux.

C'est un naturaliste français, M. Adolphe Brongniart, fils d'un illustre père, qui a eu la gloire de révéler le pre-

mier la flore carbonifère, si différente de celles qui l'ont
depuis remplacée. A l'opposé de ce qui eut lieu pour la vie
animale, la vie végétale offrait alors un développement
qu'elle n'a jamais plus atteint. Quelques petites plantes
aquatiques et marécageuses, telles que les lycopodes, les
prêles ou queues-de-cheval, rappellent seules, de nos jours
et sous nos climats, les plantes houillères, les lépidodendrons, les calamites. Comparées à ces dernières, elles sont
comme la plus humble graminée à côté du plus superbe
chêne, comme le modeste lichen vis-à-vis du séquoia géant
des forêts de la Californie.

Telles étaient la flore et la faune lors de l'enfance de la
terre. A chaque instant les sédiments sur lesquels apparut
et se modifia la vie, étaient troublés par des commotions
volcaniques. Les granits, les porphyres se faisaient jour à
travers les soupiraux béants du monde encore pâteux.
L'écorce terrestre était soulevée sur des étendues immenses, sur des méridiens tout entiers, et ainsi se jalonnaient
les premières montagnes, les premiers reliefs du globe, au
pied desquels allaient bientôt s'étendre de nouveaux sédiments. Au milieu de ces effroyables ébranlements la vie ne
disparut jamais tout à fait; mais des espèces nombreuses
s'éteignirent, qui depuis ne se sont plus montrées.

Les roches éruptives, en soulevant les chaînes de montagnes, ouvraient aussi dans les terrains déjà déposés de
nombreuses fissures, parallèles à la direction des chaînes,
et dans ces fentes, dans ces cheminées naturelles, mon-
taient en vapeurs des émanations métallifères, parties du
foyer central. Plusieurs métaux, mais surtout l'or, l'argent,
l'étain, le mercure, le plomb, le cuivre, se déposaient
dans ces filons. Les fameuses mines du Harz en Allemagne
(cartes III, IV et V) ont été ainsi formées lors de ces premiers temps géologiques.

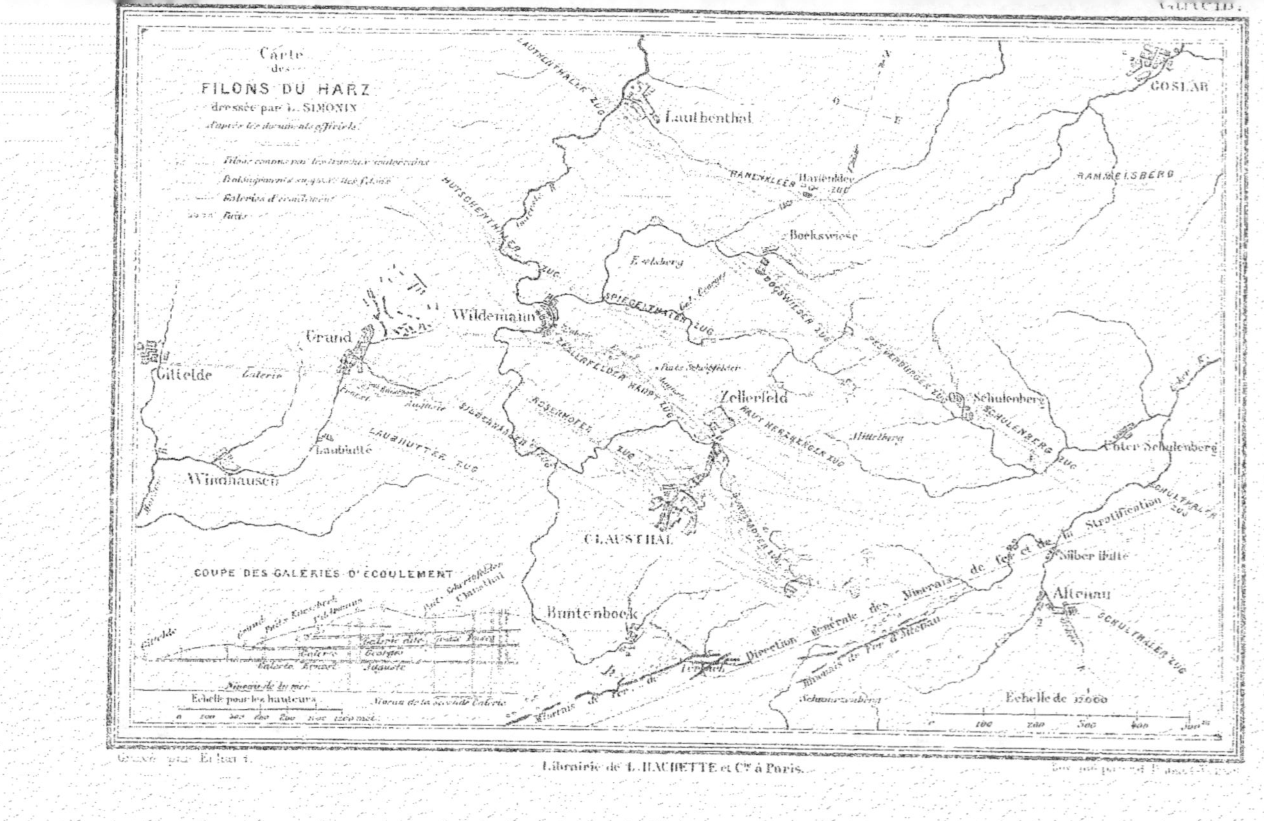

Carte
des
FILONS DU HARZ
dressée par L. SIMONIN
d'après les documents officiels.
Filons connus par les tranchées souterraines
Redressements supposés des filons
Galeries d'écoulement
Puits
GITTELDE
Galerie
Grand
Wildemann
Windhausen
Laubhütte
LAUBHÜTTER ZUG
WILDEMANN ZUG
ROSENHÖFER ZUG
ZELLERFELDER HAUPT ZUG
HAUT HERZBERGER ZUG
Zellerfeld
Mittelberg
SPIEGELTHALER ZUG
HUTSCHENTHALER ZUG
LAUTENTHALER ZUG
Lautenthal
GOSLAR
RAMMELSBERG
BANENKLEER ZUG
Hahnenklee
Bockswiese
Festberg
BOCKSWIESER ZUG
Schulenberg
Ober Schulenberg
SCHULENBERG ZUG
SCHULTHALER ZUG
CLAUSTHAL
Buntenbook
Silber Hütte
Altenau
Stratification ZUG
Direction générale des filons
Rivières de fer et de la
Rivières de fer d'Altenau
Échelle de 12000
0   100   200   300   400   500m
COUPE DES GALERIES D'ÉCOULEMENT
Gittelde
Puits Knesbeck
Galerie dite Georges
Galerie Ernest Auguste
Galerie dite Haute Galerie
Galerie Charlotte Clausthal
Niveau de la mer
Niveau de la seconde Galerie
Échelle pour les hauteurs
0   100   200   300   400   500   600 700 800 900 1000 mèt.
Gravé par Erhard.
Librairie de L. HACHETTE et Cⁱᵉ à Paris.

D'autres métaux, comme le fer, le zinc, étaient plutôt
apportés par des sources qui les contenaient en dissolution,
et les laissaient peu à peu déposer. Ainsi se condensait
pour l'avenir, sous l'œil prévoyant de la nature, une espèce
de réserve métallique, comme la houille devait être à son
tour la source la plus féconde de calorique et de lumière
où puiseraient un jour les sociétés humaines.

C'est de la sorte que s'écoula la longue enfance de la
planète. Ce premier âge est celui que beaucoup de géologues nomment aujourd'hui la période primaire. On l'appelle encore quelquefois la période de transition, et ce
nom lui avait été donné par Werner, le chef des géologues
allemands, parce que cet âge marque le temps écoulé
entre le dépôt des premiers terrains ignés que Werner
nommait primitifs, et celui des terrains de sédiment non
modifiés qu'il nommait secondaires. Enfin les Anglais ont
appelé cette période paléozoïque, c'est-à-dire des animaux
anciens, parce qu'elle renferme en effet les dépouilles des
premiers êtres.

Les savants subdivisent la période primaire en plusieurs
époques distinctes ou terrains, qui sont, en allant des plus
anciens aux plus modernes, les époques cambrienne, silu-
rienne, devonienne et carbonifère. Deux des maîtres de la
géologie anglaise, MM. Sedgwick et Murchison, ont proposé
les trois premières de ces dénominations, adoptées depuis
par presque tous les géologues de l'Europe. Les noms de
cambrien et de silurien rappellent le pays des Cambres
(Cimbres) et des Silures, aujourd'hui le pays de Galles et le
Cumberland, où ces terrains se sont surtout développés en
Angleterre. Le nom de devonien remet en mémoire le
comté de Devon, où a été pris le type de la formation devonienne.

Les géologues des États-Unis se sont insurgés contre les

dénominations anglaises, et ont proposé à leur tour celles de terrains canadien, laurentien, taconique, etc., empruntées à des localités ou à des montagnes de l'Amérique du Nord. Il est juste de reconnaître que c'est en effet aux États-Unis que l'on peut surtout étudier les formations primaires, et qu'elles y sont développées sur une échelle à la fois plus vaste et plus complète que sur l'ancien continent. Ce que nous appelons le nouveau monde a été, en partie du moins, le premier formé.

Dans la série des classifications géologiques le nom seul de terrain carbonifère a été respecté par tous les géologues sans distinction de nationalité. Il a l'avantage de rappeler l'utile produit que l'on retire de ce terrain. Quelquefois cependant le terrain carbonifère est stérile en houille, et ne présente que des assises de grès jaunâtres, de calcaires bleu sombre, de schistes noirs, qui sont aussi les compagnons fidèles de la houille quand le terrain est complet. Dans ce dernier cas, le combustible forme souvent des couches gigantesques, qui fournissent des produits de qualité supérieure.

Avant l'époque carbonifère proprement dite la houille s'est déjà montrée, ainsi dans les terrains silurien et devonien ; mais une houille dure, privée de gaz, calcinée en quelque sorte par le voisinage ou le contact des roches éruptives. Au-dessus du terrain carbonifère, dans les formations secondaires et tertiaires, nous retrouverons également la houille, mais sèche, maigre, non collante, riche parfois en principes gazeux, souvent friable et de poussière brune.

Le terrain carbonifère, sauf quelques cas exceptionnels, est par excellence le gîte du vrai combustible minéral, de la houille parfaite, noire, étincelante, grasse, bitumineuse, donnant par la distillation un coke dense, sonore, à l'éclat argentin ; le terrain houiller ou carbonifère est donc dou-

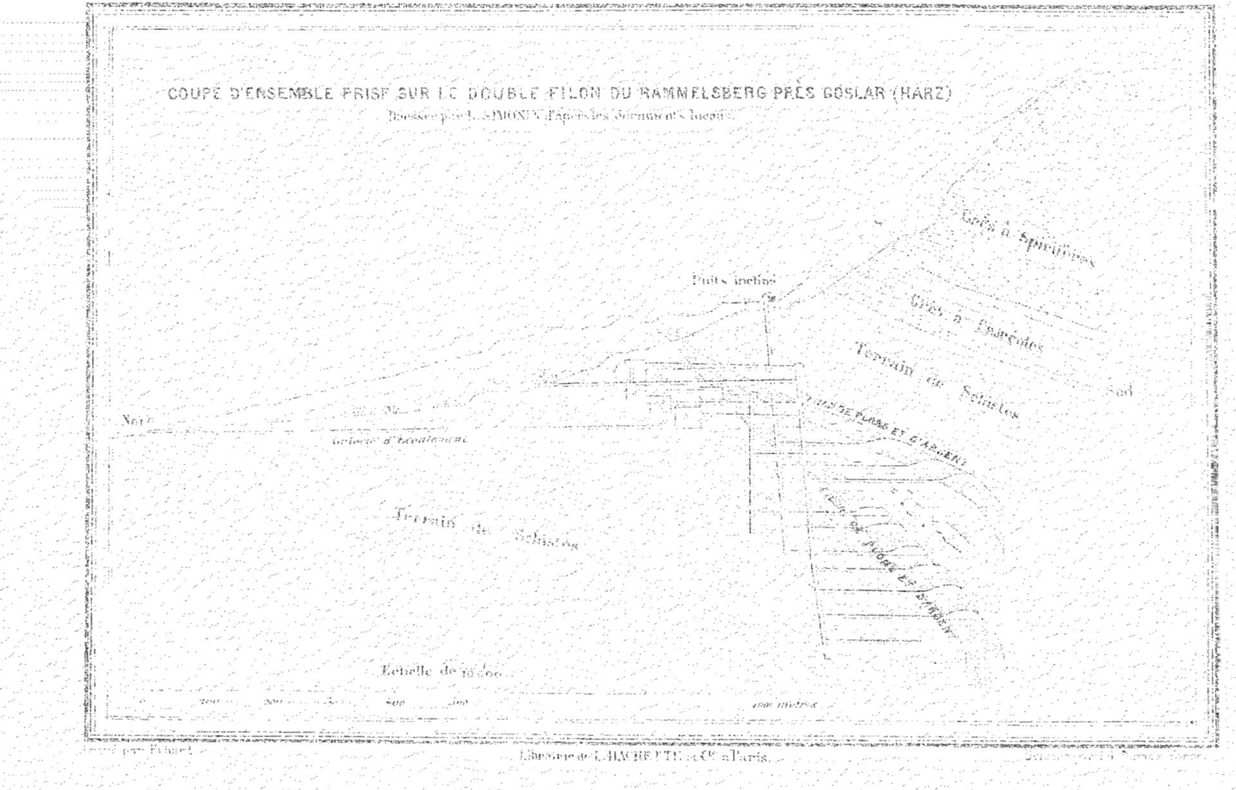
COUPE D'ENSEMBLE PRISE SUR LE DOUBLE FILON DU RAMMELSBERG PRÈS GOSLAR (HARZ)
Dressée par L. SIMONIN d'après les documents locaux.
Grès à Spirifères
Grès à Cardiolès
Terrain de Schistes
Sol
Puits incliné
Nord
Galerie d'écoulement
Terrain de Schistes
FILON DE PLOMB ET D'ARGENT
FILON DE PLOMB ET D'ARGENT
Échelle de 10,000.
1000 mètres.
par Erhard
Librairie de L. HACHETTE et Cie à Paris.

blement bien nommé, et alors que ses aînés ou ses cadets dans l'échelle géologique ont reçu et recevront encore plus d'un baptême, il n'est pas probable qu'il perde jamais son nom [1].

II

L'AGE SECONDAIRE.

Roches de la période secondaire. — La faune et la flore des temps moyens. — Pierres ignées et métallifères. — Minéraux utiles. — Grès d'Alsace. — Grottes et cavernes.

Les différentes périodes qui composent l'histoire de la terre peuvent se comparer à celles de l'histoire des sociétés. Nous venons d'assister aux événements qui ont marqué les temps primitifs; nous allons décrire ceux qui se rapportent aux temps moyens, en quelque sorte au moyen âge de notre planète, ce que les géologues appellent la période ou l'âge secondaire. Les terrains qui se déposent dès le début de cette période ressemblent à quelques-uns de ceux qui les ont précédés, et des schistes bitumineux, des grès rougeâtres rappellent les schistes et les grès houillers. On passe comme par une transition insensible d'une époque à l'autre, et l'on est presque tenté d'appliquer en géologie l'axiome de Leibnitz et de Linné, que la nature ne procède pas par bonds, ne fait rien brusquement : *Natura non facit saltum.*

1. Nous ne pouvons nous occuper ici que de la formation des roches ou pierres dont sont constitués les terrains, ainsi que des fossiles qu'on y rencontre. Ceux de nos lecteurs qui désireraient avoir sur la géologie de plus amples données peuvent consulter notre *Histoire de la terre* (Paris, Hetzel, 1867).

Le premier terrain qui se forme après le terrain carbonifère est celui que le doyen des géologues actuels, le vénérable M. d'Omalius d'Halloy, qui publiait son premier ouvrage de géologie dès 1808, avait nommé pénéen. Il tirait cette dénomination du mot grec πένης, *pénis*, stérile, parce qu'il trouva d'abord ce terrain pauvre en fossiles et en produits minéraux usuels. D'autres géologues, MM. Murchison, de Keyserling et de Verneuil, représentant l'un la géologie anglaise, les deux autres la russe et la française, l'ont depuis appelé permien, car le type en est surtout développé dans le gouvernement de Perm, au pied de l'Oural, en Russie.

Au-dessus du terrain permien est celui qu'un savant germanique, M. d'Alberti, et tous les géologues avec lui ont nommé triasique, parce qu'il contient une triade d'étages qui sont, en allant de bas en haut, l'étage du grès bigarré, celui du calcaire conchylien ou *muschelkalk* des Allemands, enfin celui des marnes irisées.

Le terrain triasique est surmonté à son tour par le jurassique. Le mot a été proposé par Humboldt, qui avait remarqué que le type de ce dernier terrain se rencontrait surtout dans les montagnes du Jura. La dénomination a été admise par tous les géologues. Cependant les Anglais ont appelé de préférence la partie supérieure de cette formation l'étage oolithique ou l'oolithe, parce qu'on y trouve des roches calcaires et ferrugineuses, à grains arrondis comme ceux des œufs de poisson (oolithe, pierre formée d'œufs), et la partie inférieure, l'étage liasique ou le lias, nom que les carriers britanniques donnent à des bancs qu'ils y exploitent.

L'étage oolithique est subdivisé en inférieur, moyen et supérieur, et le liasique en inférieur et supérieur.

Le terrain jurassique est principalement formé de cal-

Fig. 12. — Rochers calcaires du Fletschberg et cascade du Staubach (canton de Berne), vue prise du chemin d'Interlaken à la Yungfrau, d'après Rémond.

caires compactes, quelquefois cristallins, de marnes et d'argiles. Ces roches se sont déposées sur des espaces très-
étendus, et les montagnes qu'elles forment affectent un
relief particulier. Les couches ne sont plus contournées,
tourmentées, comme celles de la période primaire ; elles

Fig. 13. Encrinite liliforme (*Encrinites liliformis*). Terrain triasique, étage conchylien,
de Crailsheim, Wurtemberg. Grandeur naturelle.

s'alignent en bancs inclinés qui se détachent aux flancs
des coteaux comme les assises de gigantesques constructions.

Quelquefois les bancs, portés à de très-grandes hauteurs, dessinent des murailles naturelles et des remparts à
pic, d'où descendent des cascades écumeuses (fig. 12).

Sur le terrain jurassique s'appuie le terrain crétacé.

Celui-ci doit son nom aux bancs de craie qu'il renferme,
la craie blanche, qu'en France on voit surtout apparaître
en Champagne, et autour de Paris, vers Meudon. On

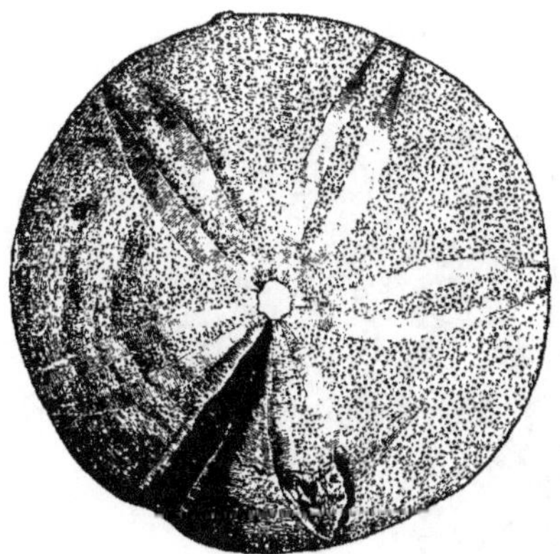

Fig. 14. — Oursin fossile (*Clypeus Plotii*, Klein). Terrain jurassique, étage oolithique
inférieur, de Marquise, Pas-de-Calais. Grandeur naturelle.

trouve à la base du terrain crétacé des assises de grès
verts, dont presque tous les géologues se sont servis

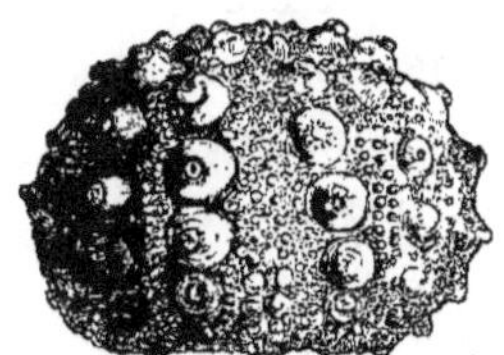

Fig. 15. — Oursin fossile(*Hemicidaris crenularis*, Agassiz). Terrain jurassique,
étage oolithique moyen, de Wagnon,
Ardennes. Vue de côté. Grandeur naturelle.

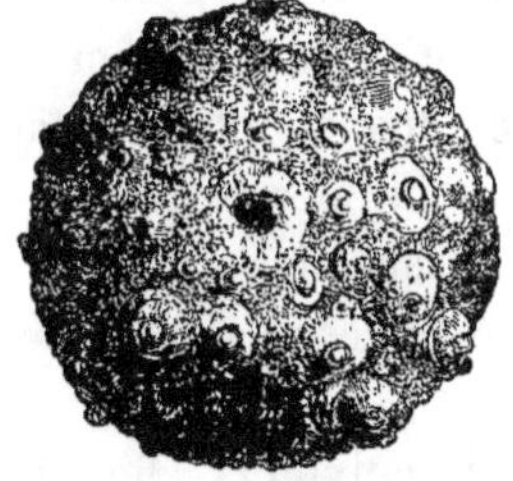

Fig. 16. — *Hemicidaris crenularis*. Vue
de dessous. Grandeur naturelle.

comme d'un horizon pour diviser ce terrain en deux
étages : l'inférieur ou celui des grès verts, le supérieur ou
celui de la craie proprement dite.

Au-dessous des grès verts on rencontre aussi, dans le
centre et le midi de l'Europe, des assises d'un calcaire
coquillier compacte, que les géologues nomment l'étage
néocomien, parce que le type en a été d'abord étudié près
de Neufchâtel en Suisse (*Neocomum*).

Fig. 17. — Groupe d'Ammonites (*Ammonites obtusus*, Sowerby). Terrain jurassique,
étage liasique inférieur, de Lyme Regis, comté de Dorset, Angleterre. Ech. 1/2.

La période secondaire pendant laquelle se sont déposés les terrains permien, triasique, jurassique et crétacé, a vu la vie se développer et revêtir des formes
nouvelles et de plus en plus parfaites. Par moments les
animaux les plus infimes ont été si abondants, que leurs
dépouilles composent des terrains tout entiers, tels que
la craie, où le microscope signale des myriades de ces petits êtres.

Les coraux ou polypiers (fig. 13) ont aussi travaillé
dans ces anciennes mers, comme ils le font encore sur
beaucoup de rivages, principalement sous les tropiques, à
élever patiemment, au fond des abîmes, des jetées, des ré-
cifs, des bancs calcaires, noyaux de futures îles et même de
futurs continents. C'est, comme l'a dit Michelet, le travail

des imperceptibles constructeurs du globe qui ne se reposent jamais.

A côté des polypiers marchent les étoiles de mer, les
oursins, qui naissaient à peine à la fin des temps primitifs, et qu'on retrouve plus nombreux dans les ères triasique, jurassique et crétacée (fig. 14, 15 et 16).

Les mollusques, déjà fort répandus vers la fin de la pé-

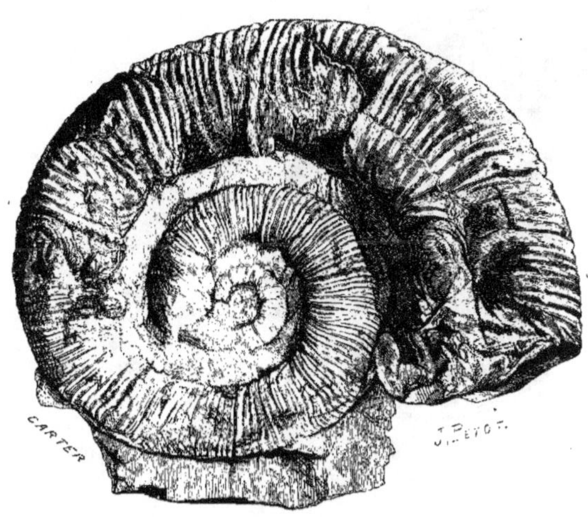

Fig. 18. — Ammonite pétrifiée (*Ammonites planicosta*, Sowerby). Terrain jurassique,
étage liasique inférieur, de Lyme Regis, comté de Dorset, Angleterre. Éch. 2/3.

riode précédente, se présentent, surtout dans l'époque jurassique, en rangs serrés.

En première ligne viennent les ammonites, auxquelles
la forme extérieure de leur coquille, rappelant la corne
d'Ammon, a valu le nom qu'elles portent (fig. 17, 18
et 19). Ces mollusques navigateurs, parents des nautiles,
ont peuplé de leurs nombreuses familles toutes les mers
jurassiques. Sans crainte d'être contredit, on pourrait
proposer le nom d'ammonitique pour la série de terrains

qu'ils ont semés de leurs débris. Les ammonites, nées avec
la période secondaire, disparaissent entièrement après l'é-
poque crétacée ; on ne rencontre plus alors que les nautiles, dont plusieurs espèces, par exemple les argonautes,
sont encore vivantes aujourd'hui, et sillonnent l'Océan
Indien en quelque sorte la voile au vent.

Les coquilles bivalves, recouvrant de leur double têt

Fig. 19. — Ammonite pétrifiée, sciée par le milieu (*Ammonites lynx*, d'Orbigny).
Terrain jurassique, étage liasique moyen, de Lyme Regis, comté de Dorset, Angleterre. Grandeur naturelle.

les mollusques acéphales, les vénus, les bucardes, les
limes (fig. 20), les huîtres, les térébratules, ont peuplé de
leurs bancs pétrifiés, en concurrence avec les ammonites,
les terrains de sédiment secondaires. Une famille entièrement éteinte, celle des rudistes, dont les hippurites
(fig. 6), les sphérulites, les radiolites composent les types
les plus remarquables, s'est principalement developpée
dans la formation crétacée et finit avec elle.

En tête des mollusques sont les poulpes, les seiches. A
défaut d'enveloppes calcaires, dont la nature ne les a
point revêtues, les seiches ont laissé dans tout le ter-

rain jurassique la partie osseuse qui forme comme l'axe
intérieur de leur corps. Ces pétrifications ont reçu de
tout temps le nom de bélemnites ou pierres pointues, emprunté à leur forme même (fig. 21). Les anciens les nommaient aussi pierres de tonnerre, parce qu'ils suppo-
saient qu'elles provenaient du passage de la foudre au
milieu des rochers.

Les seiches ont abandonné aux terrains secondaires,

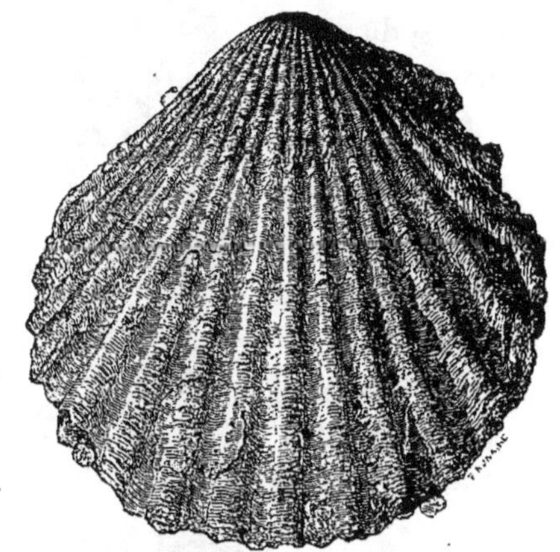

Fig. 20. — Lime d'Hector (*Lima hector*, d'Crbigny). Terrain jurassique, étage oolithique
inférieur, de Bayeux, Calvados. Éch. 2/3.

non-seulement leur osselet dorsal ou interne, mais quelquefois jusqu'à ces poches d'encre qui leur servent encore
aujourd'hui à aveugler, ou tout au moins à repousser un
ennemi trop importun. Un géologue anglais, ayant trouvé
dans les bancs liasiques une de ces poches pleine de sépia,
s'empressa de délayer cette couleur pétrifiée, et de peindre
au lavis le fossile qu'il venait de découvrir. Il voulut que
la seiche antédiluvienne concourût elle-même par son
encre à la représentation de ses traits.

Les infusoires, les rayonnés, les mollusques ne sont pas les seuls hôtes de la formation secondaire.

Les poissons, si nombreux dès la fin de la période primitive, passent dans celle-ci. Les lits du terrain permien sont remplis de leurs ossements, si bien que les schistes noirs bitumineux qui forment un des étages de ce terrain portent souvent le nom de schistes à poissons. Le bitume que ces schistes contiennent est dû probablement aux animaux eux-mêmes qui y ont été enfouis, et qui s'y sont décomposés.

Pendant l'époque jurassique, les poissons continuent de progresser (fig. 22). Les bancs calcaires de Sohlenhoffen, en Allemagne, en sont pétris, et sont riches aussi en empreintes d'insectes. Dans l'époque crétacée apparaissent les squales ou requins, dont les dents triangulaires, découpées en scie sur les bords, sont répandues dans la formation crétacée et reparaîtront plus abondantes dans l'âge suivant. Les anciens, qui ne comprenaient rien aux fossiles, avaient appelé ces restes pétrifiés des glossopètres ou pierres en forme de langue. Ils voyaient dans toutes les pétrifications un jeu de la nature, un *ludus naturæ*, et même un *stercus diaboli*, mots latins qui servaient à expliquer bénévolement, dans la géologie naissante, tant de sujets embarrassants.

Fig. 21. — Bélemnite pétrifiée (*Belemnites giganteus*). Terrain jurassique, étage oolithique inférieur, du Wurtemberg. Éch. 1/2.

Si les mollusques et les poissons remplissent de tous leurs

débris les assises des terrains secondaires, il y a d'autres
témoins silencieux de ces temps perdus dans le passé. Les
reptiles, qui faisaient à peine leur apparition à la fin de
la période primitive, sont devenus de plus en plus nombreux. Le terrain jurassique marque l'ère de leur plus
grand développement. M. Agassiz, qui a nommé le règne
des poissons la période précédente, appelle celle-ci, et avec
raison, le règne des reptiles. C'est surtout dans cette formation que se rencontrent les restes de ces vertébrés ram-

Fig. 22. — Empreinte de poisson fossile (*Pholidophorus Bechei*, Agassiz). Terrain
jurassique, étage liasique, de Lyme Regis, comté de Dorset, Angleterre. Éch. 1/2.

pants, et jusqu'à leurs excréments pétrifiés ou coprolites.
Au bord des mers ou à la surface des eaux jurassiques vivaient le plésiosaure, voisin du lézard, le ptérodactyle, l'ar-
chéoptéryx, sortes de dragons ailés, gigantesques, tenant
du saurien et de l'oiseau ; l'ichthyosaure, participant au contraire du poisson et du reptile. Toutefois, il ne faudrait pas,
avec l'Anglais Buckland, ne voir là que des êtres étranges,
des espèces de monstres antédiluviens, dans lesquels la
vie aurait préludé, et en quelque sorte se serait timidement
essayée aux formes qu'elle a depuis revêtues. La nature

procède sur un plan plus rationnel. C'était alors, avons-
nous dit, le règne des reptiles, et tous les types intermé-
diaires, qui depuis ont disparu, n'existaient peut-être pas
sans motif. Nous voyons encore de nos jours et des poissons volants, et des chauves-souris, et des ornithorhynques[1],
que les naturalistes ne sont pas embarrassés de classer dans
leur ordre distinctif. Les rêves dans lesquels aime à se
bercer l'imagination quand, franchissant les âges, elle se
reporte vers cette enfance de la terre, rêves dont les anciens
ont tant abusé, sont désormais rendus impossibles par les
révélations de la science. Mais l'histoire du globe n'est-elle
point déjà assez imposante, sans y mêler une fausse poésie?
La poésie est ici la vérité, et la vérité nous écrase. La nature n'a pas compté avec le temps dans ses œuvres, elle les
développe lentement, patiente, parce qu'elle est éternelle;
tandis que, passagers d'un jour ici-bas, nous ne formons
qu'un modeste échelon de la série infinie des êtres!

Aux reptiles s'arrête pour ainsi dire le développement
de la vie dans la période secondaire. On a signalé, en
France, des restes d'oiseaux dans le terrain crétacé, et en
Angleterre, des os pétrifiés de mammifères, de la famille
des kanguroos ou des sarigues, dans l'étage liasique,
mais de tels exemples ne se sont pas reproduits ailleurs,
et mériteraient peut-être de plus éclatantes confirmations.
C'est surtout dans l'âge suivant que les oiseaux et les vertébrés supérieurs vont réellement apparaître.

Moins brillante que la faune est la flore de la formation
secondaire. Cependant, après l'époque houillère, les forêts
luxuriantes qui ont donné naissance au charbon ne dispa-

---

1. Mammifères dont la mâchoire, sans dents, est garnie de lames cor-
nées qui rappellent un bec d'oiseau, comme le nom d'ornithorhynque l'indique. Ce n'est pas la seule anomalie qu'offrent ces animaux étranges, qui
semblent établir le passage entre la classe des mammifères et celle des
oiseaux. Les ornithorhynques pondent leurs petits et les allaitent.

raissent pas tout à fait. Quelques essences passent même
d'une époque à l'autre et ménagent la transition. Les fougères, les cycadées, les walchias montent du terrain houiller dans le terrain permien, où les walchias, ces aïeux des
conifères, et les cycadées, ancêtres des palmiers, atteignent
même leur plus grande croissance. Quelques espèces nouvelles se montrent telles que les zamias; d'autres rappellent les espèces de la grande époque carbonifère. Enfin
dans l'époque jurassique apparaissent les ancêtres des
araucarias (fig. 23).

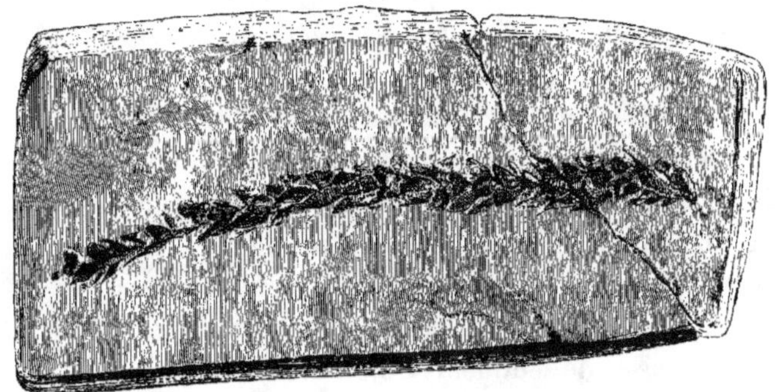

Fig. 23 — Empreinte d'araucaria fossile (*Araucarites peregrinus*). Terrain jurassique,
étage liasique inférieur, de Lyme Regis, comté de Dorset, Angleterre. Éch. 1/2.

Devant l'abondance de la végétation, des bancs de houille
continuent à se former dans les terrains permien, triasique,
jurassique, crétacé, mais d'une houille en couches peu
épaisses, et presque toujours maigre ou sèche, feuilletée,
fibreuse, présentant la texture du bois, de façon que les
géologues s'obstinent à la baptiser du nom de lignite,
comme si elle n'était formée que de ligneux.

Dans toute la période secondaire, les plantes d'ordre
inférieur, comme les fucus, ne sont pas moins abondantes
que les fougères. Les assises du terrain jurassique et cré—

tacé présentent de nombreuses empreintes de fucoïdes ou fucus pétrifiés. Cependant une certaine marche progressive se fait sentir dans l'échelle végétale. Les cryptogames, les monocotylédones cèdent peu à peu la place aux plantes dicotylédonées. Celles-ci régneront presque sans conteste, au moins sous nos climats, dans la période suivante; mais cette fois le progrès n'est que relatif, il ne semble pas absolu comme dans la série animale. On ne peut pas dire qu'aucune de nos forêts, même de nos forêts tropicales, égale la majesté, l'ampleur, l'étendue que devaient offrir les forêts houillères de la période primitive, tandis que dans l'échelle zoologique il y a un progrès réel : on passe graduellement des animaux inférieurs aux êtres perfectionnés; l'homme lui-même ne vient qu'à son heure, le dernier, après tous les mammifères.

La période secondaire a été non moins tourmentée par les éruptions volcaniques que la période primaire. Les granits, les porphyres ont continué à soulever les montagnes, et les ont portées de plus en plus haut à mesure que de nouvelles assises de sédiments s'ajoutaient à toutes les précédentes. Les montagnes du pays de Galles, de la Thuringe, de la Côte-d'Or, le mont Viso, la chaîne des Pyrénées et celle des Apennins sont d'âge secondaire. Le soulèvement des trois premières chaînes correspond respectivement aux époques permienne, triasique, jurassique; celui des trois dernières est d'époque crétacée.

D'autres roches d'épanchement que les granits et les porphyres, des roches de couleur verte ou noirâtre, que les géologues nomment diorites, euphotides, serpentines, mélaphyres, se sont fait jour à travers les cratères secondaires. A peine apparaissaient-elles au déclin de la période précédente; elles font dans celle-ci continuellement éruption, et tendent peu à peu à prendre la place des granits et des porphyres, dont les épanchements diminuent d'intensité ou cessent tout à fait. Les savants sont fort embarrassés pour classer toutes ces roches vertes qui prennent souvent tous les aspects, et passent des unes aux autres dans la même localité. Les Anglais et les Allemands ont tranché en quelque sorte le nœud gordien, en les réunissant sous les dénominations génériques de *grünstein* et de *greenstones*, qui signifient dans les deux cas roches vertes. Le nom de roches ophiolitiques ou serpentineuses y répond assez bien en français.

Ces roches vertes et leurs aînées, les roches granitiques et porphyriques. n'ont pas seulement relevé, disloqué les formations secondaires pour les aligner en hautes montagnes, elles. ont aussi ouvert dans le sol, comme dans la période précédente, de nombreuses fissures et crevasses, telles qu'il s'en produit encore dans les tremblements de terre. Dans ces fentes ont continué à se déposer les substances métalliques, comme fait la suie dans les cheminées, si bien que presque tous les filons, tels que les définit aujourd'hui la science, ne sont que des fentes remplies après coup (cartes IV et V). Des eaux, des vapeurs minéralisées, qui ont parcouru ces fissures, y ont déposé les substances pierreuses et cristallines qui toujours accompagnent la partie métallique des filons, et ainsi s'est formée la gangue à côté du minerai. Les phénomènes qui se passent sous nos yeux dans les canaux naturels ou artificiels que parcourent les eaux thermales sont les derniers survivants de ces phénomènes du passé, qui avaient lieu sur une échelle immense, avant d'être comme à présent si restreints.

Dans leur violente apparition, les roches vertes ont nonseulement donné naissance à des fissures plus tard remplies par les métaux, elles ont aussi amené le métal avec elles, et celui-ci s'est alors déposé au milieu ou au contact de la

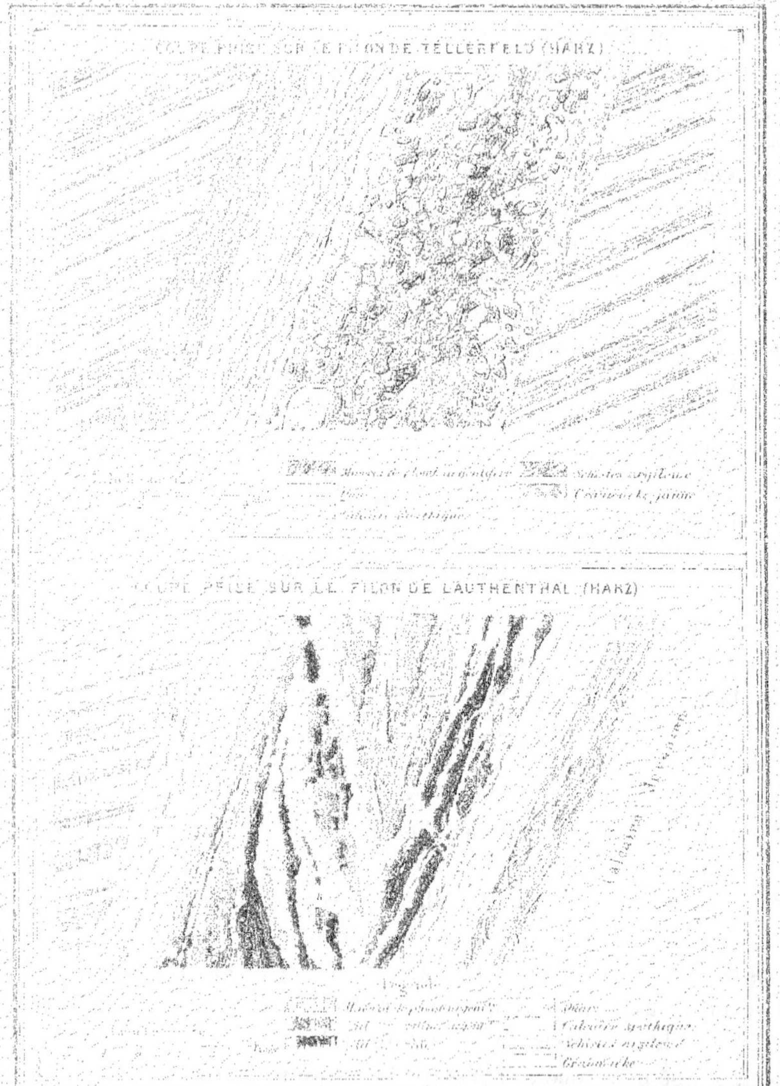

COUPE PRISE SUR LE FILON DE TELLERFELD (HARZ)
COUPE PRISE SUR LE FILON DE LAUTHENTHAL (HARZ)

masse éruptive (carte VI). Ainsi s'est trouvé de tous points justifié le nom de roches métallifères que l'on donne quelquefois aux roches d'éruption. Enfin des gîtes métalliques ont eux-mêmes joué le rôle de roches de soulèvement, et ont apparu tout d'une pièce; tels sont les fameux gîtes ferrugineux qui bordent le rivage oriental de l'île d'Elbe, et qui, exploités sans interruption depuis trois mille ans, font encore aujourd'hui la fortune de ce petit pays.

Les roches vertes sont les roches métallifères par excellence de la période secondaire. Les fameux gîtes de platine, de cuivre, d'or, de fer, de l'Oural et de la Sibérie ; ceux de cuivre du lac Supérieur, de la Toscane, de la Californie. et selon quelques géologues, les gîtes aurifères et diamantifères du Brésil, sont d'âge secondaire, et reconnaissent les roches vertes pour cause première de leur venue au jour.

Tous les gîtes métallifères n'empruntent pas leur origine à une roche éruptive. Les célèbres schistes à poissons du Mansfeld (Prusse saxonne) sont imprégnés de cuivre sulfureux, et ces schistes classiques sont bien connus de tous les mineurs, qui les appellent volontiers avec les Allemands les schistes cuivreux, *kupferschiefer*. Les grès rouges de Corocoro, près la Paz, en Bolivie, contiennent des lamelles, des grains de cuivre et d'argent métalliques. Dans les deux cas, très-probablement le métal a été apporté par les eaux ; mais il faut invoquer le passage de courants électro-magnétiques au milieu des dissolutions, pour expliquer le dépôt du cuivre et de l'argent non alliés, comme au lac Supérieur et à Corocoro. Beaucoup d'autres gîtes reconnaissent une origine simplement chimique ou aqueuse, par exemple toutes les couches ferrugineuses si abondantes dans les terrains triasique et jurassique (carte IX). On peut en dire autant de presque tous les dépôts qui forment non plus des couches réglées, mais des amas, quels qu'en soient l'âge et la

nature, que ces amas soient d'âge primaire ou secondaire,
qu'ils renferment du sel, du plâtre, du soufre ou des minerais métalliques.

La période secondaire n'est pas seulement riche en métaux. Tous les minéraux utiles y sont très-répandus. Nous
avons déjà parlé du charbon et du pétrole. Dans le terrain

Fig. 24. — Calcaire lithographique de Bavière. Grandeur naturelle. — L'espèce de dessin
qu'on aperçoit sur la pierre est ce qu'on nomme une arborisation ou dendrite ; elle est
due à des infiltrations d'eaux chargées de particules ferrugineuses.

triasique c'est aussi le plâtre, l'albâtre et le sel, et ce dernier en telle abondance qu'A. d'Orbigny avait proposé le
nom de terrain salifèrien pour un des groupes de ce terrain.

Dans le terrain jurassique, ce sont d'abord les marbres
veinés ou statuaires, tels que ceux de Paros, de Carrare, de
Sienne, etc. (planche II), et dans un ordre plus modeste,
mais non moins digne d'être consigné, les calcaires bitu-

mineux et lithographiques (fig. 24), puis les pierres à chaux
hydraulique et à ciment, qui ont détrôné la pouzzolane
volcanique, le fameux ciment romain. Ce sont ces pierres
d'âge jurassique ou crétacé qui, grâce aux études de
M. Vicat, ont rendu de nos jours célèbres et riches nombre
de localités, celles de la Porte-de-France près Grenoble,

Fig. 25. — Rochers épars de grès rouges au sommet du Katzenberg, Bas-Rhin,
d'après un dessin original.

de Vassy, de Pouilly en Bourgogne, et du Theil dans l'Ardèche, et celle de Portland en Angleterre. La chaux hydraulique du Theil est, dit-on, celle qui résiste le mieux à l'eau
de mer. C'est par son emploi que l'on a pu édifier sûrement,
jusqu'aux plus grandes profondeurs sous-marines, les nouvelles jetées des ports de Marseille, d'Alger, de Livourne.

Il faut signaler encore dans le terrain jurassique les

bancs d'argile, qui ont donné tant de développement à la céramique artistique ou commune, et permis à l'art des constructions de réclamer des briques, des carreaux et des tuiles en quelque quantité que ce soit. Chez nous, la Bourgogne est renommée pour ses magnifiques bancs d'argile à brique.

Fig. 26. — Rochers épars de grès rouges au sommet du Katzenberg, Bas-Rhin, d'après un dessin original.

Dans le terrain crétacé, nous devons rappeler surtout la craie, qui en est le produit utile par excellence; et dans toute la série secondaire, du terrain permien au terrain de craie, les pierres de taille et à moellon, que les carriers en retirent en si grande abondance. Les architectes doivent aux terrains secondaires les meilleurs de leurs matériaux.

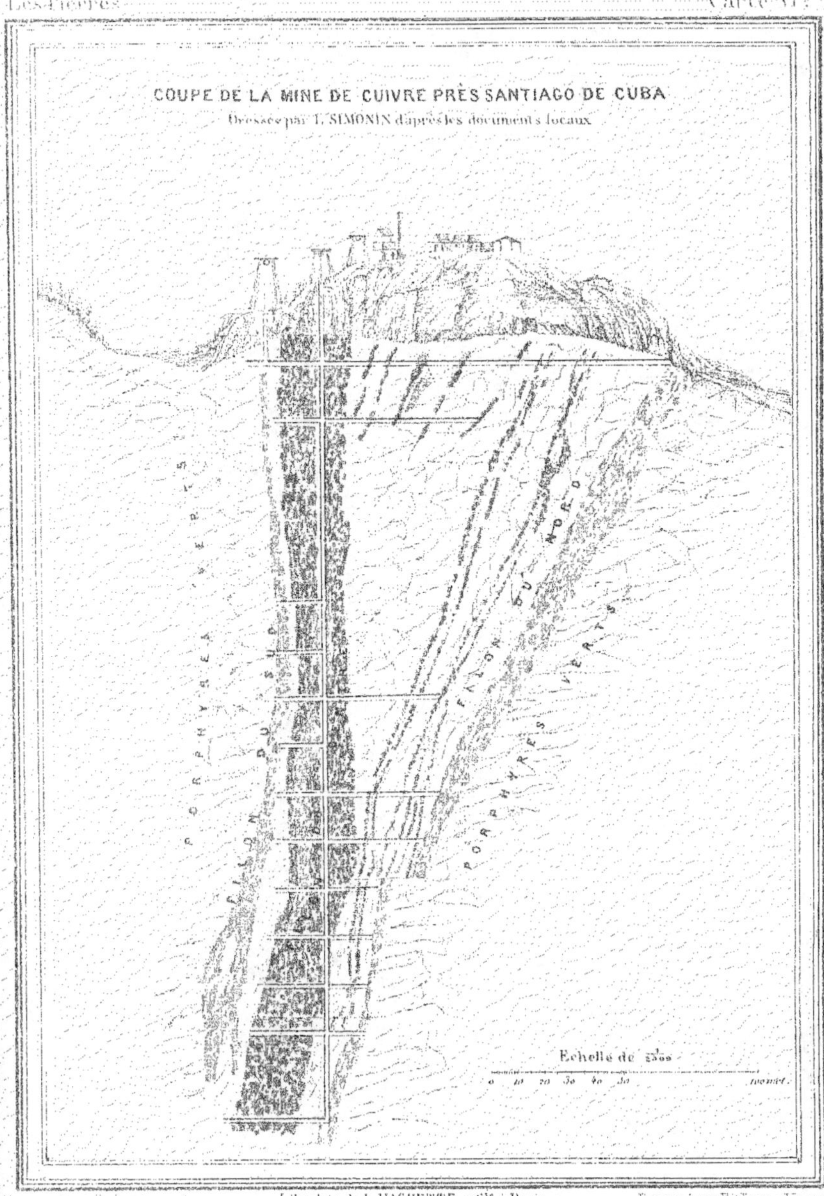

COUPE DE LA MINE DE CUIVRE PRÈS SANTIAGO DE CUBA
Dressée par L. SIMONIN d'après les documents locaux
PORPHYRES VERTS
FILON DU SUD
PORPHYRES VERTS
FILON DU NORD
PORPHYRES VERTS
Echelle de
o   10   20   30   40   50   mètres

Fig. 75. — Vue de la caverne *la Señora escondida* (la Dame cachée), dans le Yucatan.

Les terrains permien et triasique fournissent des grès renommés. Ces grès ont donné aux montagnes qu'ils couronnent un relief particulier, arrondi, ou rappelant quelquefois des ruines, et caractérisé par les montagnes des Vosges, de la Forêt-Noire, et les *ballons* d'Alsace (fig. 25 et 26).

Les plus célèbres grottes et cavernes, celles qu'on nomme les balmes ou baumes dans quelques contrées, se rencontrent aussi dans le terrain jurassique. Les colonnes naturelles qui ornent la plupart d'entre elles, les stalactites, ont été formées, atome par atome, par les infiltrations et l'évaporation lente des eaux calcaires, au toit et au sol de l'excavation, puis se sont unies et soudées ensemble. Il en est de même des incrustations qui tapissent les parois. L'origine des cavernes est moins facile à expliquer. Quelques-unes ne sont, sans doute, que d'immenses fissures résultant des dislocations du sol. Telle est la fameuse grotte de la Sainte-Baume, entre Toulon et Saint-Zacharie, dans le Var, la baume Roland, près Marseille; telle est aussi la caverne dite la *Señora escondida* (la Dame cachée) dans le Yucatan, dont les habitants de l'endroit mettent les sources à contribution (fig. 27).

On attribue l'origine de quelques grottes à l'érosion produite par des eaux acides; mais cette explication n'est guère acceptable.

III

L'AGE TERTIAIRE.

Roches, faune et flore tertiaires. — Volcans éteints. — Pierres
utiles.

Les temps modernes de l'histoire de la terre comprennent ce que les géologues nomment la période tertiaire. Cette période est elle-même divisée en trois époques, l'inférieure, la moyenne et la supérieure. Des roches analogues aux précédentes, mais d'une texture moins cristalline, continuent à se déposer. Les calcaires sont moins compactes, les grès sont d'un grain moins serré. Seuls les conglomérats, les poudingues, les brèches forment souvent, surtout à la base ou à la partie supérieure des terrains, des assises d'une puissance énorme, et jusqu'ici rarement atteinte. On voit de ces formidables dépôts de poudingues en Suisse, en Italie, en Espagne (fig. 28). Il semble que d'immenses déluges ont labouré le sol, et que ce ne sont plus les orages, mais les soulèvements eux-mêmes de très-hautes montagnes qui ont précipité les eaux le long des coteaux et dans les vallées.

· Des grès, des calcaires, des argiles, des couches de pierre à plâtre, des bancs ou des amas de sel et de soufre, tels sont les principaux sédiments que l'on rencontre dans les formations tertiaires. Des couches de houille presque toujours sèche, grasse par exception, existent dans beaucoup d'étages ainsi que des minerais de fer. Aucune époque géologique n'a été déshéritée des produits minéraux

Fig. 28. — Vue de la montagne de poudingues qui domine le couvent de Montserrat, Catalogne. — Montserrat, mont en forme de scie.

qui devaient être un jour si utiles à l'homme. Quant au fer,
qui donne aux roches qui le contiennent une couleur caractéristique, il est tellement répandu dans toutes les formations terrestres, qu'on l'a nommé le peintre de la nature. Le minéralogiste Haüy disait : « Quand la nature
prend le pinceau, c'est très-souvent le fer oxydé qui est
sur la palette. »

Au milieu des formations tertiaires, l'essor de la vie est
encore plus rapide que dans les époques précédentes. Les
mollusques, les poissons continuent à être abondants; les
insectes apparaissent en nombreuses familles; les oiseaux
sont partout. Comme le progrès se poursuit sans relâche
dans la série animale, les mammifères naissent et prennent
tout à coup un incroyable développement, si bien qu'on
peut appeler cette période le règne des grands quadrupèdes. Bien des genres depuis éteints, les paléothères, les
deinothères, les anthracothères, qui ont aujourd'hui leurs
analogues dans les hippopotames et les sangliers; les mas-
todontes, aïeux des éléphants, remplissent de leurs ossements pétrifiés les différents dépôts tertiaires. En certains
endroits, dans les plâtrières de Montmartre et toutes celles
qui environnent Paris; dans les terrains argileux du Val-
d'Arno, entre Florence et Arezzo; dans les gîtes carbonifères de Monte-Bamboli, au milieu de la Maremme Toscane; sur la colline de Sansau, dans le Gers; enfin dans
les terrains calcaires de Pikermi, dans l'Attique, non loin
d'Athènes, on a rencontré de véritables nécropoles de ces
êtres disparus. On dirait que tous à la fois se sont enfuis
devant un ennemi commun, devant quelque grande révolution géologique, qui les a tous atteints, enveloppés et
fixés sur place. On ne peut nier ces immenses bouleversements. La faune fossile de l'Attique rappelle en partie celle
qui vit aujourd'hui en Afrique; très-probablement la Grèce

était alors unie au continent Africain, et participait à son climat. Il est curieux que la mythologie hellénique ait comme deviné ces faits si tard révélés par la science, et que la fable du lion de Némée trouve des fondements dans le passé même de l'Attique.

Quelques-uns de ces êtres éteints forment le passage entre des genres qui sont aujourd'hui séparés par des lacunes. C'est ainsi, d'après M. A. Gaudry, que les hipparions relient les pachydermes aux solipèdes, les éléphants aux chevaux, et que les semnopithèques ont été les précurseurs des singes. Ces faits et mille autres analogues semblent donner raison à M. Darwin et à ses disciples, qui admettent la transformation et non la fixité des espèces. Cette théorie n'est pas nouvelle; elle flatte même l'imagination par sa simplicité. On aime à se représenter tous les êtres comme sortis du même atome, du même germe, et se développant peu à peu, chacun suivant ses habitudes et son milieu; mais il y a loin du rêve à la réalité, de la théorie à la pratique, et bien que Buffon, Lamarck, les Geoffroy Saint-Hilaire et Goethe aient successivement attaché leur nom à la défense des idées que reprend aujourd'hui M. Darwin, il est peut-être plus rationnel de s'en tenir à la fixité des espèces, sauf certaines modifications, certains passages que l'on ne peut nier, et de suivre en cela les errements de Linné, de Cuvier et du plus grand des naturalistes modernes, Agassiz.

Le nom de Cuvier vient nous rappeler à propos que c'est à lui que l'on doit la première étude sérieuse des mammifères fossiles que renferment les terrains tertiaires. Avant Cuvier, quelques savants s'étaient en vain occupés de jeter la lumière sur ces restes d'animaux éteints. Les uns n'y avaient vu que des monstres engloutis dans quelque grand cataclysme, les débris de ces dragons, de ces

sphinx, dont l'antiquité, par une sorte de prescience, avait
peuplé sa mythologie. Les autres croyaient y reconnaître
des restes humains, ceux du géant Teutobochus, le roi des
Cimbres, défait par Marius, ou mieux ceux de l'homme
témoin du déluge, *homo diluvii testis*, comme les savants
l'appelaient dans la langue savante d'alors; et ainsi se trouvait de tous points confirmé le récit mosaïque. Quelques-
uns, moins ignorants de l'anatomie, mais non moins naïfs,
voyaient dans la plupart de ces fossiles les os des éléphants
d'Annibal, et prouvaient, l'histoire à la main, qu'ils ne se
trompaient pas. A cette époque, si rapprochée cependant
de nous, la géologie positive n'était pas née. Les empreintes de coquilles et de poissons n'étaient pas moins embar-
rassantes pour les naturalistes. Arguer du déluge de la Bible ne suffisait pas. Aussi Voltaire avait-il beau jeu pour
intervenir dans la discussion par ses amères plaisanteries.
Il prétendait que ces débris de poissons ou de coquilles,
trouvés sur les plus hautes montagnes, provenaient du déjeuner d'un passant ou du collier de quelque pèlerin de retour des croisades, et que ces ossements de quadrupèdes
n'étaient que le rebut de la collection de quelque naturaliste
voyageur.

Enfin Cuvier parut, et le premier créa la paléontologie,
après avoir fondé l'anatomie comparée. Rapprochant les
uns des autres ces divers ossements pétrifiés, étudiant la
forme et la disposition des dents presque toujours si bien
conservées, grâce à l'émail qui les recouvre, comptant les
vertèbres, mesurant les fémurs, comparant les os du bassin,
de la jambe ou du pied, il rétablit peu à peu dans leur véritable forme tous les squelettes épars, qui pour la première fois apparurent reconstitués devant le tribunal de la
science.

La vie animale ne s'est pas seule développée plus grande

et plus forte dans la période tertiaire, la vie végétale y a
subi des transformations non moins étonnantes. La flore de
cette période diffère de celle des précédentes; peu à peu
les végétaux dicotylédonés ont pris le dessus. A cette famille appartiennent tous les grands arbres qui s'élèvent encore aujourd'hui dans nos pays, arbres fruitiers ou forestiers,
au tronc fibreux et plein, marqué de couches concentriques
qui se forment vers l'extérieur, et nombrent la croissance

Fig. 29. Échantillon de lignite du Bas-Rhin avec empreintes de feuilles de végétaux
dicotylédonés. Grandeur naturelle.

annuelle. Le cèdre, le sapin, le chêne, le châtaignier, le
hêtre, le peuplier, le poirier, la vigne, le laurier apparaissent avec l'âge tertiaire, et la flore va de plus en plus
se complétant. Les charbons incomplets, les vrais lignites,
si nombreux dans tout le système tertiaire, présentent
de nombreuses empreintes de végétaux dicotylédonés
(fig. 29 et 30). Ces végétaux ont même des avant-cou-
reurs dans la formation crétacée. Cependant les grands
monocotylédones ne disparaissent pas encore de nos terrains. Ainsi les palmiers ont laissé çà et là leurs em-

preintes sur les feuillets des calcaires, des grès et des argiles tertiaires. On dirait qu'un climat sinon tropical, tout au
moins méditerranéen, régnait alors sur toute l'Europe.
C'est au milieu de ces forêts que se sont déposées les couches de charbon fossile, de lignite, de bois pétrifié de l'âge
tertiaire. C'est à travers ces épais feuillages qu'ont ga-
zouillé les premiers oiseaux, qu'ont voltigé les insectes,
libellules ou papillons, dont on retrouve les débris ou les

Fig. 30. — Échantillon de lignite du Bas-Rhin avec empreintes de feuilles de végétaux
dicotylédonés. Grandeur naturelle. Revers de l'échantillon de la figure 29.

délicates empreintes sur quantité de couches marneuses.
Au pied de ces mêmes forêts s'étendaient des lacs ou des
marécages, au milieu desquels naissaient des poissons d'eau
douce, et nageaient de nombreux batraciens. Les énormes
tortues tertiaires, les trionyx, vivaient également non loin
de ces parages, et le monde semblait s'animer, se parer, se
charger de vie comme pour faire accueil à l'homme qui allait bientôt venir.

Et cependant, ce fut par des bouleversements terribles,
par des éruptions volcaniques comme le monde n'en avait

pas encore vu, que fut préparée l'apparition de l'homme.
Les roches éruptives des périodes précédentes, les granits,
les porphyres, cessent de s'épancher dès l'aurore tertiaire;
le soulèvement des roches vertes elles-mêmes diminue de
plus en plus d'intensité et finit à son tour; mais alors interviennent les roches volcaniques proprement dites, les

Fig. 31. — Escarpement de lave basaltique du haut duquel tombe la cascade de Quereil,
vallée du mont Dore, Puy-de-Dôme, d'après Rémond.

trachytes, les basaltes, dont les éruptions se font encore
sentir à cette heure dans tous les volcans allumés.

Des chaînes de montagnes, dont quelques-unes sont parmi les plus hautes, les chaînes de la Corse et de la Sardaigne,
les Alpes, l'Himalaya, les Andes, s'élèvent successivement,
au milieu de commotions immenses et de déluges grandioses. Peut-être l'homme primitif fut-il à la fois spectateur

Fig. 32. — Vue d'une cité lacustre de l'âge de pierre, en Suisse, reconstituée d'après E. Collomb.

et victime du dernier de ces effrayants cataclysmes, ce qui expliquerait ces traditions persistantes que tous les peuples

Fig. 33. — Cimes calcaires du Wetterhorn et glacier de Rosenlaui, canton de Berne, vue prise du passage de la grande Scheideck, d'après Rémond.

ont recueillies sur les révolutions terrestres qui ont marqué leur propre origine. Les volcans éteints de l'Auvergne

(fig. 31), des bords du Rhin, de l'Asie Mineure, témoignent
de ces éruptions tertiaires qui l'emportent en intensité et
en durée sur toutes les précédentes.

Quelques-uns de ces phénomènes volcaniques paraissent
avoir été la cause, dans le nouveau monde, d'une seconde
apparition des métaux précieux. Des sources d'eaux chaudes et alcalines, en relation avec les évents allumés, auraient
parcouru le sol, et répandu çà et là l'or en paillettes et
en pépites, comme si le plus précieux des métaux, en se
montrant dans les terrains supérieurs, avait dû préluder à
la venue de l'homme.

Nous avons dit que les formations tertiaires n'avaient pas
été moins bien dotées que leurs aînées de produits minéraux utiles. Les fameuses mines de sel de Wïelliczka en
Galicie, celles de soufre de Sicile (planche VI, 7) forment
des espèces d'amas, de sacs, de poches au milieu des terrains tertiaires. La plupart des mines de fer et de houille
sèche de Provence sont du même âge ; mais ce sont surtout les pierres que demande l'architecte qui abondent
dans ces terrains. Des brèches siliceuses que l'on trouve à
la base composent des marbres de couleur, jadis très-esti-
més : telle la fameuse brèche dite d'Alep ou du Tholonet
(planche II, 4) que l'on a si longtemps exploitée et qu'on
exploite encore au Tholonet, près d'Aix, en Provence.
L'argile plastique, le calcaire grenu, la molasse ou grès
tendre, le calcaire à ciment, le gypse ou pierre à plâtre,
les grès siliceux, les meulières dures et poreuses, les
sables jaunes ferrugineux sont partout abondamment répandus en France dans les formations tertiaires, et ont
concouru à l'édification de nos plus grandes villes : Paris,
Marseille, Avignon, Nîmes, Montpellier, Bordeaux.

Fig. 34. — Bloc erratique de granit schisteux, portant le n° 12 de la triangulation d'Agassiz, au glacier de l'Aar, dessiné d'après nature par E. Collomb.

IV

L'AGE QUATERNAIRE.

Époque diluvienne. — Les pierres errantes et les anciens glaciers.
Minéraux de formation actuelle. — Les plaines d'alluvions.

Les terrains qui surmontent ceux dont il vient d'être
parlé sont désignés, en géologie, sous le nom de quaternaires, à cause de la position qu'ils occupent dans l'ordre
même des formations. Cette période de l'histoire terrestre
a vu de nombreux déluges, peut-être les plus grands qui
jamais aient eu lieu. De là le nom de *diluvium* (époque diluvienne serait mieux) qu'on lui donne quelquefois, surtout
pour en caractériser les débuts. Nous l'appelons la période
contemporaine, parce que cet âge, qui se poursuit encore
aujourd'hui, est celui où, pour la première fois, est apparu
l'homme. Ce sont les temps nouveaux de la planète. L'avénement de notre espèce peut même servir à désigner cette
période sous le nom de règne de l'homme, comme les crustacés, les reptiles, les quadrupèdes ont servi à dénommer
les âges précédents.

Les formidables déluges qui ont eu lieu à l'aurore de la
période contemporaine ont laissé partout des traces devant
lesquelles on reste confondu. Ce sont des dépôts énormes
de cailloux roulés, des couches puissantes de sable, de tuf,
déposées le plus souvent à des niveaux que les plus hautes
eaux ne sauraient désormais atteindre. Partout on peut
interroger les témoins de ces débâcles grandioses. Les
légendes de tous les peuples ont gardé aussi le souvenir de

ces effrayants phénomènes, et l'on peut dire, sous ce rapport,
que le récit mosaïque est confirmé par la géologie. L'homme
primitif, à peine né, fut emporté, détruit dans quelqu'une
de ces catastrophes. Au milieu de certains dépôts diluviens, on retrouve aujourd'hui, non-seulement ces instruments grossiers qu'il fabriquait avec le silex (fig. 7, 8
et 9), mais ses ossements eux-mêmes, mêlés à ceux de
mammifères qui depuis se sont complétements éteints, ou
ont émigré vers d'autres climats.

Ces temps géologiques, qui ont vu l'homme primitif, et
celui même qu'on peut appeler fossile, sont bien antérieurs aux temps de la fable. Cependant l'ère des cités
lacustres, celle où l'homme vivait au bord des lacs (fig. 32),
dans l'Europe centrale, en Suisse, par exemple, touche
presque aux temps fabuleux dont les peuples civilisés ont
retenu quelques traditions. L'éléphant à crinière, le renne,
l'ours des cavernes vivaient alors avec l'homme dans nos
contrées. L'éléphant velu a partout disparu, le renne s'est
peu à peu cantonné dans les régions boréales, l'ours des
cavernes a fait place à d'autres espèces.

Pour expliquer la présence du renne dans les contrées
tempérées de l'Europe, où l'on rencontre partout ses débris
fossiles, on est obligé d'admettre une température moyenne
beaucoup plus basse que celle qui règne aujourd'hui sous
ces mêmes latitudes. Le contraire serait plus facilement
acceptable. Si la terre, d'abord à l'état de masse gazeuse
ignée, puis liquide, puis pâteuse, est allée peu à peu se
solidifiant et se refroidissant, le phénomène n'en a pas
moins eu lieu d'une manière graduelle. Il faut donc supposer de toute façon que, dans les époques géologiques
plus anciennes que la nôtre, les températures du sol et
de l'air étaient plus élevées que maintenant. La majeure
partie des savants sont de cet avis, et ne font d'exception

Fig. 35. — Bloc erratique de granit à Monthey (Valais), pierre des Marmettes, dessiné d'après nature par E. Collomb.

que pour cette phase des temps diluviens qu'ils appellent
l'époque glaciaire. A ce moment, disent-ils, presque toute
l'Europe était sous les glaces. Et pour confirmer leur dire,
ils s'appuient sur ces échantillons de pierres striées, polies
qu'on rencontre très-loin de leur point de départ, et qu'auraient charriées les glaciers d'autrefois, comme le font

Fig. 36. — Bloc erratique de serpentine, reposant sur une roche polie et striée, au pied
méridional du mont Rose, dessiné d'après nature par E. Collomb.

encore ceux d'aujourd'hui, notamment en Suisse (fig. 33
et 34). Ils citent ces énormes pierres errantes, ces blocs
erratiques, comme ils les appellent, qu'on trouve même à
des centaines de lieues de la roche en place, isolées, perdues, témoins muets des phénomènes qui ont marqué une
partie de l'ère diluvienne (fig. 35 et 36). Les glaciers
des Alpes se seraient ainsi étendus jusqu'à Lyon, le long

de la vallée du Rhône, et sur tout le Jura, le long de celle de l'Aar.

On ne peut invoquer ici, à la façon des anciens, ni le travail de prétendus géants ou titans, ni des explosions volcaniques, en ce cas aussi inadmissibles, ni même le transport des eaux torrentielles. Les stries, aussi nettes

Fig. 37. — La pierre à Bessa, bloc erratique de calcaire reposant sur un sol gypseux, au Montet, près Bex, Suisse.

que nombreuses, dont sont rayés les blocs et les arêtes vives qu'ils ont conservées (fig. 37), deux phénomènes qui se retrouvent dans les glaciers actuels, font rejeter le transport par l'eau. Il faut admettre des glaciers, ou tout au moins des glaces flottantes, des débâcles, comme celles qui surviennent aujourd'hui encore sur les fleuves de l'Amérique du Nord, par exemple, le Saint-Laurent.

En Europe, on trouve surtout des blocs erratiques dans
toute la Prusse et la Russie septentrionales, et ces roches
proviennent en ce cas des granits de la Suède et de la
Laponie. Des radeaux de glaces, porteurs des blocs, ont
traversé la Baltique comme ceux qui, partant du pôle,

Fig. 38. — Bloc erratique de calcaire jurassique reposant sur des schistes crétacés,
à 3 kilomètres de Lourdes (Hautes-Pyrénées), dessiné d'après nature par E. Collomb. — Longueur 6 mètres.

viennent encore aujourd'hui échouer sur les côtes de
l'Amérique du Nord ou de l'Islande. En France, les Vosges,
le Jura, la Savoie, le Dauphiné, les contours du Plateau-
Central, le plateau de Bretagne, les flancs des Pyrénées
(fig. 38); en Suisse, en Italie, tous les revers des Alpes; en
Espagne, les versants des Asturies, sont semés de blocs
erratiques. On en rencontre également dans le pays de

Galles et le long de la chaîne pennine qui forme l'axe lon-
gitudinal et comme l'épine dorsale de l'Angleterre. Ici encore on a reconnu dans les blocs une variété de granit
norvégien. En Autriche, au pied des Carpathes ; en Russie,
autour du Caucase ; en Syrie, aux flancs du Liban, on voit

Fig. 39. — Bloc de meulière (pierre à meule) de la Brie, trouvé dans le terrain diluvien
du Champ de Mars à Paris, d'après un croquis original de M. E. Collomb). — Longueur 3 mètres 30, largeur 2^m,25, épaisseur 0^m,62, poids approximatif 7000 kilogrammes.

aussi des blocs erratiques. On en a relevé également,
ainsi que des amas de cailloux et d'argiles sableuses,
terreuses, produits par la marche des anciens glaciers,
dans l'Inde, autour de l'Himalaya ; dans l'Amérique du
Nord, au pied des Alleghanys, des Montagnes-Rocheuses
et de la Sierra Nevada ; dans l'Amérique du Sud, le long
de Andes ; enfin dans la Nouvelle-Zélande. Récemment

encore, M. Agassiz en signalait dans tout le bassin de l'Amazone.

Une partie de l'époque diluvienne a donc été marquée par des phénomènes glaciaires d'une immense étendue, et sans doute d'une très-longue durée. On va même jusqu'à

Fig. 40. — Bloc de grès de Fontainebleau trouvé dans le terrain diluvien du Champ de Mars à Paris, d'après un croquis original de M. E. Collomb. — Longueur 2 mètres, largeur 1ᵐ,75, épaisseur 0ᵐ,70, poids approximatif 5000 kilogrammes.

compter en Suisse deux époques glaciaires distinctes, séparées par une ère moins froide. Les naturalistes, les physiciens, les astronomes se sont perdus en conjectures pour donner de tous ces faits une explication satisfaisante. Beaucoup ont préféré les nier, mais il a fallu se rendre à l'évidence; et tandis que quelques-uns résistent encore, on cite plus d'une éclatante conversion. Comment justifier en effet ces transports si lointains des masses errantes, si ce n'est par d'anciens glaciers? Des avalanches, des débâcles de lacs alpins occasionnées par la fusion d'une ceinture des glaces, ne rendent compte que de phénomènes locaux. Il faut donc recourir de toute force à des glaciers mouvants, depuis disparus, et pères de ceux d'aujourd'hui; mais qui dira l'origine de ces anciens glaciers?

Pour répondre à tous les cas à la fois, quelques savants ont imaginé un déplacement des pôles et du centre de gravité du globe, ou l'interposition momentanée d'une matière cosmique qui aurait servi d'écran entre la terre et le soleil. D'autres ont invoqué le mouvement de translation qui emporte tout notre système planétaire vers un point de la constellation d'Hercule, et le passage de la terre au milieu d'espaces célestes refroidis. Entraînée à la remorque du soleil, la terre aurait gelé dans cette partie du voyage.

Il en est qui ont recouru à des hypothèses peut-être plus rationnelles, et qui ont cherché la raison des grands phénomènes glaciaires et du changement de climat qui en fut la cause, dans la disparition de certains continents et le soulèvement de certains autres. Le désert de sable du Sahara a émergé du fond de la mer vers le commencement de l'époque diluvienne. Ce phénomène a suffi pour soumettre la partie de l'Europe centrale que dominent les Alpes aux effets du vent chaud du désert, le simoun, qu'on nomme dans la Méditerranée le scirocco, et qui engendre en Suisse le fœhen, le *favonius* des Latins. Quelques-uns des glaciers alpins ont alors fondu et déposé sur place les blocs de rochers qu'ils portaient avec eux.

Il reste à expliquer la disparition des anciens glaciers du nord de l'Europe. Qui sait, à ce propos, si cette fameuse Atlantide dont parle Platon n'a pas existé, et fait

Fig. 41. — Vue de glaciers polaires, d'après un tableau existant au Muséum de Paris.

place, en sombrant, à l'océan Atlantique, d'où serait immédiatement parti le *gulf-stream*, ce courant du golfe mexicain qui réchauffe si singulièrement une partie de l'Europe septentrionale? Le soulèvement de la chaîne des Andes, qui s'est opéré ou a fini de s'opérer pendant l'époque quaternaire, suffit du reste à expliquer l'origine du gulf-stream. L'isthme de Panama s'est alors formé, et a séparé les eaux de l'Atlantique de celles du Pacifique.

Le courant du golfe mexicain pourrait bien avoir pris au début une direction un peu différente de celle qu'il a aujourd'hui, et être venu caresser les rivages sibériens, qui auraient ainsi joui d'un climat presque tempéré. C'est à cette époque qu'aurait vécu, dans l'Asie septentrionale, le mammouth ou éléphant primitif, que plus tard les glaces, dans un refroidissement subit, ont surpris et enterré sur place. Aujourd'hui, en Sibérie, on retrouve le mammouth conservé intact avec sa chair et le poil qui lui servait de crinière. Cette toison semble indiquer un climat déjà assez froid.

Telles sont les explications par lesquelles les *glaciéristes* essayent de se rendre compte des faits qu'ils ont découverts; mais comme des blocs erratiques ont été presque partout rencontrés, on ne saurait imaginer pour chaque point un soulèvement ou un affaissement, une apparition ou une disparition de telle ou telle partie de continent, encore moins d'un continent tout entier, ou bien supposer un courant chaud sous-marin venant des tropiques et un contre-courant froid venant des pôles. La théorie ne peut pousser si loin le champ des conjectures. Les raisons que donnent les *antiglaciéristes* de simples transports des blocs erratiques par les eaux, ou de démolitions subites des berges des grands fleuves, dans lesquels seraient tombés tout à coup les blocs qui en couronnaient les versants, ne sont non plus guère acceptables[1]. Quant aux éléphants trouvés intacts dans les glaces de la Sibérie, il semble difficile d'admettre qu'ils soient descendus avec le déluge asiatique des flancs de l'Himalaya soulevé. La distance à parcourir est trop grande; puis les naturalistes opposent victorieusement en ce cas à leurs adversaires et la crinière protectrice de l'éléphant qui dénote un climat froid, et les espèces analogues trouvées dans d'autres régions avec le renne. Ainsi les os de ce même éléphant chevelu ont été rencontrés en France dans les dépôts diluviens de l'époque glaciaire.

Ne cherchons pas de plus amples explications. Bornons-nous à constater les faits; ils existent, cela est certain. Sans partager les exagérations des glaciéristes, qui vont jusqu'à admettre partout deux époques glaciaires différentes, on doit considérer comme hors de doute qu'à un moment de l'ère diluvienne un froid intense a régné dans des contrées devenues depuis tempérées. Il y a eu dans ces contrées le même froid qu'aujourd'hui aux pôles (fig. 41) et sans doute les mêmes glaciers, car les glaciers de nos hautes montagnes et les glaciers polaires obéissent aux

1. Telle est, par exemple, la manière dont quelques géologues essayent d'expliquer la présence de ces gros blocs de rochers qu'on trouve dans l'ancien lit de la Seine, entre autres de ces énormes spécimens de meulière et de grès (fig. 39 et 40 : voir pages 82 et 83) signalés par MM. de Verneuil et Collomb au milieu du terrain diluvien du Champ de Mars, à Paris. Ceux-ci furent trouvés en 1866 dans les tranchées ouvertes pour les travaux de l'Exposition universelle. Il est fâcheux que ces pierres, qui avaient en quelque sorte assisté à la formation des dernières assises du bassin de Paris, n'aient pas été conservées, et que les personnes chargées de présider à l'organisation de l'Exposition ne leur aient pas donné la première place dans la galerie préhistorique du palais du Champ de Mars. On a laissé les *limousins*, bâtisseurs de l'étrange monument sitôt disparu, démolir ces blocs pour en faire des moellons; mais aussi l'on n'a rien négligé pour faire prédominer dans le palais l'ordre elliptique et rayonné : c'était peut-être une compensation.

Fig. 72. — Volcan de Hécla en Islande, vu de la vallée de l'Hévita, d'après Ch. Giraud. (Voyage du prince Napoléon en 1856.)

mêmes lois. Comment ensuite les climats se sont-ils brusquement modifiés? La véritable raison de ces change-

Fig. 43. — Éruption du Vésuve (22 octobre 1822), vue prise de la base orientale
du petit cône, d'après Rémond.

ments anormaux nous sera peut-être toujours cachée.
Mais qu'importe? Il y a tant d'autres phénomènes que nous
n'expliquons point. Notre existence même, et c'est peut-

être un bien, n'est-elle pas comme un continuel problème
dont nous ne pourrons jamais dégager l'inconnu? Au lieu
donc d'aller se creuser la tête à forger des suppositions
plus ou moins ingénieuses, n'est-il pas plus simple de dire
ici, comme le faisait quelquefois Arago : Je ne sais pas?

Après les phénomènes diluviens et glaciaires que nous
venons d'étudier, survient une époque plus calme, plus
chaude, celle qu'on peut nommer l'époque alluvienne
ou récente. Elle comprend déjà les âges mythologiques.
Bientôt après commence l'histoire, et avec elle les phénomènes géologiques actuels dont nous sommes encore témoins. Ces phénomènes sont principalement, dans l'ordre
sédimentaire, la formation des tourbières, des deltas ou
atterrissements à l'embouchure des fleuves, l'avancement
des dunes, les dépôts de bancs de coraux, de grès marins, de tufs d'eau douce, le transport par les pluies, les
orages, de terres, de sables, de cailloux, et souvent de
roches énormes, comme celles que charrient les glaciers,
si bien que dans certains cas, ici comme dans l'époque
diluvienne, l'origine reste douteuse. Au nombre des phénomènes géologiques actuels d'ordre éruptif, il faut signaler le soulèvement ou l'affaissement des côtes, les tremblements de terre et les fissures du sol qu'ils occasionnent,
enfin les éruptions volcaniques.

Parmi les volcans de l'Europe, sont l'Hécla (fig. 42),
le Vésuve (fig. 43), l'Etna, le Stromboli (fig. 44). Ce dernier
est remarquable par son activité continuelle, dans laquelle
aucun arrêt n'a jamais été signalé.

Quoi qu'il en soit des phénomènes volcaniques contemporains de la présence de l'homme sur la terre, on peut
dire qu'aucune révolution violente n'est venue marquer
jusqu'ici le cours de cette ère nouvelle. Le calme de la nature semble avoir précédé l'avénement de la civilisa-

Fig. 44. — Volcan de l'île de Stromboli entre Naples et la Sicile, d'après Rénond. — Vue prise au N de l'île dans la nuit du 30 août 1842.

tion ; mais que sont les huit ou dix mille ans de l'époque historique devant la durée qu'exigent quelquefois
pour se produire les phénomènes géologiques les plus
simples?

Les dépôts quaternaires, contrairement à ce qu'on pourrait croire, ne sont pas moins bien fournis que leurs
aînés de tous les minéraux, de toutes les pierres indispensables à l'homme. Les gîtes métallifères que l'on nomme
les placers, ceux de la Californie, de l'Oural, de l'Australie,
du Brésil, datent de cette époque. Ils contiennent, suivant
les localités, l'or, le platine, à l'état métallique ; le fer,
l'étain (Cornouailles, les Détroits), à l'état de minerais
oxydés ; enfin les plus précieuses gemmes, telles que le
diamant, le saphir, le rubis. On connaît les fameux placers
diamantifères du Brésil et de l'Inde.

Les placers se composent de sables désagrégés, de cailloux roulés, et quelquefois de lits compactes de poudin-
gue, d'argile, enterrés à d'assez grandes profondeurs.
Presque toujours les matières dont ils sont formés ont été
arrachées à des roches préexistantes, encore en place. Cependant on invoque aussi pour l'or, nous l'avons vu, le
passage, au milieu des terrains superficiels, de sources
chaudes et alcalines, qui auraient contenu le métal en dissolution, et l'auraient laissé peu à peu déposer. On explique par ce moyen comment il peut se faire, ainsi qu'il
a été si souvent constaté en Californie, que l'or existe en
si grande quantité dans les sables de la surface, tandis
que les filons qui dominent les vallées adjacentes sont relativement très-pauvres. Cependant nous n'acceptons que
sous toutes réserves l'explication proposée.

Les minerais de fer dits d'alluvions et en grains sont
aussi d'âge diluvien ou récent. Ces dépôts remplissent des
cavités, des espèces de poches, d'amas ou de sacs, et ces

cavités sont ouvertes au milieu des terrains quaternaires eux-mêmes, ou des formations d'âge antérieur.

Le minerai de fer dit des marais, des lacs et des prairies, à cause des points où on le trouve, est frère du précédent. Il est dû, comme lui, à des dépôts de sources ferrugineuses, dont quelques-unes agissent encore sous nos yeux, et nous mettent ainsi au courant des moyens que la nature a dû employer dans les formations géologiques du passé.

Aux dépôts d'âge quaternaire appartiennent aussi les tourbières, vastes amas de plantes aquatiques, fibreuses, remplissant le fond d'anciens lacs, d'anciens marais, ou déposées sur certains plateaux. Ces végétaux, à moitié fossiles, sont entrelacés, feutrés et comme soudés ensemble. Ils se débitent en mottes à la bêche, et peuvent fournir, surtout après avoir été lavés, comprimés et au besoin distillés, un assez bon combustible. C'est dans tous les cas, dans nombre de nos départements, le combustible du pauvre, et à ce titre la tourbe méritait bien une mention.

On rencontre dans les plus anciennes tourbières des ossements d'animaux éteints, et dans les plus modernes, des restes de l'industrie de l'homme primitif ou civilisé. Ces faits prouvent que le dépôt de la tourbe est continu sur certains points et s'est poursuivi dans les temps historiques. En quelques localités, il se poursuit même encore aujourd'hui.

Les roches qu'utilise l'art de bâtir sont assez abondantes dans les terrains quaternaires. C'est d'abord du sable et des cailloux roulés, y compris ceux des cours d'eau actuels, et qu'on emploie avantageusement dans la fabrication du mortier, du béton et du macadam; puis de la terre à pisé, de l'argile, dont on fait des briques;

puis du tuf, du travertin[1], qui servent de pierre de taille ou de moellon; enfin, des blocs erratiques, qu'en Poméranie on cherche avec la sonde jusque dans le sol[2].

Dans l'Inde, dans les îles de l'océan Indien, en Arabie, dans la mer Rouge, les dépôts de coraux sont exploités comme pierre à bâtir, comme macadam, et pour la chaux qu'on en retire. Enfin les laves, les argiles et les cendres volcaniques, datant de l'époque diluvienne ou présente, s'emploient dans les constructions, soit à l'état de moellon, soit à l'état de pouzzolane, comme les roches volcaniques anciennes.

Quelques minéraux particuliers, dont l'industrie a su tirer le plus grand profit, sont contenus dans les terrains quaternaires. Citons entre autres le guano, composé de bancs d'excréments fossiles répandus dans quelques îles tropicales, mais surtout vers le Pérou, aux îles Chincha, où jamais il ne pleut. Les oiseaux marins du passé, les cormorans, les pélicans, les pingouins, qui se gorgeaient de poissons dans ces parages, ont préludé là, tous les jours, religieusement, à leur laborieuse digestion. Quelques-uns sont tombés sur place pour ne plus se relever, et, moulés dans leurs déjections, y sont passés à l'état fossile. On peut voir encore aujourd'hui dans les mêmes eaux, sur les mêmes îles, les mêmes volatiles se livrer, à l'imitation de leurs ancêtres, au même travail;

---

1. Cette roche a été ainsi appelée parce qu'elle a été primitivement exploitée par les Romains, près de Tibur, aujourd'hui Tivoli. De Tibur on a fait *tiburtinus*, d'où notre français travertin. L'aqueduc des Tarquins, le Colisée, etc., sont construits en travertin. La roche prend très-bien le mortier, et durcit singulièrement à l'air.

2. En Suisse, on vient de défendre avec beaucoup de raison l'exploitation de ces blocs. On les a déclarés monuments nationaux, se rattachant aux origines de l'Helvétie, et comme tels on les conservera à tout jamais.

mais combien le guano du passé vaut mieux que celui d'à présent!

Les Incas, au temps de leur florissant empire, avaient reconnu les propriétés fertilisantes de cet engrais presque minéralisé, et ils avaient défendu, sous les peines les plus sévères, de tuer, de déranger même les oiseaux marins qui continuaient à confectionner le guano. Après la conquête espagnole, l'usage de ce fumier se perdit. Les propriétés de l'engrais tropical n'ont été retrouvées qu'à notre époque. Elles ont fait la fortune du Pérou, qui s'est empressé de concéder à une compagnie anglaise le monopole d'exploitation de cette précieuse substance, dont il tire le plus clair de ses revenus.

Il faut citer avec le guano le sel nitre (azotate de soude) qui existe également au Pérou, dans les sables d'Iquique. Ce nitre provient de sources minérales aujourd'hui taries. On lessive les sables et l'on fait cristalliser le sel.

Le natron[1] ou alcali naturel (carbonate de soude), qu'on retire de lacs desséchés de la haute Égypte, de l'Abyssinie, de l'Inde, est parent du nitre péruvien.

Parmi les produits salins importants de l'époque actuelle, il y a encore le borax ou borate de soude qu'on extrait de certains lacs de Californie, de l'Inde, du Thibet, où il se reforme tous les jours, et l'acide borique, dont on fait le borax artificiel, et qu'on exploite principalement en Toscane dans les *soffioni* (jets de vapeur) et les *lagoni* (petits lacs[2]). Il y a aussi le sel ammoniac (chlorhydrate d'ammoniaque), et avec lui l'alun, le soufre, qu'on re-

---

1. On retrouve dans ce vieux mot la racine des mots plus modernes, *nitre* et *natrium*. Ce dernier est le mot latin par lequel, dans les formules chimiques, on désigne la soude.

2. Voir pour les figures et plus de détails sur le guano, le nitre du Pérou, le borax et l'acide borique, le chapitre IV et la planche I.

cueille dans toutes les solfatares ou cratères à moitié éteints.

Mais ce n'est pas seulement par l'abondance et la variété des minéraux utiles que la période quaternaire est intéressante à étudier. Plus qu'aucune des précédentes, elle a vu descendre dans les plaines des terres accumulées, sur lesquelles devaient se développer plus tard les villes les plus populeuses et les plus belles campagnes. Une première végétation, trouvant là un centre des plus propices, s'est élancée vigoureuse. La décomposition lente des racines et des feuilles a donné naissance à l'humus ou terreau, et sur des lieux plats ou en pente douce, que les eaux arrosaient mais ne dévastaient point, se sont ainsi élevés peu à peu d'énormes bancs de terre végétale.

Les plus riches plaines reposent sur les formations diluvienne et alluviale. C'est là que le froment, le chanvre, le maïs, le riz poussent de préférence. Les magnifiques campagnes de la Limagne d'Auvergne, arrosées par l'Allier; la vallée du Grésivaudan, où coule l'Isère; la Camargue d'Arles, fécondée par le Rhône; les plaines d'Alsace, baignées par le Rhin, et les vallées latérales du Rhin, comme celle de l'Aar (fig. 45); enfin les plaines de la Lombardie, que lave le Pô, sont toutes formées de détritus d'âge quaternaire. Il en est de même des terres noires du Danube, qui fournissent les blés que le commerce autrichien et russe envoie chaque année en si grande abondance à Marseille. On connaît la fertilité des alluvions du Nil. Dans l'Inde, dans l'Amérique du Nord, les terres qui produisent la canne, le riz, le coton, le tabac, ont été également charriées par des eaux diluviennes. Enfin à l'île Maurice et à l'île Bourbon, les superbes plantations de cannes qui font ou faisaient naguère la fortune de ces deux colonies, sont aussi établies sur des atterrissements.

Il est triste de dire que, dans les plus anciens pays
civilisés, ces mêmes plaines que la nature n'a livrées à

Fig. 45. — Terrain d'alluvion de la vallée de l'Aar, entre Meyringen et le lac de Brienz
(canton de Berne), d'après un tableau de Rémond.

l'homme que pour la culture, sont encore des plaines
de carnage, et que les plus grandes mêlées ont eu lieu

au cœur même de ces terrains. Ainsi la nature va mêlant partout le bien avec le mal, le désordre au milieu de l'ordre, et nous laisse à la fois émus et attristés, quand nous voulons sonder le mystère qui a présidé à la formation de ce monde.

CHAPITRE III.

LES PIERRES DE FRANCE.

I.

LA HOUILLE.

Principaux bassins houillers indigènes. — Parallèle avec les nations rivales. — Ensemble d'une mine de charbon. — Historique de nos principales houillères. — Production et consommation de la houille en France. — Causes de la prééminence industrielle de l'Angleterre et de la Belgique. — Qualités physiques et morales du mineur charbonnier.— Les ouvriers et les compagnies. — Ce que réclament nos houillères.

Nous avons traité de l'étude des pierres et de l'origine de celles-ci. Il faut maintenant appliquer tout ce qui a été dit, et par des exemples montrer le véritable rôle que les espèces minérales jouent dans la marche des sociétés, surtout des sociétés modernes. On est peu au courant, en France, de la richesse souterraine du pays. Ne serait-il pas le cas de parler dès à présent de ce que nous pourrions appeler nos pierres noires, de nos mines de charbon[1]?

---

1. Nous avons déjà traité ce sujet, parmi quelques autres, dans le petit livre : *les Merveilles du monde souterrain* (Paris, Hachette, 1868).

Quand on jette un coup d'œil sur la carte géologique de France, cet admirable monument élevé par nos ingénieurs des mines à l'industrie nationale, on remarque au nord, au centre et au midi, et surtout disséminées autour d'une ligne méridienne qui passe environ à 100 kilomètres à droite de celle de Paris, une série de taches noires irrégulièrement délimitées.

Ces taches, à la teinte conventionnelle, sont l'exacte représentation graphique de nos bassins houillers.

Si nous lisons les noms gravés en regard, nous y retrouvons plus d'une localité connue et depuis longtemps parmi nous populaire.

Ce sont, dans le midi, Alais, la Grand-Combe et Bességes; au centre, Saint-Étienne et Rive-de-Gier, les plus productives de nos houillères; puis Blanzy, le Creusot et Épinac; au nord enfin, Valenciennes, où se rencontrent les mines de Denain et d'Anzin, marchant de pair avec celles de la Loire, et formant le prolongement du riche bassin de Mons qui fait la fortune de la Belgique (carte VII).

A gauche des bassins précités s'en trouvent d'autres presque aussi importants : Aubin et Decazeville dans l'Aveyron; Commentry, Doyet et Bézenet (fig. 46) dans l'Allier; puis çà et là des gîtes qui tiennent encore une assez large place dans notre production houillère : les bassins d'Aix dans les Bouches-du-Rhône, de Carmaux dans le Tarn, de Brassac dans le Puy-de-Dôme et la Haute-Loire, de Decize dans la Nièvre, de Graissessac dans l'Hérault, de Ronchamp dans la Haute-Saône, du Drac dans l'Isère. N'oublions pas non plus les bassins du Maine et de la Basse-Loire (carte VIII), enfin celui de la Sarre dans la Moselle, où vient finir souterrainement le fertile bassin de Sarrebruck, dont s'enorgueillissent à juste titre la Bavière et la Prusse rhénanes.

Tous ces gîtes, avec quelques autres beaucoup plus modestes et qui n'ont qu'une importance purement locale,
tels que Littry dans le Calvados, Vouvant dans la Vendée,
Fins dans l'Allier, Ahun dans la Creuse, Bouxwiller dans
le Bas–Rhin, etc., etc., composent le bilan de nos bassins
houillers.

Ces bassins, on le voit, sont fort irrégulièrement répar-

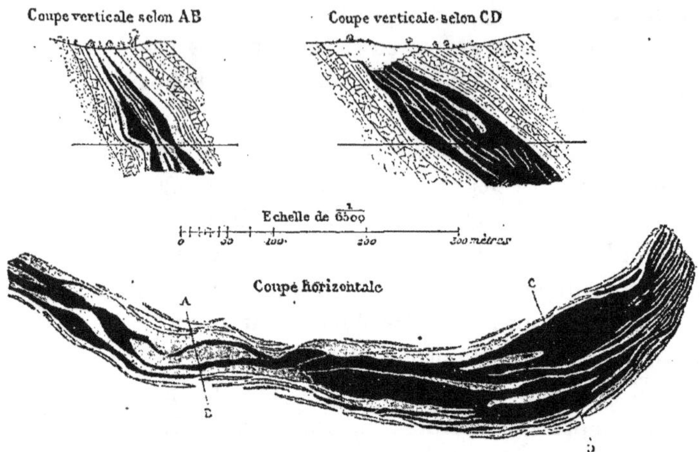

Fig. 46. — Coupes prises sur la couche de charbon de Bézenet (Allier), dressées
par L. Simonin, d'après les documents locaux.

tis sur notre territoire, ils n'ont qu'une faible étendue relative, on le devine par leur nombre même, et ils ne
sauraient être comparés en aucune façon à ces inépuisables
gîtes dont la nature a doté quelques pays privilégiés : la
Belgique, l'Angleterre, la Prusse et surtout l'Amérique du
Nord.

D'un côté tous les avantages réunis se rencontrent : le
nombre et l'épaisseur des couches de combustible, le peu
de profondeur de ces couches au-dessous du sol, l'étendue

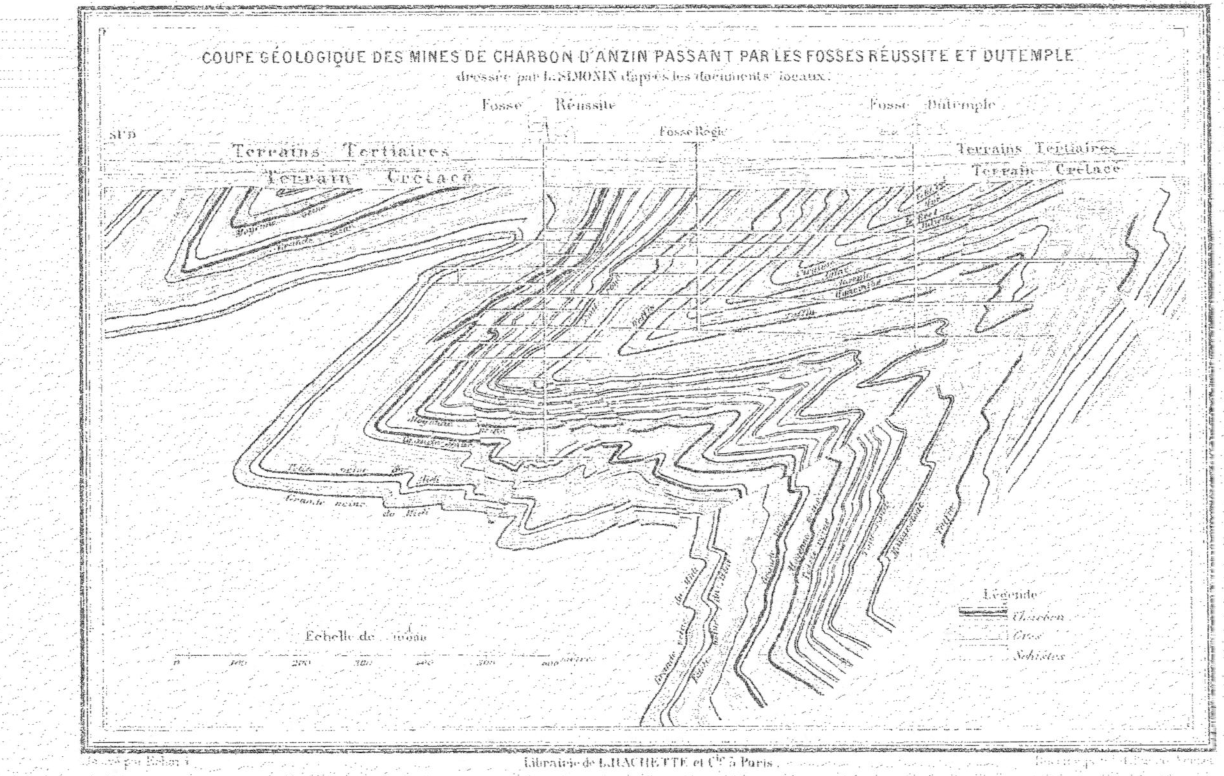

Librairie de L. HACHETTE et Cⁱᵉ à Paris.

superficielle des gîtes partout beaucoup plus considérable qu'en France, excepté en Belgique, la facilité d'extraction et des transports, la certitude de débouchés presque indéfinis, l'absence de toute entrave administrative.

Chez nous tous les inconvénients contraires pèsent sur cette industrie, et cependant, tant est grande l'activité et la souplesse de l'esprit national, tant le besoin et l'intérêt créent de ressources et permettent de surmonter d'obstacles, que nous n'avons rien à redouter, pour l'exploitation économique ou technique de nos mines de houille, d'un parallèle avec les nations rivales. Les faits ont même démontré que, pour l'excellence et l'ingéniosité des méthodes, la priorité nous était acquise. C'est là une assertion désormais hors de doute, à laquelle ont suffisamment répondu des enquêtes privées ou officielles conduites en dehors de tout esprit de parti.

Celui qui n'est jamais descendu dans une houillère s'est-il quelquefois demandé tout ce que le mineur devait déployer de patience, de courage et d'intelligence pour résister victorieusement à tous les éléments conjurés contre lui? Aux eaux qui font de tous côtés irruption, il sait opposer des pompes gigantesques mues par la vapeur, d'une force qui atteint jusqu'à six et huit cents chevaux; ou bien des galeries d'écoulement qui, agissant à la façon d'énormes tuyaux de drainage, ont une longueur qui dépasse en quelques circonstances celle de nos plus longs tunnels, cinq et six kilomètres. Ces galeries, comme on le voit dans quelques mines anglaises, sont parfois transformées en véritables canaux, et servent ainsi au transport souterrain de la houille en même temps qu'à l'épuisement des eaux.

Aux éboulements qui le menacent de tous côtés, le mineur résiste par des boisages ou des muraillements savamment établis; aux gaz inflammables et explosifs, il oppose le treillis métallique de la lampe de Davy sans cesse perfectionnée; aux incendies spontanés qui s'allument au milieu du charbon, des barrages qui limitent le feu; aux amas d'eau, aux lacs souterrains, des digues qui les arrêtent; enfin, au manque d'air respirable, ou à la présence de gaz pernicieux, dans le dédale inextricable où il s'enfonce et circule, le houilleur répond par les machines soufflantes les plus variées et les plus ingénieuses.

Pour tirer d'une mine le plus de charbon possible à la fois, et satisfaire dans un temps donné à toutes les demandes des consommateurs, il a imaginé les engins les plus curieux, les mieux disposés, installé les plus fortes machines, si bien qu'aujourd'hui il n'est pas rare de voir extraire d'un seul puits jusqu'à mille tonnes de houille par vingt-quatre heures, soit un million de kilogrammes!

A mesure que les travaux gagnent en profondeur, le temps que mettent les hommes à descendre et à remonter a été heureusement diminué au moyen de machines à double oscillation, véritables échelles mouvantes, dites *warocquères* [1], *fahrkunst* [2] ou *men engines* [3], portant les ouvriers jusque dans les chantiers les plus bas, et les ramenant au dehors sans la moindre peine. Ainsi ont disparu les anémies si fréquentes chez les mineurs qui descendaient et remontaient chaque jour par des échelles fixes de 400 mètres et plus de hauteur, dignes d'être comparées à l'échelle de Jacob.

Incessants sont les progrès réalisés par l'industrie houillère. N'est-ce pas à elle que nous devons les premières ma-

1. Du nom de M. Warocqué, l'inventeur de ces machines en Belgique.
2. Mot allemand qu'on peut traduire à peu près par *chemin mécanique*.
3. Mots anglais qui signifient littéralement *machines à hommes*.

chines à vapeur et les premiers chemins de fer? Pourquoi faut-il que, dans la plupart des cas, les travaux de nos mineurs demeurent obscurs et inconnus, et que nos mineurs eux-mêmes, ces braves et infatigables soldats des souterrains, non moins patients et courageux que leurs confrères de l'armée, n'attirent l'attention du public que lorsqu'un lamentable accident vient épouvanter toute une population et jeter des centaines de familles dans le deuil!

L'historique de nos principales houillères ne saurait être passé sous silence, car il est fécond en enseignements. Nous devons faire remarquer d'abord que sur la plupart des bassins carbonifères les couches de combustible semblent avoir été connues de tout temps. Elles affleurent à la surface du sol, dans les champs, aux flancs des collines, et sur les talus des tranchées ouvertes pour donner passage aux routes. Les Romains eux-mêmes ont mis à nu quelques-unes de ces couches de houille dans l'exécution de leurs grands travaux hydrauliques. Ainsi ce fait s'est présenté dans la Loire, près de Rive-de-Gier, et dans le Var, non loin de Fréjus; mais les maîtres du monde ne paraissent pas avoir vu dans le charbon minéral autre chose qu'une pierre noire, s'allumant au feu, et y dégageant une odeur bitumineuse.

Pendant le moyen âge, c'est au plus si quelques forgerons daignent recourir à ce combustible; les foyers domestiques eux-mêmes répugnent à l'employer. Le moment n'est pas encore venu du déboisement des forêts et de la transformation radicale que les sociétés subiront par l'avénement de l'industrie. Mais, dès l'aurore du dix-neuvième siècle, un essor sans égal est donné tout à coup aux exploitations houillères. La modification profonde que les procédés anglais, si vite adoptés chez nous, apportent alors dans la fabrication du fer, en substituant la houille au charbon de bois, est la principale cause du développement subit imprimé aux mines de charbon. L'introduction du combustible minéral dans la fabrication du verre, des glaces, de la porcelaine, des briques, de la chaux et du ciment; l'usage jusqu'ici exclusif qu'on en fait pour la préparation du gaz d'éclairage, en même temps qu'il est d'un emploi presque absolu dans le chauffage des machines à vapeur : machines fixes, machines de bateau, machines locomotives ou locomobiles; enfin le transport rapide et économique par chemins de fer et l'adoption de la houille dans tous les foyers des usines et jusque dans les foyers domestiques, tout cet ensemble de circonstances agissant presque simultanément concourt aussi à donner à l'exploitation de nos houillères une impulsion de plus en plus féconde. Le chiffre de l'extraction a depuis été sans cesse croissant, et l'on ne sait où il s'arrêtera en France comme dans tous les autres pays industriels.

Si des phénomènes généraux nous descendons aux cas particuliers, nous trouvons partout une preuve saisissante des miracles opérés par l'industrie houillère et des changements heureux qu'elle apporte avec elle dans tout pays où elle s'introduit. On peut dire qu'elle transforme, régénère et crée. Quelquefois les champs souffrent de son voisinage, mais elle fait tant de bien pour un peu de mal qu'elle cause! Au commencement du dix-septième siècle, Saint–Étienne n'était qu'une bourgade habitée par quelques centaines d'ouvriers, experts dans l'art de forger les armes et les outils. Deux siècles après, la ville renferme à peine 20 000 habitants, bien qu'à la fabrication des armes se soit jointe celle de la grosse quincaillerie et le tissage des rubans. Mais à peine les houillères de cet intéressant district se développent-elles par la fabrication du fer à l'anglaise, que la ville voit augmenter de plus en plus sa population.

Le chiffre en dépasse aujourd'hui 100 000 habitants, au point que l'État, faisant enfin justice à des demandes réitérées, a dû transférer en 1855 le chef-lieu du département de la Loire de Montbrison à Saint-Étienne.

Il y a deux siècles, quand Saint-Étienne n'était encore qu'un modeste village, Rive-de-Gier et Givors n'existaient pas ; aujourd'hui ce sont des villes importantes. Saint-Chamond n'était célèbre que par son immense château fort, relevant des comtes de Forez ; le château est maintenant en ruine, mais à ses pieds s'élève une ville que la production et le commerce du charbon, encore plus que la fabrication des lacets de soie, ont rendue populeuse et prospère.

Les houillères de la Loire ont été pour la France, comme l'a fort bien remarqué M. A. Burat, le berceau de tous les genres d'usines sidérurgiques qui produisent les matières premières : hauts fourneaux, forges, aciéries, et de toutes celles qui amènent ces matières premières aux façons les plus complexes, les plus délicates, telles que les armes de toute nature, les pièces de taillanderie, serrurerie, quincaillerie, etc.

Il est bon d'ajouter que c'est encore aux houillères du département de la Loire que nous devons les deux premiers chemins de fer qui se sont faits en France : celui de Saint-Étienne au pont d'Andrézieux sur la Loire, concédé en 1823, qui fut tracé comme une route ordinaire avec des pentes très-fortes et desservi par des chevaux ; et celui de Saint-Étienne à Lyon, concédé en 1826, qui fut notre premier chemin de fer à locomotives.

On pensait encore si peu, à cette époque, au transport des personnes sur les railways, que ces deux chemins de fer ne furent établis qu'en vue du mouvement des houilles. On ignorait alors que le plus productif des colis serait le voyageur, et quand on parlait dans les chambres, en 1834, d'établir des chemins de fer rayonnant de Paris sur la province, un ministre, converti depuis, allait jusqu'à prétendre qu'on en ferait bien quatre à cinq lieues par an, et que ces voies nouvelles ne seraient bonnes qu'à divertir les badauds de la capitale accourus au passage de la locomotive.

Quelle animation, quelle vie dans ce bassin houiller de la Loire, région naguère agricole, aujourd'hui presque entièrement industrielle! Quand on va de Lyon à Saint-Étienne par le chemin de fer qui, côtoyant le Rhône jusqu'à Givors, remonte ensuite la belle vallée du Gier aux collines boisées et verdoyantes, on ne tarde pas d'arriver dans le district des mines de houille. Cette région commence, à proprement parler, à Rive-de-Gier. A partir de ce point, ce ne sont que puits de mine ouverts dans la campagne, et dont les charpentes aux formes massives, étranges soutiennent les énormes poulies de fonte sur lesquelles passe le câble. A celui-ci sont attachées les bennes, sortes de cuves ou tonneaux qui montent et descendent dans le puits, et versent le charbon à l'orifice.

Sur des installations plus perfectionnées, on remarque les puits *guidés*, où les bennes, étagées les unes au-dessus des autres, glissent le long de deux tiges fixes ou guides, parallèles à l'axe du puits, où le câble plat, souvent en fil d'aloès ou en fil de fer, remplace le traditionnel câble rond en chanvre; où la *bobine*, sur laquelle s'enroule le câble, tient si avantageusement lieu de l'antique tambour, où enfin l'emploi judicieux du parachute prévient les effets du décrochage des tonnes circulant dans les puits, et annule tout accident pour les hommes ou le matériel.

A côté des puits d'extraction sont les halles de triage,

de mesurage et de dépôt, autour desquelles vont et viennent
les ouvriers du dehors; puis les appareils de lavage destinés à débarrasser le combustible de ses dernières impuretés; les ateliers où l'on comprime les charbons menus
en rondins ou briquettes, enfin la longue ligne des fours
à coke où l'on distille la houille, et dont les feux, la nuit,
brillant en divers points de l'horizon, feraient croire qu'on
traverse une contrée volcanique aux fumerolles enflam-
mées.

Les villes sur le parcours, Rive-de-Gier, Saint-Chamond,
sont loin d'offrir un aspect agréable à l'œil. Ici le touriste
n'a que faire, tout est livré à l'industrie du houilleur. Les
rues sont pleines d'une boue noire et épaisse, les façades des maisons sont noircies par la fumée et la poussière du charbon. Cette poussière pénétrante ne respecte
rien; les feuilles des arbres, le linge, le visage de l'homme, elle salit et noircit tout, et le bourg de *Terre-Noire*,
que l'on rencontre en chemin, porte dignement son
nom.

Aux abords des gares et des centres de population, se
pressent les lourds véhicules pesamment chargés, charrettes ou wagons. Souvent le chemin de fer lui-même traverse la rue, où les rails, par droit de conquête, s'alignent
sur la chaussée. Les cheminées des usines envoient dans
l'air leur panache de flamme et de fumée, le bruit métallique du marteau et des laminoirs résonne de tous côtés;
les fictions de l'antiquité ont pris un corps : on dirait le
pays des Cyclopes. C'est le pays de nos houilleurs, ouvriers
pleins d'énergie, rompus à la fatigue, froids, disciplinés,
comme si la continuelle habitude du danger, et la pratique
journalière de la vie souterraine, donnaient naturellement
à l'homme toutes ces qualités solides sans lesquelles il n'est
point de bon mineur. Voyez-les passer le soir, au sortir

du puits ou de la *fendue*[1], la lampe à la main, la démarche alourdie par leur dur travail, la face noircie, les habits et le chapeau couverts de boue. Ils rentrent dans leurs familles, calmes, silencieux; voyez-les passer, et saluez en eux les obscurs et courageux soldats de l'industrie.

Le spectacle offert par le bassin houiller de la Loire est le même sur tous les bassins français, le même aussi en Belgique, en Angleterre et jusque dans l'Amérique du Nord. Partout l'industrie houillère affecte un caractère d'uniformité très-frappant. Ainsi le bassin de Valenciennes, autour de Denain et d'Anzin, présente le même tableau que le bassin de Saint-Étienne autour de Rive-de-Gier et de Saint-Chamond. Mais si de nouvelles descriptions ne prêteraient qu'à des redites, que d'enseignements encore dans l'historique de nos mines du Nord! Que de patience, de courage et d'argent ont été nécessaires, unis à tant d'intelligence, pour doter la France de cet inépuisable gisement qui, à lui seul, fournit plus du quart de notre production totale! Ici le bassin est entièrement souterrain, rien ne le révèle aux regards, il a fallu toute une perspicacité de géologue, alors que la géologie était encore à naître, pour arriver à la découverte du gîte.

En 1716, un Belge, le vicomte Désandrouin, ayant remarqué que les couches du terrain houiller de Belgique suivaient une direction constante, allant de l'est à l'ouest, et pénétraient dans le Hainaut français sous les terrains de craie, eut l'idée de traverser ces terrains par des puits, et de rechercher la houille au-dessous. En moins de quatre ans, ses recherches furent couronnées de succès; mais des nappes d'eau très-abondantes inondèrent les tra-

1. C'est le nom qu'on donne aux galeries inclinées dans tout le bassin de la Loire.

vaux, et il fallut inventer, pour les combattre, ces merveilleux blindages en bois qu'on a nommés des cuvelages. C'est là aussi que fut, pour la première fois, appliquée en France la machine à vapeur qui venait d'être découverte sur les mines d'Angleterre par Savery et Newcomen. Du reste, on ne rencontra d'abord que des houilles maigres, de mauvaise qualité, et ce ne fut qu'en 1734, après dix-huit années d'efforts continus, et de difficultés sans nombre, à la fin heureusement surmontées, que les recherches aboutirent entièrement. Il était temps, les mines d'Anzin étaient trouvées, mais le vicomte Désandrouin et ses courageux associés y avaient dépensé presque toute leur fortune.

Il est inutile de s'appesantir sur les diverses péripéties par lesquelles dut passer encore cette exploitation avant de devenir la brillante affaire que chacun connaît. C'est le propre de presque toutes les entreprises de ce genre, de ne récompenser que la deuxième et souvent la troisième génération de mineurs qui s'attachent à les poursuivre. Disons seulement que, dans ces dernières années, des recherches analogues à celles que le vicomte Désandrouin avait le premier commencées autour de Valenciennes ont été reprises au voisinage de Douai, continuées dans le Pas-de-Calais, vers Lens et Béthune, que là encore le succès est venu couronner de longs et courageux efforts, et que cette réussite a été la source, pour tous nos départements du Nord, de fortunes subites, inespérées, et d'une prospérité industrielle presque sans limites.

L'historique des bassins houillers de Saône-et-Loire, du Gard et de l'Aveyron rappelle par quelques points celui des bassins de Valenciennes et de Saint-Étienne.

Partout ce n'a été qu'après les plus persistantes recherches, les plus patients efforts, que les mineurs sont arrivés à leurs fins.

Dans le bassin de Saône-et-Loire, nous trouvons le Creusot, vallée triste et inhabitée il y a un siècle, aujourd'hui centre industriel des plus actifs, où l'extraction et le transport de la houille et du minerai de fer, la fabrication de la fonte et du fer, la construction des machines, occupent au delà de dix mille ouvriers. L'établissement industriel du Creusot est l'heureux rival des établissements les plus fameux en ce genre dans le monde. La Belgique, l'Angleterre, les États-Unis n'ont rien à lui opposer qui vaille mieux. La date d'une situation si florissante est nouvelle. Ce n'est qu'à partir de 1837, et grâce à l'habile direction de MM. Schneider, que les industries du Creusot ont commencé à donner de fructueux résultats[1].

Dans le Gard, la prospérité des houillères d'Alais et de la Grand-Combe est de date tout aussi récente : elle n'a véritablement commencé que le jour où un chemin de fer a relié ces gisements au Rhône en 1840. Alais, qui jusquelà n'avait marqué dans l'histoire de nos provinces du Midi que par les guerres religieuses et le commerce de la soie, est devenue depuis une ville essentiellement industrielle, où les vieilles querelles entre catholiques et protestants se sont assoupies, où l'importance des magnaneries a peu à peu disparu devant celle des usines métallurgiques.

Bességes, Portes et Sénéchas n'ont pas tardé à suivre la voie d'Alais et de la Grand-Combe, et aujourd'hui le département du Gard, naguère presque oublié, est classé parmi les départements les plus intéressants de la France, ceux où l'industrie minérale a fait les plus grands progrès. Ainsi le Gard vient en troisième ligne dans notre production houillère, ne se laissant devancer que par les dépar-

---

1. Les paragraphes III et IV de ce IIIe chapitre sont consacrés tout entiers à la description des diverses industries de ce magnifique établissement.

tements de la Loire et du Nord, qui marchent tous les deux
en tête, contribuant chacun pour plus du quart au chiffre
de l'extraction totale.

Le bassin d'Aubin, dans l'Aveyron, ne compte également dans l'industrie nationale que depuis une quarantaine d'années. Decazeville doit son origine à un ministre
de la Restauration, et ce n'est que depuis 1826, époque
où furent commencées les fonderies et les forges à l'anglaise qui viennent d'être si heureusement remises en activité, que les mines de houille de l'Aveyron reçurent leur
premier développement. Dans ces mines on eut aussi
l'avantage immédiat de rencontrer en plus grande abondance qu'à Saint-Étienne et au Creusot ce fer carbonaté
pierreux, dit minerai des houillères, si répandu dans les
mines anglaises, dont il n'a pas peu contribué à assurer
l'étonnante fortune.

Partout il a fallu au début, pour favoriser l'extraction
de la houille, s'attacher à en consommer sur place la plus
grande quantité. Les usines sidérurgiques qui, pour un
poids donné de fer, consomment jusqu'à cinq fois le même
poids de houille, sont celles que l'on a d'abord érigées
dans le voisinage des mines de charbon.

Ainsi se sont fondés les grands établissements de Terre-
Noire, Saint-Chamond, Givors, le Creusot, Alais, Decazeville, Commentry, Denain, Anzin et tant d'autres.

Des verreries, des cristalleries, des fabriques de glaces
se sont également établies autour des plus importantes
houillères.

Enfin, dans certaines localités, comme dans les mines
de la basse Loire (carte VIII) et celles de Sarthe et Mayenne
(bassin du Maine), on a employé à fabriquer de la chaux,
pour l'amendement des terres siliceuses de ces contrées,
un charbon d'un écoulement difficile.

Tout le secret de la bonne exploitation des houillères est là : quand la qualité du combustible ne se prête pas à un transport lointain, ou que les voies de transport elles-mêmes sont défectueuses, il s'agit de transformer pour ainsi dire la houille en une autre matière : fer, produit de verreries, chaux, etc., d'un placement immédiat ou du moins plus facile et plus assuré.

La quantité totale de houille produite par toutes nos mines était en nombre rond, en 1867, de 13 millions de tonnes métriques (la tonne est de 1000 kilogrammes).

Cette quantité n'est encore que le huitième de celle produite par l'Angleterre ; elle est égale à celle qu'a fournie la Belgique et à moins de la moitié de ce qu'ont donné les États-Unis. La Prusse a fourni à elle seule, en 1867, la même quantité que les États-Unis, c'est-à-dire 30 millions de tonnes de combustible minéral.

La superficie houillère de la France est de 300 000 hectares ; celle de la Prusse est à peu près égale ; celle de la Belgique moitié moindre. La surface des bassins houillers des Iles-Britanniques est quintuple, et celle des États-Unis centuple de celle des bassins français ; mais on comprend que, pour une foule de raisons, la production d'un bassin houiller ne soit pas en rapport avec la superficie qu'il occupe. C'est le volume, le mode de gisement et la qualité d'un combustible qui règlent surtout le chiffre de l'extraction. D'immenses superficies houillères peuvent ne renfermer qu'un combustible peu abondant, très-profond et de fort mauvaise qualité ; quelquefois même pas du tout de houille, mais seulement les grès et les schistes du terrain carbonifère.

La quantité de houille exploitée en France est allée toujours en augmentant, et l'on s'est assuré, par la comparaison d'états statistiques soigneusement dressés depuis 1815,

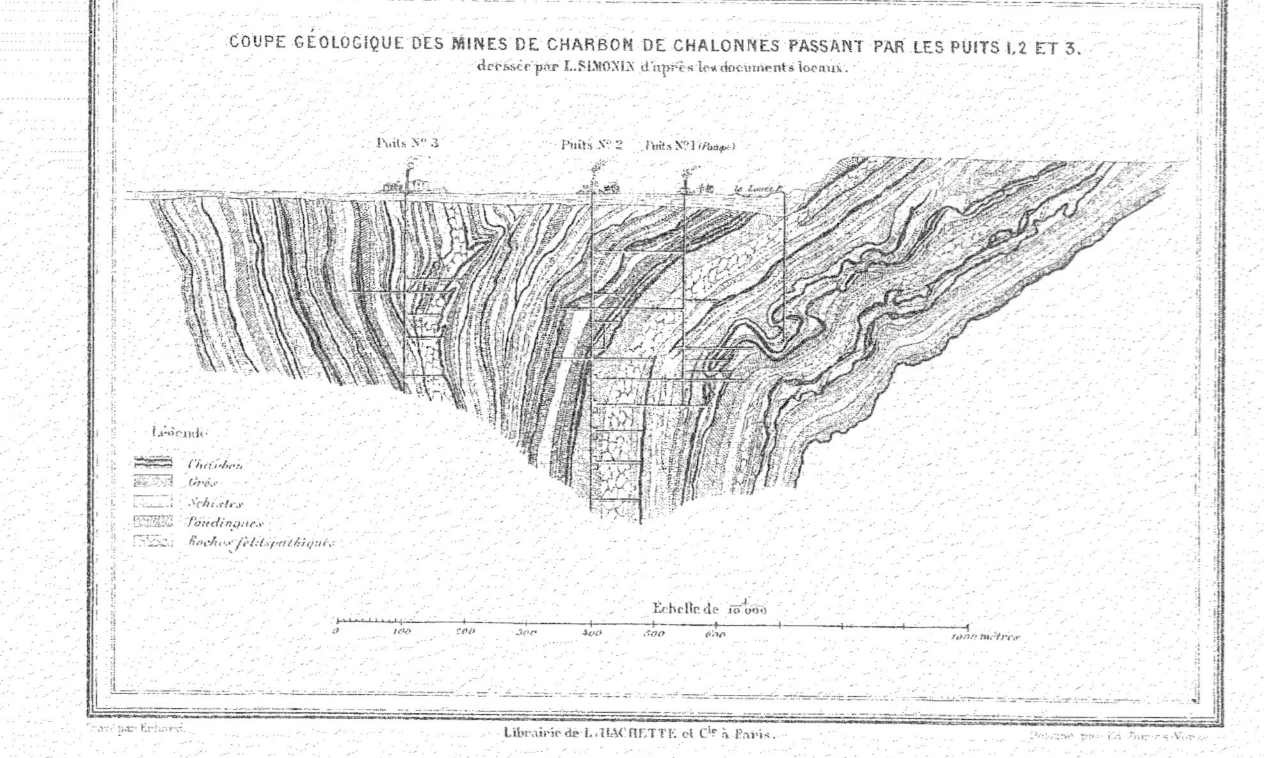

COUPE GÉOLOGIQUE DES MINES DE CHARBON DE CHALONNES PASSANT PAR LES PUITS 1,2 ET 3.
dressée par L. SIMONIN d'après les documents locaux.
Puits Nº 3
Puits Nº 2
Puits Nº 1 (Pompe)
le Layon
Légende
Charbon
Grès
Schistes
Poudingues
Roches feldspathiques
Échelle de 1/10 000
0   100   200   300   400   500   600   1000 mètres
Gravé par Erhard.
Librairie de L. HACHETTE et Cie à Paris.
Dessiné par Ch. Jacque-Vuez.
Carte VIII.

c'est-à-dire depuis l'époque où la grande industrie s'est établie chez nous, que le chiffre de notre production houillère a été en doublant environ tous les quinze ans.

On peut suivre dans le tableau suivant la loi de cette progression :

Années.	Chiffres de l'extraction en tonnes de 1000 kilogrammes.
1815	950 000
1830	1 800 000
1843	3 700 000
1859	7 500 000
1867	12 800 000

Comme rien n'indique que la loi de cette progression doive jamais se démentir, il est probable que toutes nos houillères seront épuisées assez promptement, c'est-à-dire dans deux ou trois siècles. Il en sera de même à peu près partout en Europe; mais alors le génie humain aura certainement trouvé un nouveau combustible pour remplacer la houille : chaque invention vient à son heure [1].

Si l'on tient à savoir comment se répartit exactement la production de la France par bassins houillers, il faut remonter à l'année 1864, dernière date officiellement connue par le résumé des travaux statistiques de l'administration des mines. La production était alors de près de 11 millions de tonnes métriques en nombre rond. Dans ce chiffre, le bassin de la Loire et celui de Valenciennes entraient chacun pour plus de 3 millions de tonnes, celui d'Alais pour plus de 1 million, celui du Creusot, Blanzy et Épinac, et celui de Montluçon et Commentry, chacun pour près de

---

1. Nous avons examiné sous ses diverses faces la question de l'épuisement prochain de la houille, et celle du combustible de l'avenir, dans notre livre de la *Vie souterraine*. Nous y renvoyons le lecteur, ainsi que pour beaucoup d'autres questions qui ont trait au combustible fossile, et que nous n'avons pas abordées ici.

800 000, celui d'Aubin pour plus de 500 000 ; les bassins d'Aix, de Ronchamp, du Maine et de la basse Loire chacun pour un peu plus de 200 000. Enfin, une soixantaine d'autres bassins, véritables lambeaux houillers, disséminés un peu partout à la surface de notre territoire, apportaient un contingent de près de 1 million de tonnes dans notre production nationale.

Malgré l'étonnante ascension à laquelle il obéit, le chiffre de notre production houillère est loin d'égaler celui de notre consommation, qui marche dans une progression encore plus rapide. En 1867, nous avons tiré de l'étranger pour plus de 7 millions de tonnes de houille ; c'est environ la moitié de notre production actuelle ou le tiers de notre consommation totale. La Belgique, la Grande-Bretagne et les provinces Rhénanes ont suppléé à notre déficit, la première pour les quatre septièmes, les deux autres chacune à peu près pour la moitié des trois septièmes restants.

En présence d'une importation si considérable, on comprend que le chiffre de notre exportation soit insignifiant. Il ne dépasse guère 200 000 tonnes, soit un peu plus du soixantième de la production. Les bassins qui prennent part à ce trafic sont ceux du Nord, de la Haute-Saône, de l'Isère, de la Loire, du Gard, et les points vers lesquels se dirige l'exportation sont les pays limitrophes de nos frontières du Nord, de l'Est, et les contrées baignées par la Méditerranée.

En cherchant comment se répartit la consommation de la houille en France, on trouve d'abord, et c'est d'un heureux présage, que tous nos départements font usage du combustible minéral ; ce sont d'ailleurs les départements du Nord, de la Seine, de la Loire, de la Moselle, du Pas-de-Calais, du Gard et du Rhône qui occupent les premiers rangs.

Le Nord seul, en 1864, a brûlé pour plus de 2 millions
et demi de tonnes de houille, le septième de la consommation générale de la France. Dans la même année, le département de la Seine en a consommé pour près de 2 millions; celui de la Loire, 1 200 000; celui de la Moselle,
1 million; le Rhône, 900 000; le Pas-de-Calais, 700 000;
le Gard, à peu près autant.

A la suite des sept départements qui consomment à eux
seuls plus de la moitié de la houille produite ou importée
en France, viennent les départements de l'Aisne, de l'Allier, de l'Aveyron, des Bouches-du-Rhône, de Saône-et-
Loire et de la Seine-Inférieure dont la consommation va-
riait, en 1864, de 400 000 à 650 000 tonnes. Quant aux
départements placés au dernier degré dans l'échelle de la
consommation houillère, ce sont le Gers et la Corse dont
les besoins n'ont pas réclamé, à l'époque qui nous occupe,
plus de 600 tonnes. La cause de cette infériorité n'est que
relative; elle n'est pas due, comme on pourrait peut-être
le croire, à l'absence de toute industrie locale, mais bien à
l'éloignement des houillères et à la difficulté des transports.

Dans tous les cas, que les temps sont loin où la Sor-
bonne, au seizième siècle, excommuniait, pour cause de
vapeurs malignes et sulfureuses, les charbons que les mines
belges et anglaises essayaient d'envoyer à Paris, et où une
ordonnance royale défendait aux maréchaux, sous peine
de prison et d'amende, d'employer dans leurs ateliers le
charbon de pierre ou de terre !

Au siècle suivant l'interdit fut levé, mais la classe bour-
geoise, excitée sans doute par les médecins, se refusa, avec
une sorte de parti pris, à l'emploi de la houille dans les
foyers domestiques.

Sur la fin du siècle dernier, malgré la rareté et la cherté

du bois devenue presque partout générale, cet état de choses durait encore. On accusait le charbon de vicier l'air, d'occasionner des maladies de poitrine, de noircir le linge jusque dans les armoires, et d'altérer, crime irrémissible, la fraîcheur des visages féminins. Aussi, jamais nos houillères ne seraient arrivées au point de prospérité et de développement qu'elles ont atteint, si elles n'avaient eu pour stimulant la fabrication du fer à l'anglaise, les consommations des ateliers industriels et des machines à vapeur.

Quand on étudie, en effet, comment se répartit la consommation de la houille en France d'après les établissements qui font usage du combustible minéral, on reconnaît qu'en première ligne se présentent les fonderies métallurgiques, les usines, les fabriques, les manufactures, qui réclament à peu près les deux tiers du chiffre de la consommation totale; en seconde ligne vient le chauffage des établissements publics et des habitations pour le sixième environ de ce chiffre; puis les chemins de fer et la navigation pour le neuvième; enfin l'industrie des mines, minières et carrières pour le trentième seulement.

Toutes les variétés de charbon minéral se retrouvent dans les bassins français. Ce sont, en commençant par les charbons de formation géologique la plus ancienne, les *anthracites*, houilles sèches, brûlant sans flamme comme le coke, et composées presque entièrement de carbone; les *houilles dures*, ne contenant guère plus de matières gazeuses que les précédentes et bonnes comme elles pour les fours à cuve, là où il faut une grande chaleur et pas de flamme; les *houilles collantes* ou *maréchales*, recherchées pour les feux de forge et la maréchalerie; les *houilles grasses*, les meilleures pour la fabrication du gaz et du coke; les *houilles maigres*, excellentes pour les fours à grille, parce qu'elles donnent une longue flamme et ne collent pas; enfin les *lignites*, dont quelques variétés, les seules industrielles, se rapprochent des houilles maigres; d'autres rappellent le bois [1], carbonisé ou desséché.

En calcinant, dans un creuset couvert, ces diverses variétés de combustible, on arrive au tableau suivant pour la moyenne des résultats obtenus:

	Résidu fixe. (Carbone et cendres.)	Matières volatiles. (Eau, bitume, gaz.)
Anthracites.	90	10
Houilles dures . . .	80	20
Houilles collantes .	70	30
Houilles grasses . .	65	35
Houilles maigres. .	55	45
Lignites	45	55

Un simple essai, que l'on peut faire partout, permet donc de classer immédiatement un combustible et de déterminer son emploi. Au reste, l'aspect d'une houille suffit pour la nommer presque à la première vue. Les anthracites et les houilles dures ont une apparence de *pierre* et ne tachent pas les doigts. Les houilles collantes, grasses et maigres, les deux premières surtout, tachent les doigts, donnent beaucoup de menus, et ont une apparence de *terre*. Enfin les lignites présentent d'ordinaire la structure fibreuse du *bois*.

Les variétés qui dominent dans nos exploitations sont les houilles grasses et maigres, celles dont l'industrie fait le plus grand emploi. Elles forment les sept dixièmes de la production. Sur quelques mines, par exemple celles de la Loire, la qualité en est égale à celle des meilleures houilles anglaises, et c'est après la constatation officielle de ce résultat que le gouvernement s'est enfin décidé à admettre par-

---

1. En latin *lignum*, d'où l'on a fait lignite.

tout nos houilles dans les fournitures de la marine militaire, à l'exclusion des houilles anglaises précédemment seules adoptées.

Voici d'ailleurs comment se répartit le chiffre de notre production au point de vue de la qualité des combustibles et pour une extraction de 10 millions de tonnes, qui était celle de 1863 :

	Tonnes.
Anthracites	800 000
Houilles dures	1 400 000
Houilles collantes	600 000
Houilles grasses	4 000 000
Houilles maigres	3 000 000
Lignites	200 000

Le prix moyen de vente des charbons français, sur le *carreau* même des mines, oscille entre 10 et 12 francs la tonne. Il y a peu de différence pour chaque variété. Sur la plupart des lieux de consommation le prix est souvent triple et quadruple de ce qu'il est sur les mines, tant le coût des transports vient augmenter la valeur du combustible. Sur quelques autres points le combustible acquier: une valeur telle (60 francs la tonne et au delà) que l'emploi en devient presque impossible.

Ce fait est sans exemple en Belgique et dans toute la Grande-Bretagne. Il donne la raison de la prééminence industrielle de ces deux pays, en démontrant clairement combien ils sont plus favorisés que le nôtre, non pas seulement au point de vue de la géologie houillère, mais encore pour la facilité des transports. En Angleterre, en Belgique, les canaux, les chemins de fer, les routes se croisent en tous sens, couvrent le pays d'un immense réseau, qui resserre encore ses mailles aux abords des mines et des usines. L'Angleterre joint à tant d'avantages le développement de ses côtes, le long desquelles s'alignent les ports et les gîtes houillers, de telle façon qu'il n'est pas rare de voir le même wagon qui sort de la mine venir se vider dans les bateaux.

Le nombre des ouvriers employés sur nos mines de houille atteint à près de 100 000, et le salaire moyen de la journée de travail est de plus de 3 francs. Cette population est bonne, intelligente, bien disciplinée. Il est rare qu'elle se mette en grève. Habitué à la vie souterraine, le mineur des houillères est d'ordinaire sobre, calme, patient. Le travail des mines, contrairement à ce qu'en pense le vulgaire, n'a rien qui rappelle le travail de l'esclave; il exerce à la fois les qualités morales et physiques de l'ouvrier.

Au moral, le mineur s'habitue à l'exactitude, à l'obéissance; son intelligence est sans cesse en jeu dans la poursuite de l'œuvre à laquelle il prend part, tandis que le labeur quotidien développe toutes ses facultés corporelles. Ceux de nos houilleurs qui ont commencé jeunes le métier, plus encore que les paysans de nos campagnes, offrent de véritables types athlétiques.

L'intempérance est un vice assez rare dans cette classe de travailleurs; le mineur rentre chez lui fatigué et s'endort. S'il fréquente le café, le cabaret, ce sont les jours de paye seulement, c'est-à-dire chaque quinzaine ou chaque mois, quelquefois aussi le dimanche, enfin le grand jour de sainte Barbe, la patronne des mineurs, encore plus que des canonniers et des marins.

Les diverses compagnies houillères veillent avec une sollicitude toute paternelle sur le sort de leurs ouvriers. Des caisses de secours ont été partout établies. Les compagnies y contribuent par des dons et les ouvriers par une faible retenue sur leur salaire quotidien, ou par le produit

des amendes auxquelles donne lieu l'infraction aux règlements en vigueur sur chaque mine. Ces caisses de secours
qui fonctionnent, on peut le dire, sous la surveillance des
mineurs eux-mêmes, ont permis d'accorder gratuitement à
l'ouvrier malade les soins du médecin et les remèdes ; en
outre, une rétribution journalière qui est moyennement
d'un franc. Quand des blessures nécessitent une amputation
grave, ne permettant plus aucun travail, l'ouvrier voit cette
pension se continuer sa vie durant. S'il meurt dans un accident de mine, la compagnie prend soin de ses enfants, et
fait également une pension à sa veuve. Enfin, on n'oublie
pas non plus les ouvriers âgés ou infirmes.

La sollicitude des exploitants pour des hommes sans
cesse exposés, sans cesse en péril, ne s'est pas bornée là.
Dans la plupart des cas, les compagnies ont également
songé aux soins de l'âme et de l'esprit. Elles ont fait bâtir
à leurs frais des églises, et ont ouvert des écoles, qu'elles
ont dotées de cours gratuits pour les enfants et les adultes
des deux sexes. Les compagnies ont ainsi répondu dignement à leur mission. Le travail vient d'en bas, la lumière
et l'aide d'en haut. Des secours si noblement distribués
n'ont rien qui dégrade celui qui les reçoit. C'est de cette
seule façon qu'à notre époque doit s'exercer la bienfai-
sance, par une sorte de patronage déguisé; pas d'aumône,
mais la protection la plus large, la plus libérale, l'instruction surtout, voilà ce qu'il faut garantir à l'ouvrier.

Si, descendant maintenant du côté social et philanthropi-
que de la question, nous abordons les considérations économiques, nous y verrons qu'au point de vue de l'exploitation en général comme au point de vue des travailleurs,
la France a lieu d'être satisfaite de la position qu'elle occupe dans l'industrie houillère. En 1860, les adversaires
du traité de commerce avec l'Angleterre nous avaient me-

nacés d'une complète invasion des houilles étrangères.
Leurs prédictions ne se sont pas réalisées. Quoique la
France, par ses frontières du Nord, soit ouverte aux houilles de la Belgique, par celles de l'Est, aux houilles des provinces Rhénanes, par ses rivages enfin aux houilles britanniques, on a vu que nos mines ont toujours fourni pour
une part plus large à la consommation intérieure. En
même temps, la prospérité industrielle du pays est allée
toujours grandissant. Cette prospérité, que l'on peut ma-
thématiquement mesurer par la consommation de la
houille, a décuplé en quarante ans : en 1857, la France
consommait dix fois plus de charbon qu'en 1817. Ainsi,
tandis que notre production double environ tous les
quinze ans, notre consommation suit une voie bien plus
rapide, signe évident d'un essor industriel des plus remarquables.

Et si notre production n'a jamais marché au niveau de
la consommation, la faute en est d'abord à la géologie, car
nos mines de houille sont loin d'être aussi favorablement
situées et aussi largement dotées par la nature que les mines belges, prussiennes et anglaises ; la faute en est ensuite au gouvernement qui, par une très-mauvaise inter-
prétation de la loi qui régit les mines, accable les exploitants d'entraves ; il ne fait peut-être pas non plus tout ce
qu'il doit pour faciliter les transports à la surface du pays.

Sans l'achèvement de nos voies ferrées, non pas seulement des grands réseaux, mais des lignes de deuxième et de
troisième ordre, ce qu'on nomme aujourd'hui les chemins
de fer départementaux ; sans l'amélioration de nos voies
navigables, fleuves, rivières ou canaux, sur lesquels il faut
supprimer aussi tous les droits de péage ; sans la création
de chemins vicinaux, reliant les mines perdues aux centres les plus voisins de consommation, enfin sans l'abaisse-

ment des tarifs sur toutes les voies de transport, et la diminution et même l'abolition de quelques droits d'octroi portés à des taux excessifs, une partie de notre richesse houillère restera toujours inexploitée.

Le rêve de beaucoup d'économistes, d'équilibrer notre consommation par notre production, ne sera ainsi jamais réalisé. Il est vrai que l'on est bien revenu aujourd'hui sur la portée que l'on attribuait autrefois à ces sortes de balances; car, si la France reçoit du charbon de l'étranger, elle lui adresse autre chose en échange.

N'oublions pas toutefois que, dans ces dernières années, la houille a été déclarée contrebande de guerre, et que, par conséquent, il peut y avoir intérêt pour nous, à un moment donné, à suffire de ce côté à tous nos besoins.

Si jamais une guerre européenne nous privait de l'appoint en combustible que nous tirons de l'étranger, non pas pour l'approvisionnement de notre flotte militaire, aujourd'hui partout alimentée par les houilles indigènes, mais pour celui de l'industrie privée, espérons que la France, dans un de ces élans énergiques dont elle a déjà donné tant de preuves, saurait tout à coup faire marcher de pair sa production avec sa consommation.

C'est ainsi que, lors des grandes guerres de la République, elle a su tirer à la fois de son sol le plomb, qu'elle n'exploitait plus; le salpêtre, qu'elle n'avait jamais fabriqué en grand; la soude, pour la préparation de laquelle le procédé de Leblanc dota le pays d'une industrie nouvelle, qui fit à jamais disparaître le monopole des *barilles* espagnoles.

A quelque école économique que l'on appartienne, on ne peut s'empêcher de faire des vœux pour que la production houillère de la France continue à suivre sa voie ascendante, et arrive enfin, s'il est possible, à équilibrer la consommation.

La houille, n'est-ce pas l'âme de toutes nos machines, de presque tous nos navires, de tous nos chemins de fer?

N'est-ce pas elle qui éclaire nos villes, qui est l'agent réducteur de tous les métaux, elle enfin qui fournit le calorique à tous les foyers, ceux de nos maisons aussi bien que ceux des plus grandes usines?

N'est-ce pas de la houille enfin que l'on a retiré dans ces derniers temps pour la teinture les plus vives et les plus solides couleurs?

A la fois lumière, chaleur, force, la houille est devenue la base de la prospérité et de l'importance des États.

Quelle serait en Europe la situation politique de la France, si la nature lui avait refusé le combustible minéral qu'elle a départi avec une si grande générosité à tant d'autres pays?

II

LES MINERAIS DE FER.

Mines d'alluvions, mines en roches, mines de montagnes. — Antiquité des exploitations. — Les feux catalans et les hauts fourneaux. — La fonte, le fer et l'acier. — Aspect des grandes usines à fer. — L'industrie sidérurgique en France. — Principaux départements producteurs. — Les ouvriers employés. — La métallurgie française.

Les mines de fer occupent par leur nombre, leur étendue et le chiffre de leur production, le second rang parmi les mines françaises. Elles sont disséminées un peu partout à la surface du territoire. Encore plus que dans les houillères, les gîtes sont épars et ne semblent obéir dans leur dispersion à aucune loi. Mais en tenant compte de la composition chimique des minerais et de l'allure géologique des gîtes, ces mines peuvent se diviser en trois classes : les mines en amas, les mines en couches, les mines en filons.

Les premières comprennent des hydroxydes de fer (combinaison de fer, de gaz oxygène et d'eau) en masses poreuses, de couleur noire, brune ou jaunâtre, ou en grains arrondis, généralement couleur de rouille, liés entre eux par un ciment ferrugineux. Ces mines se rencontrent au milieu des terrains alluvien et diluvien, à l'état de poches, de nids, d'amas, dans des sables et des argiles. On les trouve aussi, en masses agglomérées, dans les terrains tertiaires. Les minerais sont purs, bien que renfermant quelquefois un peu de phosphore, de soufre, ou un excès d'alumine, et donnent, hors ces trois cas, d'excellent fer. Le titre en varie de 20 à 40 pour 100 de fer métallique.

Les minerais pisolitiques, ainsi nommés parce qu'ils sont composés, comme les roches calcaires de même nom (planche VI, 5), de petites boules désagrégées, en forme de pois, appartiennent d'ordinaire à la catégorie des minerais que nous venons d'examiner.

Les mines en couches ou stratifiées gisent d'habitude dans les terrains crétacé et jurassique. Ces mines contiennent, comme les précédentes, des hydroxydes de fer, mais à l'état compacte, en dépôts stratifiés.

Dans les terrains inférieurs aux terrains crétacé et jurassique on rencontre également en couches réglées le même minerai (carte IX). Il est quelquefois mêlé, dans les deux cas, à des oxydes anhydres, c'est-à-dire ne renfermant point d'eau en combinaison chimique.

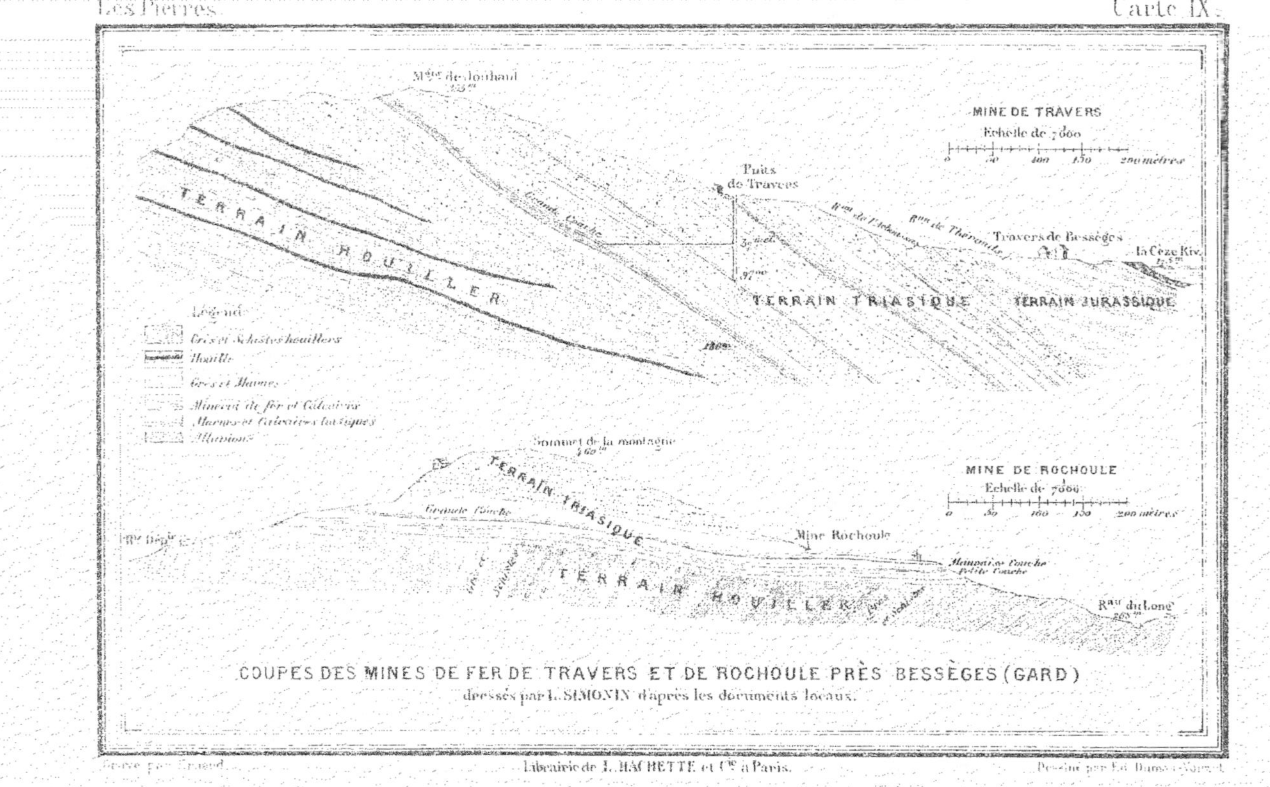

COUPES DES MINES DE FER DE TRAVERS ET DE ROCHOULE PRÈS BESSÈGES (GARD)

dressés par L. SIMONIN d'après les documents locaux.

Enfin, dans les couches du terrain houiller sont intercalés des fers carbonatés (combinaison de gaz acide carbonique et d'oxyde de fer) en bancs compactes, régulièrement stratifiés au milieu des lits de schiste et de houille, ou en masses irrégulières, en rognons, dans ces mêmes lits.

Les minerais qu'on trouve dans tous ces terrains portent le nom de *mines en roches*, par opposition aux premiers, trop désagrégés pour mériter la même dénomination, et connus sous le nom de *minerais d'alluvions*.

Le titre des minerais en roche varie de 30 à 50 pour 100.

La variété dite oolithique, parce qu'elle est composée d'un amas de petits grains agglutinés rappelant les œufs de poisson, appartient à la classe des minerais en roche.

Les mines de fer en filons se rencontrent soit dans les terrains de sédiment, dont ces filons recoupent les bancs comme autant de fissures postérieurement remplies, soit dans les terrains éruptifs. Ces gîtes renferment du fer carbonaté en cristaux lamelleux, rappelant ceux du spath d'Islande, des oxydes bruns manganésifères, des hydroxydes et oxydes rouges passant à la terre ferrugineuse dite sanguine, du fer peroxydé compacte anhydre, du fer oligiste cristallisé et du fer oxydulé ou aimant naturel. Tous ces minerais existent en filons ou en amas limités dans les terrains précités, et sont quelquefois appelés *minerais de montagne*, à cause de leur situation spéciale. Ils donnent d'ordinaire des fers de meilleure qualité que les minerais d'alluvions ou les mines en roches.

Les fers carbonatés spathiques, les oxydes bruns manganésifères et les aimants naturels sont de véritables mines à acier. C'est avec des fers oxydulés magnétiques que la Suède fabrique ses fers si renommés.

Le titre des minerais de montagne varie de 40 à 65

pour 100, et va même, dans les fers oxydulés, jusqu'à 70 pour 100.

En reportant sur une carte de France tous les gîtes fer-rifères qui y sont disséminés, on trouve que les mines d'al-luvions sont surtout répandues dans les Landes, le Péri-gord, le Berry, le Nivernais, la Champagne, la Franche-Comté; les mines en roches dans la Lorraine, la Bourgo-gne, le Languedoc; enfin les mines en filons en Alsace, en Bretagne, dans le Dauphiné, le long des Alpes, et sur tout le versant des Pyrénées.

La plupart de ces gîtes sont connus de toute antiquité. Ils ont été fouillés par les premiers habitants de la Gaule, les Celtes, nos pères, qui savaient travailler le fer.

Au moyen âge, les seigneurs tréfonciers, les corpora-tions religieuses elles-mêmes, propriétaires de mines et de forêts, ont également exploité ces gîtes. En certains points, les scories accumulées, résidus du traitement métallurgi-que, trahissent encore cet ancien travail, que le peuple, dans les départements du midi, attribue aux Sarrasins. Quelques localités qui ont conservé le nom de Ferrières, dénomination sous laquelle on désignait autrefois les ate-liers à fondre et à forger le fer, gardent aussi la trace vi-vante d'une industrie qui se perd chez nous dans la nuit des temps.

Jadis c'était dans les foyers dits à la Catalane, qu'on re-trouve encore en France et en Espagne autour du massif pyrénéen, ainsi qu'en Corse et en Italie, que l'on traitait le minerai. Peu à peu la hauteur du fourneau s'augmenta, la partie inférieure ou creuset en fut modifiée, et l'on ar-riva insensiblement, vers le milieu du seizième siècle, aux hauts fourneaux, qui sont devenus de nos jours les géants des foyers métallurgiques.

A mesure que les forêts allaient se dépeuplant, et que

les mines de houille au contraire devenaient de plus en plus productives, on remplaça le bois par la houille, d'abord pour la fabrication de la fonte, puis pour la transformation de la fonte en fer. Les premiers essais furent surtout tentés ou du moins réussirent principalement en Angleterre dans le courant du dix-huitième siècle. La méthode de là passa sur le continent. Elle eut d'abord assez de peine à s'installer en France où quelques insuccès découragèrent nos maîtres de forge. Cependant ils ne tardèrent pas à revenir sur leurs tentatives, et les principales de nos houillères, celles de Saône-et-Loire, de la Loire, de l'Aveyron, du Gard, durent, on l'a vu, à l'adoption de la méthode anglaise dans la fabrication du fer, introduite en France au commencement de ce siècle, et le développement sans exemple de leurs exploitations, et l'origine d'une prospérité industrielle qui depuis n'a fait que s'accroître.

Dans l'antique méthode, datant du jour où Tubalcaïn, le grand forgeron de la Bible, martela le premier lingot de fer, le métal était obtenu tout d'une pièce au sortir du fourneau. Dans la méthode moderne, on passe par la fonte de fer avant d'arriver au fer lui-même, et cette fonte, qui se laisse mouler, constitue un nouveau métal dont l'industrie s'est heureusement emparée. Les cylindres de machines à vapeur, des récipients, des appareils de tout genre, tels que des tuyaux de conduite, des roues d'engrenage et de wagons, sont fabriqués avec la fonte de fer. Les lingots de fonte brute ou gueuses servent de lest pour les vaisseaux. Il n'y a pas longtemps les canons et tous les projectiles de guerre : boulets, bombes, obus, étaient faits aussi en fonte de fer, à laquelle on a depuis substitué d'abord le bronze, alliage de cuivre et d'étain, ensuite l'acier, qui donne maintenant de si formidables engins. La fonte

de fer, au contraire, tout en étant très-fusible et par conséquent facile à mouler, très-dure aussi quand elle est blanche, est cassante et peu résistante par suite d'un état trop
cristallin. Ces défauts ont fait renoncer à l'emploi de la
fonte dans les engins en usage à la guerre : il est bon de
détruire les autres, sans toutefois se détruire soi-même.

A côté de la fonte doit se classer l'acier, également frère
du fer, mais qui s'en distingue par des propriétés si différentes. Il suffit de quelques centièmes de carbone dans la
fonte, de quelques millièmes dans l'acier, alliés au fer,
pour donner des métaux si différents de celui-ci. Étrange
mystère des combinaisons chimiques que la science indique,
mais qu'elle n'est pas encore parvenue à expliquer. Aux
qualités naturelles de l'acier, il faut d'ailleurs ajouter celles que lui donne la trempe.

Depuis ces dernières années, la fabrication de l'acier a
fait partout les progrès les plus merveilleux. En Angleterre, M. Bessemer a étonné les sidérurgistes par l'invention du métal aciéreux qui porte son nom. En Allemagne, le Prussien M. Krupp, travaillant mystérieusement
comme les alchimistes du moyen âge dans un laboratoire
fermé aux regards de tous, en fait sortir des lingots et des
masses ouvrées de dimensions jusque-là sans exemple.
Krupp, comme Bessemer, a attaché son nom à son métal,
et l'acier Krupp, plus homogène, plus malléable, plus ré-
sistant et élastique que le métal Bessemer, étonne tous
les praticiens.

Les grandes usines à fer sont véritablement le dernier
mot de l'industrie moderne, et donnent la mesure des
étonnants résultats auxquels peuvent atteindre les efforts
combinés de l'intelligence et du capital. Les hauts fourneaux, géants de pierre et de briques, d'une hauteur qui
atteint parfois vingt mètres, empruntent à leur taille le

nom qu'ils portent. Ce sont les plus vastes et les plus hauts foyers qu'emploie la métallurgie. Ils absorbent dans leur construction des centaines de mille francs, et l'usine qui les renferme, des millions, comme les plus somptueux édifices.

A côté des fours gémit la machine soufflante, dont le bruit formidable rappelle celui d'un ouragan déchaîné. Elle lance l'air à plein cylindre dans ces énormes foyers sans cesse alimentés de minerai et de charbon, et qui jamais ne se reposent, ni de jour ni de nuit.

Du vide immense qui règne dans ce tube imposant de maçonnerie, et qui forme ce qu'on nomme la cuve du four, peuvent sortir par vingt-quatre heures jusqu'à 40 000 kilogrammes de fonte. Cette production, en admettant que le rendement normal du minerai soit de 40 pour 100 (la moyenne des minerais fondus en France ne dépasse pas ce chiffre), exige 100 000 kilogrammes de minerai. En supposant que la quantité de combustible consommé soit une fois et quart celle de fonte produite, et que la proportion des fondants soit égale aux deux ou trois dixièmes du minerai traité, hypothèses qui se vérifient dans la généralité des cas, on voit que le poids total des matières passées dans un haut fourneau peut atteindre 180 000 kilogrammes par jour. Comme il faut répéter ce chiffre pour chaque four, on peut dire qu'il n'est pas d'industrie qui donne lieu à un si grand mouvement de matières; et encore il est à notre connaissance qu'en Angleterre on a construit des hauts fourneaux, à Ulverston par exemple, qui produisent jusqu'à 90 000 kilogrammes de fonte par jour. C'est par l'augmentation du nombre et de la puissance des machines soufflantes (les matières traitées descendent et s'élaborent dans la cuve avec d'autant plus de rapidité que la quantité d'air injecté est plus forte), plus encore que par l'accroissement des dimensions du creuset, que l'on est arrivé à Ulverston à ces merveilleux résultats.

Au pied du haut fourneau se dégage incessamment la scorie ou laitier, sillonnant le seuil de l'usine comme une traînée de lave incandescente. Plusieurs fois par vingt-quatre heures, on ouvre le trou de coulée de la fonte, et alors jaillit le métal en gerbes brillantes comme un véritable feu d'artifice. Il serpente à travers les moules de sable préparés pour le recevoir sur le sol même de l'usine, et se fige en lingots. Parfois, reçu directement au sortir du creuset dans des poches métalliques, il est versé dans d'autres moules où il prend les formes voulues par l'industrie. Plus souvent il a besoin d'être purifié par une sorte d'affinage, et ce n'est que la fonte de deuxième fusion qu'on emploie au moulage après qu'elle a été refondue au réverbère ou au cubilot.

Dans la halle de coulée sont les fondeurs, le ringard à la main, protégés par des tabliers et des gants de cuir, quelquefois par un masque. A la cime du four, autour du gueulard, comme on l'appelle, — parce que c'est bien en effet l'énorme gueule du foyer, — stationnent les chargeurs, versant dans l'ardente fournaise le minerai, le combustible et les fondants que le monstre digère sans relâche. D'habitude le gueulard est fermé, on ne l'ouvre que pour le chargement. Les gaz qui se dégagent du fourneau, les flammes perdues, ainsi qu'on les nommait encore naguère, sont recueillies aujourd'hui dans des appareils particuliers où on les brûle. Elles servent à chauffer l'air qu'on lance dans le four, l'eau qui produit la vapeur pour la marche de la machine soufflante. Souvent on les emploie aussi à griller ou calciner le minerai, à cuire ou distiller la houille [1], ou à d'autres usages, et l'on réalise dans tous les cas une importante économie de combustible.

Les Anglais, qui n'ont pas besoin comme nous d'épargner le charbon, laissent volontiers marcher leurs hauts fourneaux à feu nu. Le gueulard qu'on distingue de loin dans la campagne vomit librement dans l'atmosphère la flamme et la fumée, et la nuit, quand on traverse un district industriel comme ceux du pays de Galles, on voit à l'horizon une longue ligne de feux qui se reflètent jusque dans le ciel. Les cheminées élevées de la forge, d'où la flamme se dégage également par les registres entr'ouverts, mêlent leurs langues de feu à celles des gueulards ; les portes des fours laissent échapper dans l'usine une éclatante lueur qui illumine tous les ateliers : on dirait un gigantesque incendie, une destruction générale ; il n'en est rien, c'est le pacifique labeur de l'industrie, produisant sans relâche le métal le plus utile et le plus indispensable, le fer.

C'est dans la forge que s'achève le travail commencé dans le haut fourneau. La fonte, cassée en morceaux, est jetée dans le four à réverbère, où l'ouvrier, armé d'une longue barre de fer recourbée, le râble ou le ringard, la brasse incessamment. Le travail du four à puddler (de l'anglais *puddle*, masser, pétrir) est le plus dur de tous les travaux manuels auxquels l'homme puisse se soumettre. Le pétrissage de la farine était réputé une rude besogne avant l'invention des pétrins mécaniques ; que l'on juge de ce que peut être le pétrissage du fer. La chemise défaite, à peine vêtu, le puddleur brasse et retourne la boule de

---

1. On grille le minerai pour lui enlever l'eau et les matières volatiles qu'il renferme, et l'on cuit ou distille la houille pour la transformer en coke. Le minerai grillé et le coke se conduisent mieux dans l'opération du haut fourneau que le charbon et le minerai crus.

fonte incandescente. Le métal sue et se liquéfie, ses impuretés se dégagent avec une partie du fer en scories écumeuses, coulantes, qu'on rejette au dehors. La température du fourneau est celle dite du blanc soudant, 1500 à
2000 degrés centigrades, l'une des plus hautes auxquelles
puissent atteindre les foyers métallurgiques. L'homme est
là, à deux pas de la fournaise, couvert de sueur, haletant,
tordant de ses bras musculeux la fonte que lèche la flamme
renvoyée par la voûte du fourneau. A chaque instant il est
obligé d'étancher la soif ardente qui le dévore. Courbé vers
la porte du réverbère tout ouverte, tenant le ringard des
deux mains, les yeux fixés sur la sole[1] enflammée, il rassemble à la fin la boule de métal et, la prenant avec des
pinces, la jette blanche de chaleur à l'aide qui la traîne
sous le marteau-pilon. L'énorme outil, mû par la vapeur, se
lève et s'abaisse sur l'enclume, et ses mouvements, tantôt
lents, tantôt précipités, ont bientôt transformé la masse
informe en un lingot de fer forgé. Celui-ci passera aux
laminoirs dégrossisseurs, puis aux fours à réchauffer, puis
aux laminoirs finisseurs, avant de devenir rail, fer en barres ou en feuilles.

Le travail du marteau-pilon est un des plus précis que
les machines puissent exécuter, et l'on ne dirait pas, à voir
cette lourde masse d'un poids qui va jusqu'à plusieurs milliers de kilogrammes, qu'elle est capable d'écraser d'un
coup la boule de fonte, aussi bien que de s'arrêter délicate-
ment sur la tête de l'enclume et de la toucher à peine.
C'est au conducteur qui commande et dirige ce marteau à
vapeur, c'est surtout au forgeron lui-même (fig. 47) et
au contre-maître (fig. 48) à surveiller le travail. Quant à
l'outil, — dont l'invention première est due à feu M. Bour-

1. La partie plane du four, celle où l'on met la substance à élaborer.

don, ancien ingénieur du Creusot et des Messageries Impériales, — c'est un des plus utiles, dans sa simplicité, que l'industrie ait jamais mis en œuvre. Sans le marteau-pilon, les grands axes tournants qui, dans les machines de bateau,

Fig. 47. — Forgeron au marteau-pilon (forges françaises) avec la pince à saisir la boule de fonte incandescente, d'après F. Bonhommé.

portent l'hélice à une de leurs extrémités, les arbres de couche gigantesques de quelques machines fixes, les énormes plaques de blindage dont on recouvre les navires de guerre, enfin tant d'autres pièces de fer qu'on a si bien nommées les grosses œuvres, n'auraient jamais pu se fabriquer.

Peu de spectacles sont aussi saisissants que celui du marteau battant à coups redoublés ces énormes masses chauffées au rouge-blanc. La scorie coule et se fige le long de
l'enclume; des écailles brillantes s'échappent en traînées

Fig. 48. — Contre-maître au marteau-pilon (forges françaises), d'après
F. Bonhommé.

lumineuses de la pièce à forger, et retombent en lamelles
refroidies sur les larges dalles de l'usine.

Le travail des laminoirs n'est pas moins curieux que celui du marteau-pilon. Le fer, d'abord chauffé à blanc dans
de nouveaux réverbères, s'étend entre deux cylindres métalliques qui tournent en sens inverse l'un au-dessus de
l'autre et l'entraînent dans leur course rapide. Il va s'al-

longeant de plus en plus, et prend la forme de barres, de
rails, de verges, de lanières, de feuilles, de plaques de
tôle. On lui donne la forme qu'on veut, et souple, obéissant, au moins autant qu'il est chaud et de bonne qualité,
il se plie docilement à tout ce qu'on exige de lui. Les extrémités des rails sont coupées à la scie circulaire, et la gerbe
de feu qui se dégage autour de l'outil, animé d'une étonnante vitesse, illumine la forge. Quant aux feuilles et aux
plaques de tôle, elles sont taillées d'équerre à la cisaille,
et c'est merveille de voir comment, entre ses dures mâchoires, l'outil mord dans le fer comme si c'était une feuille
de carton.

A côté de la machine motrice qui met tout en branle,
laminoirs, scie et cisailles, est l'énorme volant, immense
roue en fonte destinée à emmagasiner la force vive et à
régulariser le mouvement de tous les cylindres. Elle tourne
avec une si grande rapidité qu'elle chasse l'air dans son
voisinage, et remplit l'usine de ses sonores ronflements.

Autour des fours et des laminoirs, se pressent les ouvriers, puddleurs, marteleurs, lamineurs, et une légion
d'aides et de manœuvres. Les vibrations métalliques des
appareils en mouvement résonnent de tous côtés, et forment comme une espèce de concert: c'est la grande voix
du travail qui s'élève vers le ciel.

La quantité de fer produite peut donner, comme celle
de houille extraite, une idée de l'importance politique
d'un pays, aujourd'hui surtout que le fer, plus encore que
la houille, concourt à la défense des États. Il ne sera donc
pas hors de propos de faire connaître ici par quelques chiffres la situation de notre industrie sidérurgique. En 1868
nous avons extrait de notre sol plus de 4 millions de tonnes de minerais de fer de toute nature, et produit 1 million 250 mille tonnes de fonte. En dix ans, de 1851 à 1861,

le chiffre annuel de notre fabrication a doublé. De ce chef
donc, comme de celui de nos houillères, la prospérité de
nos établissements est sans cesse allée en croissant.

La production de la fonte en France s'est accrue en
quarante ans, de 1819 à 1859, dans le rapport de un à
huit. Il n'y a eu d'arrêts qu'aux époques de crise politique
comme en 1830 et 1848, ou de crise commerciale, comme
en 1857–58. Les mêmes phénomènes se sont fait remarquer dans la production de la houille.

L'Angleterre produit quatre fois plus de fonte, et les
États-Unis en fabriquent la même quantité que nous ; la
Prusse fournit à peu près les deux tiers de ce chiffre ; la
Belgique, l'Autriche, la Russie, la Scandinavie (Suède et
Norvége), chacune le tiers ou le quart.

En France les mines indigènes ne suffisent plus depuis
longtemps aux demandes des usines, et l'on va chercher
des minerais non-seulement en Belgique et en Allemagne,
mais encore en Espagne, en Afrique, à l'île d'Elbe. La
quantité importée peut être évaluée, pour 1868, à plus
de 550 000 tonnes, ou le huitième de notre production.
Sur ce chiffre l'Algérie entre pour la moitié.

En 1868, la fabrication totale du fer obtenu avec la
fonte produite par nos usines, déduction faite de la fonte de
moulage, a atteint en nombre rond le chiffre de 900 000 tonnes, dont les huit neuvièmes environ en fer à la houille, et
le reste en fer au bois ou aux deux combustibles, mais surtout en fer au bois. Avec cette production, la France suffit
à très-peu près à ses besoins, et la quantité de fonte ou de
fer importée chez nous d'Angleterre, de Belgique, de
Prusse, d'Autriche (Styrie et Carinthie), de Suède et de Norvége, d'Espagne ou d'Italie, n'est qu'une faible fraction de
notre fabrication totale.

Parmi les forges françaises, quelques-unes, comme le

Creusot dans le département de Saône-et-Loire, marchent tout à fait en tête, et comptent même peu de rivales dans le monde. Aussi reviendrons-nous bientôt sur cet établissement modèle, l'une des gloires de la grande industrie en France.

Nos autres forges sont loin de pouvoir être comparées au Creusot, mais après lui on cite des établissements qui ont aussi une très-haute importance. Tels sont ceux d'Hayanges dans la Moselle, Alais et Bességes dans le Gard, Commentry et Montluçon dans l'Allier, Fourchambault dans la Nièvre, Terre-Noire, Saint-Chamond, Rive-de-Gier et Givors dans la Loire et le Rhône. Il faut nommer aussi ceux d'Anzin, de Denain et tous les hauts fourneaux et les forges du Nord, l'un des plus productifs en fonte de nos départements (il donnait à lui seul, en 1859, près du dixième de la quantité totale de la France), comme il est déjà l'un des plus productifs en houille ; puis les usines de la Haute-Marne dont la production dépasse celle du département du Nord, enfin les hauts fourneaux et les forges de l'Aveyron, de l'Ardèche, de la Haute-Saône, de la Côte-d'Or, des Ardennes. Quelques-unes de ces usines, continuant à fabriquer le fer avec le combustible végétal et avec des minerais très-purs, ont conservé à leurs produits une qualité supérieure qui les fait rechercher pour divers usages spéciaux, entre autres pour la fabrication de l'acier.

La principale raison pour laquelle le fer au bois, comme on l'appelle, est meilleur que le fer à la houille et au coke, est que le bois et le charbon de bois ne renferment aucune matière capable d'altérer la pureté du fer, tandis que la houille et le coke contiennent du soufre, du phosphore, du silicium, toutes substances qui, s'introduisant dans la fonte et plus tard dans le fer, rendent ces métaux cassants. Le fer au bois, en supposant d'ailleurs qu'il soit produit

avec des minerais purs, ce qui est le cas général, est donc
le plus convenable pour la fabrication de l'acier, car celui-
ci exige, dans le fer destiné à le produire, une foule de
qualités réunies. En Angleterre, on emploie principalement, pour fabriquer l'acier, les fers si réputés de la Suède.
Les fameuses usines de Sheffield, dans le Staffordshire, sont
les meilleures clientes des forges suédoises.

Les deux départements de la Loire et de la Gironde se
livrent surtout, en France, à la préparation de l'acier avec
des fers qu'ils produisent directement ou font venir des
usines au bois. Ils fabriquent principalement des aciers de
cémentation et des aciers fondus. La Loire fournissait à
elle seule, en 1859, plus des huit dixièmes de la quantité
totale. Cette industrie est concentrée autour de Saint-
Étienne et de Rive-de-Gier. C'est là qu'on a, pour la première fois, obtenu aussi des aciers puddlés destinés à remplacer pour quelques usages les aciers naturels devenus
de plus en plus rares, car ils exigent des minerais exceptionnels. L'Isère, l'Ariége et quelques autres départements
fournissent encore aujourd'hui de ces aciers naturels ou
de forge. Enfin une partie de nos usines à fer se sont depuis quelques années outillées pour la fabrication en grand
de l'acier par le procédé Bessemer.

On peut estimer à 60 000 au moins le nombre d'ouvriers attachés en France aux mines et aux fonderies de
fer (hauts fourneaux, forges, aciéries). Le salaire journa-
lier moyen des ouvriers des mines est à très-peu près le
même que celui des ouvriers des houillères, 2 fr. 50 c. à
3 fr. par jour. Le salaire des ouvriers des usines est beaucoup plus élevé, car il n'est pas rare de voir, par exemple,
des puddleurs gagner à eux seuls 10 et 15 francs par jour
en travaillant non plus à la journée, mais à leurs pièces
comme ils disent, à un prix convenu d'avance pour une tonne

de métal élaboré ; mais aussi quel labeur herculéen accomplissent ces rudes forgerons ! C'est autant pour diminuer d'excessives fatigues qui usent peu à peu leurs forces, que pour s'affranchir de leurs prétentions souvent exorbitantes (le nombre des bons puddleurs est fort rare, et souvent on a dû les faire venir de Belgique ou d'Angleterre), que l'on cherche depuis quelques années les moyens d'arriver au puddlage mécanique du fer. Jusqu'ici tous les efforts tentés dans ce but ont été à peu près vains.

Les ouvriers des forges et des mines de fer sont moins disciplinés, moins sobres que ceux des houillères, et cela par la nature même de leur travail. Ils sont cependant exacts, soumis, sédentaires, car il est rare que la grande industrie produise des ouvriers remuants ou cités pour leur turbulence. Ceux qui sont tels ne sont pas conservés.

Résumant toutes les données qui précèdent, on voit que le chiffre de production de la fonte et du fer est toujours allé en France dans une progression croissante, surtout dans ces dernières années. A l'époque de la signature du traité de commerce, on avait craint pour nos usines sidérurgiques, plus encore que pour nos houillères, les conséquences de la révolution économique profonde qui allait se produire dans notre industrie minérale, et il n'était sorte de prévisions fâcheuses qu'on ne mît en avant pour condamner sans appel l'avenir de notre pauvre métallurgie. Ici encore les prophètes de malheur en ont été pour leurs frais d'éloquence.

Le traité de commerce n'a pas tué nos usines comme l'avaient prédit quelques pessimistes, et si plus d'un de nos maîtres de forge se plaint toujours de la situation qui lui a été faite, c'est dans des circonstances particulières, plus encore que dans les conséquences du traité conclu avec l'Angleterre, qu'il doit chercher des raisons à ses plaintes.

La production en fonte et en fer de nos usines avait été
exagérée, et le nombre d'établissements créés en des temps
de prospérité extrême était devenu trop considérable pour
la consommation ordinaire. A l'époque, par exemple, où
tous nos grands réseaux de voies ferrées ont été construits,
c'est-à-dire entre les années 1850 et 1860, on comprend
que les forges aient eu de la peine à suffire aux demandes
de rails, bien que dans le chiffre total du poids des fers
produits en France, le poids des fers à rails entre pour le
tiers ; mais les premiers et les plus impérieux besoins sa-
tisfaits, il a dû nécessairement s'ensuivre une baisse énorme
dans les demandes. L'offre, et ce fait a été le résultat d'une
production inconsidérée, est restée la même. De là baisse
du métal, ventes à perte, fermetures d'usines, en un mot
des ruines commerciales, provoquées par des événements
qu'on aurait pu prévoir et non par le traité de commerce
qui a tout fait pour ménager la situation. On oublie aussi
que bien des usines au bois créées dans le principe auprès
de forêts aujourd'hui presque disparues ou de mines de
fer presque entièrement épuisées, ne sont plus dans les
mêmes conditions d'existence que par le passé, alors surtout que le prix des fers a diminué de moitié depuis une
douzaine d'années.

Quoi qu'il en soit, la France est en mesure de lutter avec
l'Angleterre pour la fabrication de la fonte et du fer. Les
avantages plus grands de nos voisins sont compensés par
la plus grande distance qui les sépare de notre marché, et
par les droits qui pèsent toujours sur l'introduction des
produits anglais. Nos usines sont aussi bien et même mieux
installées que les usines britanniques, nos minerais sont
généralement de meilleure qualité, et comme une partie
de notre fabrication (environ un quart) se fait toujours au
bois et au charbon de bois, ce qui donne des fers plus fins,

nos produits sont relativement meilleurs que ceux de l'Angleterre et sont même recherchés par elle pour certains
usages spéciaux, par exemple la fabrication de l'acier. De là
vient que, malgré l'application du traité de commerce, malgré une plus grande introduction du métal anglais, notre
production en fonte et en fer a toujours été en augmentant.
Et si dans quelques-uns de nos départements une partie de
nos usines chôment ou ralentissent leur production, on
doit chercher à ce mal d'autres raisons que le traité de
commerce. La cause d'ailleurs fût-elle due en partie à ce
traité, il faut voir si les heureux résultats qu'il a produits
et doit produire encore sont plus nombreux, et nous
croyons que c'est le cas, que les inconvénients dont il est
cause, et alors se consoler en pensant que beaucoup de
bien ne se fait pas souvent sans un peu de mal. Le progrès, cette grande loi qui régit les sociétés modernes, n'est
qu'à ce prix; et, comme le disait, il y a quelques années,
un ministre à la Chambre, dans un de ces nombreux dé-
bats soulevés à propos du traité de commerce, toute armée,
même victorieuse, laisse après elle des traînards et des
blessés. Que seraient devenus les chemins de fer si l'on eût
écouté les plaintes des aubergistes, des entrepreneurs de
diligences et des maîtres de poste? Où en seraient toutes
les admirables machines inventées à notre époque, si l'on
eût donné raison aux cris de quelques ouvriers lésés?

Hâtons-nous d'ailleurs bien vite de reconnaître que la
plupart de nos usines ont énergiquement supporté les conséquences du traité de commerce. Elles ont cherché à produire le plus possible pour diminuer le prix de fabrication, et à porter au minimum le prix de vente, pour faciliter les marchés à long terme, et amener le plus large écoulement des produits. Quelques-unes, s'unissant au faisceau,
ont groupé leurs intérêts et leurs efforts et se sont mises en

mesure de faire mieux, s'il était possible, que par le passé, dussent-elles faire autrement. C'est ainsi que la construction des machines, la fabrication des grands ponts métalliques, du matériel des chemins de fer, des grosses pièces de forge, des plaques de blindage pour les navires de guerre, etc., se sont tout à coup heureusement développées dans certaines de nos usines. Par une transformation radicale, énergique, de leurs anciens procédés, elles ont acquis une vie nouvelle, tandis que d'autres, favorisées outre mesure par des conditions topographiques et géologiques particulières, ont pris de leur côté le plus merveilleux développement. Les défaillances ont été rares, et jamais la métallurgie française n'a été agonisante, comme se plaisent encore à l'écrire quelques personnes mal informées. Les faits et les chiffres que nous avons cités leur répondent; que l'on consulte, que l'on médite ces chiffres qui n'ont pas été inventés pour les besoins de la cause. On verra que notre métallurgie a toujours été en progrès, et que jamais la France n'a cessé un moment de donner ce qu'on était en droit d'attendre d'elle dans la fabrication de la fonte, du fer et de l'acier, ces trois métaux aujourd'hui indispensables aux arts de la guerre aussi bien qu'à ceux de la paix.

III

LA HOUILLÈRE ET LA MINE DE FER DU CREUSOT.

Arrivée au Creusot. — Aspect de l'établissement. — Origine, progrès et transformations de l'usine. — La houillère. — Fabrication du coke. — Le gîte de fer de Mazenay. — La plate-forme aux minerais. — Intervention de la chimie.

Virgile, dans son poëme didactique des Géorgiques, nous a initiés à l'art des épisodes. Imitons l'exemple du poëte latin dans ce livre des *Pierres*. Après avoir parlé d'une façon générale de nos mines de charbon et de fer, racontons comment la découverte de deux de ces mines dans le département de Saône-et-Loire, au milieu de notre antique Bourgogne, a donné naissance à une ville prospère, populeuse, et a doté la France d'un des plus remarquables établissements industriels qui existent.

Le chemin de fer de Paris à Lyon, à peu près sur le milieu de son parcours, traverse les stations de Montbard, Dijon et Beaune, vieilles cités bourguignonnes dont s'enorgueillit le département de la Côte-d'Or. Au delà de Beaune est Chagny, ville plus modeste. Sur ce point, si l'on quitte la grande voie qui mène à Lyon, pour prendre l'embranchement du railway qui longe le canal du Centre vers sa jonction avec la Loire, on salue au passage un pays des plus pittoresques. Sur des coteaux légèrement ondulés s'étalent de riches vignobles, frères de ceux de Nuits, Pomard et Volnay que l'on vient de rencontrer. Une ligne de peupliers borde les rives du canal, et dans la plaine, la prairie étend son manteau vert qui remplace les champs de vigne. A trente kilomètres de Chagny est Montchanin, où déjà le paysage, devenu plus sévère, laisse apercevoir les hautes cheminées de quelques usines à vapeur. L'industrie et l'agriculture se donnent ici la main.

Laissons là le canal du Centre, et prenons cette voie ferrée transversale qui se détache de la première. C'est le point de départ de la ligne d'Autun et Nevers. En moins d'un quart d'heure, la locomotive s'arrête, et nous avons devant les yeux un spectacle grandiose. Une vallée étroite apparaît tout à coup, pleine de bruit et d'animation. Une fumée épaisse, où la vapeur blanche de l'eau se mêle à de noirs tourbillons, cache en partie les demeures de ce centre du travail industriel. Des langues de feu sortent des fours ou des cheminées, et un gigantesque obélisque, haut de quatre-vingts mètres de sa base au sommet, c'est-à-dire deux fois plus élevé que la colonne de la place Vendôme à Paris, porte dans les nues son lourd panache de vapeur. La locomotive va et vient autour des ateliers ; elle siffle, elle trépigne, elle est gênée dans ce vaste encombrement. De jour, le spectacle est frappant ; de nuit, il est plus saisissant encore. La longue ligne de certains fours se jalonne par mille bouches lumineuses, étincelantes, pendant qu'une flamme bleuâtre est vomie par d'autres fourneaux, et que les formidables soufflets qui les alimentent d'air font sentir leurs imposantes pulsations.

Quel est donc cet immense établissement où le bruit métallique des marteaux, des laminoirs, des machines résonne de tous côtés ? Les ateliers succèdent aux ateliers, les ouvriers se pressent en foule, et partout, dans ce tumulte apparent, règne l'ordre le plus parfait. Ici, l'on extrait la houille des profondeurs du sol ; là, les locomotives

apportent les minerais de fer. Plus loin, on produit la
fonte dont une partie est coulée en cylindres où se jouera
le piston des machines, où circuleront l'eau, la vapeur et
les gaz. A la forge est élaboré le fer changé en rails, en
barres, en plaques de tôle ; ailleurs on fond l'acier en grandes masses. Enfin de l'atelier mécanique sortent les locomotives, les machines marines, les machines fixes, les locomobiles et mille autres ingénieux appareils, qui tous,
jusqu'aux quatre coins du monde, vont porter le nom du
Creusot.

On raconte la vie des grands hommes, pourquoi ne di-
rait-on pas celle des grandes usines ?

En 1782, le Creusot, vallée sauvage et inhabitée, portait le nom de *Charbonnières* [1], parce qu'on y voyait l'af-
fleurement d'une couche de charbon. La houille commen-
çait alors à être chose appréciée en France ; une compagnie
se forma, dans laquelle s'intéressa Louis XVI, pour tirer
parti de ce combustible minéral ; mais les voies de communication manquaient. Le canal du Centre, projeté depuis des siècles, auquel avaient successivement pensé
Sully et Richelieu, fut enfin décrété, et Gauthey, ingénieur
des États de Bourgogne, chargé de cet important travail.
Un régiment de troupes fut mis à sa disposition. En
même temps, la machine à vapeur, que Watt venait de
perfectionner si heureusement, était introduite au Creusot. Un énorme cylindre, portant la date de 1782 et
le nom du célèbre fondeur anglais Wilkinson, se voit
encore dans la cour de l'usine, à gauche de l'entrée
des bureaux. On a bien fait d'ouvrir des invalides à ce

---

1. On l'appelait aussi le *Creux*, d'où l'on a fait le Creusot. Nous avons
suivi l'orthographe adoptée aujourd'hui par les directeurs de l'usine ; mais
l'Académie et la Poste, qui peut-être font aussi autorité en pareil cas,
écrivent toujours le Creuzot.

vénérable débris, glorieux témoin d'humbles commencements.

La navigation du canal du Centre ne devait commencer
qu'à la fin de 1793. En attendant, le Creusot, privé de
moyens de transports économiques, dut s'attacher à produire avec la houille une matière d'un écoulement plus
facile, le fer. On songea aussi à fabriquer du verre avec
les sables du pays. Une cristallerie fut créée sous les aus-
pices de Marie-Antoinette. Pendant que le roi fondait des
canons, la reine faisait couler du cristal. Cet établissement
fonctionna jusqu'en 1832, et ne s'est éteint qu'après avoir
été acheté par Baccarat; mais le nom de *Verrerie* est
resté à la partie du Creusot qu'occupent depuis plus de
trente ans les chefs de l'usine. On y voit encore debout
les deux immenses cônes de brique qui renfermaient les
fours.

La fonderie de canons devait marcher moins longtemps
que la cristallerie; toutefois, pendant toute la durée de la
République et de l'Empire, le Creusot travailla pour le
gouvernement. Les canons de fonte et de bronze, les obus
et les boulets se répandirent de là sur tous les champs de
bataille de l'Europe. Les canons coulés, forés et tournés au
Creusot, étaient aussi essayés sur les lieux mêmes, et la
montagne dite des Boulets rappelle encore ces épreuves.
Les quatre lions de fonte qui gardent bénévolement, au
bord de la Seine, la porte de l'Institut de France, datent
aussi de cette époque, et sont les produits du Creusot. C'est
peut-être la seule commande pacifique que le gouvernement d'alors ait fait à cette usine; de sorte qu'en 1815,
les arts de la guerre ayant brusquement cédé le pas à ceux
de la paix, le Creusot, ne sachant se transformer, s'arrêta;
mais bientôt d'éminents industriels du pays, MM. Chagot,
en prirent la direction, et fondirent dans ces ateliers les

tuyaux d'éclairage pour le gaz de Paris, et la nouvelle machine de Marly.

Malgré tous les efforts développés par cette famille intelligente qui bientôt allait fonder les mines de Blanzy, le Creusot ne put résister à la concurrence d'usines rivales. L'heure des grandes forges.à la houille n'avait pas encore sonné. On était en 1826. Sur ces entre faites, se présenta la Compagnie anglaise Manby et Wilson, qui, venant substituer enfin aux anciens procédés suivis en France pour la fabrication du fer et de la fonte les méthodes plus expéditives et plus économiques des usines britanniques, ranima le Creusot. Cependant, les débouchés firent défaut à la production, et l'usine entra de nouveau en liquidation en 1836. Ne nous étonnons pas de ces premières épreuves, nous les retrouverions au début de toutes les grandes entreprises, comme si plusieurs générations de hardis pionniers devaient d'abord préparer la voie à leurs successeurs.

En 1837, le Creusot passa aux mains de MM. Schneider, l'un mûri aux affaires commerciales et industrielles dans une des principales maisons de banque de Paris; l'autre formé au dur travail des forges au fond des Ardennes. L'aîné des deux frères fut enlevé par un malheureux accident, une chute de cheval, en 1845. Dès lors, M. Eugène Schneider se trouva seul à la tête de ce grand établissement. Il a toujours supporté vaillamment le poids de cette charge, et c'est à son initiative que sont dues toutes les transformations opérées depuis au Creusot. A partir de 1837, cette usine n'a plus cessé de prospérer. L'atelier de constructions mécaniques créé à cette époque, au moment où naissaient chez nous les chemins de fer et la navigation à vapeur, est devenu successivement l'un des plus vastes et des mieux outillés du monde, et a contribué

puissamment à la réputation du Creusot. Une voie ferrée a
relié l'usine au canal du Centre ; l'extraction de la houille,
l'exploitation des minerais, le traitement de la fonte et du
fer, tout a été perfectionné sans relâche. Le pays s'est bien
vite ressenti de ces heureux changements et de tous ces
progrès graduellement réalisés. En 1837, la localité comp-
tait 3000 habitants, elle en a aujourd'hui 25 000, et l'é-
tablissement seul n'occupe pas moins de 10 000 ouvriers.
Le Creusot, qui extrayait alors 40 000 tonnes de charbon,
de 1000 kilogrammes chacune, en exploite à présent
250 000, en consomme le double. Enfin, de 20 000 tonnes
de fer que l'usine produisait en 1847, le chiffre s'est élevé
en 1867 à 110 000 tonnes, le huitième de la production
générale de la France.

La fabrication des machines a suivi au Creusot une voie
ascendante aussi rapide. On y livre annuellement 5000
chevaux de force en machines de toute espèce ; 100 locomotives sortent aussi chaque année de ces ateliers pour
commencer leur course infatigable sur tous les railways de
l'univers. Enfin la fabrication de l'acier a été récemment
introduite dans l'usine sur une grande échelle, et ces nouvelles aciéries forment déjà à elles seules un établissement
considérable.

Devant de tels éléments, devant de tels chiffres de production, on est frappé du rôle que joue le Creusot dans la
grande industrie française. Cette usine est exceptionnelle
comme ensemble. Si l'on peut retrouver en Angleterre,
par exemple, quelques établissements où la production
soit égale et même supérieure pour une branche de fabrication, il n'y a nulle part d'exemple de la réunion de diverses industries sur une aussi vaste échelle.

C'est une houillère et une mine de fer qui ont été la
première cause de ce merveilleux développement. Un mor-

ceau de charbon, une pierre couleur de rouille ont donné naissance à tout un pays. Visitons donc, tout d'abord, la houillère et la mine de fer du Creusot.

Quand on remonte l'étroite vallée qui a valu au Creusot son nom, on laisse à droite une montagne dont les flancs sont couverts de bois taillis. Le chêne et d'autres essences y poussent en liberté. A gauche est la ville, perchée sur un monticule. Au milieu de la vallée s'étend l'usine. Laissons pour un instant les bruyants ateliers, allons vers les frais ombrages plus calmes, et portons avec nous le marteau du géologue. A la cime et au flanc de la montagne, nous découvrons les granits aux grains de quartz et de feldspath, où étincelle aussi le mica en paillettes. Des roches grenues ou feuilletées, les grès et les schistes, s'appuient contre les granits. Entre ces roches est interposée la houille, résultat de l'accumulation et de la décomposition lente des plantes qui, à l'époque carbonifère, végétaient en ces régions. Il y a de cela des milliers de siècles : les géologues vous les supputeront au besoin.

La couche de houille du Creusot a été brusquement redressée (carte X). Nous savons que pendant les premiers âges antédiluviens, le globe, encore dans l'enfantement, était agité de convulsions violentes qui rompaient et disloquaient les terrains, souvent même pendant leur formation, et jalonnaient sur des méridiens de hautes lignes de montagnes.

La houille descend presque d'aplomb jusqu'à 240 mètres de profondeur. A cette distance, elle s'étend en une nappe ondulée. A l'origine on a exploité la couche aux affleurements, près de la surface, souvent à découvert, comme la plupart des carrières. Depuis longtemps l'extraction, hormis sur un point, est entièrement souterraine, et ce n'est pas une petite difficulté que d'aménager cette énorme masse,

dont l'épaisseur atteint de 15 à 30 mètres. On l'exploita
d'abord par la méthode dite des éboulements. Les mineurs,
munis de pics emmanchés à de longues perches, provo-
quaient la chute du charbon par gros blocs, au-dessus de
leurs têtes, au risque d'être écrasés. Ce procédé barbare
avait l'inconvénient de rendre improductifs nombre de
piliers de houille qu'on abandonnait comme étais dans la
mine. On laissait même une partie du minéral abattu : il
fallait fuir devant l'éboulement; mais le grand désavantage
de ce système était surtout de provoquer des incendies
dans les travaux par suite de la fermentation des charbons
menus ou sulfureux. Enfin des mouvements, d'immenses
crevasses se propageaient jusqu'à la surface du sol; les
édifices se fendillaient, s'écroulaient; les eaux descendaient
dans les chantiers souterrains : tout cela par suite des vides intérieurs qu'on ne prenait nul soin de remblayer.
Cette méthode d'abatage de la houille portait d'ailleurs le
nom expressif de *foudroyage*, qui en explique très-bien
les effets.

Le besoin de ne rien laisser dans la mine, et la nécessité de produire la houille à meilleur compte, ont conduit
partout les exploitants à la méthode dite par remblais,
qui est maintenant appliquée au Creusot avec une exactitude presque mathématique. Malgré cela, à mesure que
l'étendue des vides se développe, une partie de la surface
suit toujours les mouvements du sous-sol et s'affaisse peu à
peu, mais cette fois régulièrement, comme certains rivages
de la mer.

La houille est aménagée comme une forêt mise en coupe.
On l'abat par étages successifs, remblayés au fur et à
mesure avec les roches stériles de la mine et celles qu'on
y descend. De la sorte, tout le charbon est pris; partout la
pierre brute remplace l'utile minéral. En outre les mi-

Fig. 49. — Vue des puits Saint-Pierre et Saint-Paul de la houillère du Creusot, d'après F. Bonhommé.

neurs sont maintenant portés sans fatigue et sans danger sur leur champ de bataille, et les puits d'extraction, notamment ceux de Saint-Pierre et Saint-Paul, constituent un ensemble aussi grandiose que complet (fig. 49).. Il faut citer aussi le puits Saint-Laurent, ouvert après ceux-ci, et dont la magnifique pompe pour l'épuisement des eaux souterraines est peut-être, grâce à des dimensions gigantesques, un appareil unique.

Autrefois c'était une mauvaise charpente qui surmontait la margelle des puits ; le câble rond en chanvre s'enroulait lentement sur un tambour cylindrique, horizontal ou vertical, à la façon des manéges des maraîchers. La tonne, suspendue au câble par des chaînes en fer, oscillait librement dans le puits, servait même à extraire les eaux ; tantôt le câble ou les chaînes se rompaient, tantôt une brique, une pierre tombait des parois ; enfin les tonnes s'accrochaient au passage. Aujourd'hui les puits, couronnés de magnifiques charpentes, sont munis sur toute leur hauteur d'une couple de fortes tiges de bois, véritable chemin vertical le long duquel glissent les cages portant les hommes et le charbon. Les câbles plats, passant sur d'énormes poulies de fonte, s'enroulent rapidement sur les tambours ou bobines ; les cages sont munies de toits et de parachutes, et de puissantes machines animent tous ces appareils.

Le chiffre de l'extraction de la houille s'est élevé au Creusot, en 1868, à 250 000 tonnes, auxquelles il faut ajouter pareille quantité provenant du dehors, des mines de Montchanin, Decize [1], Blanzy, Saint-Étienne, etc. Le chauffage de tous les foyers, de toutes les chaudières à vapeur de l'usine, exige cette immense quantité de combustible.

---

1. Le Creusot vient de faire l'acquisition de ces deux mines.

Le charbon destiné aux fourneaux producteurs de la fonte est transformé en coke dans des fours particuliers. Il acquiert ainsi, sous un moindre volume, un plus grand pouvoir calorifique, et perd la majeure partie du soufre qu'il contient et qui a le défaut de rendre le fer cassant. Avant la cuisson, il est débarrassé des matières pierreuses, puis broyé et mélangé avec les combustibles de provenance extérieure, dans des appareils automatiques fort ingénieux.

Les imposants massifs dans lesquels s'opère la cuisson de la houille forment un long alignement qui continue d'une façon grandiose les ateliers de lavage et de mélange des charbons. Les fours employés sont de deux sortes, les fours horizontaux ou belges, et les fours verticaux ou Appolt, ainsi appelés du nom de l'inventeur. Dans les premiers, on charge plus de 3000 kilogrammes à la fois par four ; chaque massif en reçoit plus de 15 000 dans les seconds. Le rendement en coke dépasse 70 pour 100. Les temps sont loin où, dans de mauvais fours ovoïdes, rappelant ceux des boulangers, on chargeait au plus 2000 kilogrammes, et où l'on n'obtenait pas dans le rendement plus de 40 pour 100 du charbon mis en feu.

Le coke sort de chacun des fours en grandes masses agglomérées, collées, sur lesquelles on injecte de l'eau. Dans les fours Appolt, la charge, blanche de chaleur, tombe dans un wagon qui vient la prendre au-dessous du foyer. Dans les fours belges, la masse incandescente est poussée par une crémaillère armée d'un bouclier, mise en mouvement par une locomobile. L'énorme masse s'avance majestueusement au dehors, sur le sol même de l'atelier. Les ouvriers, armés de lances à incendie, dirigent sur elle des jets d'eau multipliés. Le liquide bouillonne et se dégage en vapeurs épaisses ; le coke craque et se fendille. A peine le

COUPES ALLANT DU NORD AU SUD ET PASSANT PAR LES PUITS
SAINT PIERRE, CHAPTAL, N° 19, DE LA MINE DE HOUILLE DU CREUSOT.
dressées par L. SIMONIN, d'après les documents authentiques.
N
Puits Ste Barbe
Atelier Gotard
Puits St Pierre
S
Terrain houiller
Grès
Échelle de 8000
0   50   100   150   200   250 mètres
302 mètres
N
Habon Pichot
Puits Chaptal
S
Terrain houiller
357 mètres
N
Grès
Argile
Puits N° 19
Rte d'Autun
S
Terrain houiller
Gravé par Erhard
Librairie de L. HACHETTE et Cie à Paris.
Dessiné par Ed. Simonin-Venne

défournement opéré, on recharge. Rencontrant les briques rouges, la houille s'enflamme. Des langues de feu, mêlées à de noirs flocons de fumée, sortent par les portes de travail.

Le coke obtenu est bien agglutiné, dense, sonore, d'un éclat argentin. Dans son ensemble la masse, abstraction faite de 10 pour 100 de cendres qu'elle contient, est du diamant non cristallisé. Otons les cendres et imaginons que le tas cristallise, nous aurons l'incomparable gemme.

Le minerai de fer, que le coke est destiné à réduire, se tire de diverses mines de France et de l'étranger; il provient surtout d'un gîte reconnu aujourd'hui presque inépuisable, celui de Mazenay, dont le Creusot est l'heureux voisin et a toujours été l'exploitant. Pour visiter cette nouvelle et intéressante mine, reprenons le chemin de fer jusqu'à Montchanin, et suivons la voie ferrée qui mène à Chagny. A mi-route, sur cette voie, est la station de Saint-Léger. Sur ce point s'embranche un autre railway construit par le Creusot pour le service de la mine de fer.

Le pays est gracieux, coupé de prairies et de vignobles dont les produits sont appréciés. C'est le point de réunion de la Bourgogne et du Mâconnais. On y coudoie l'histoire fréquemment. A Couches est un vieux château où les duchesses de Bourgogne venaient, dit-on, faire leurs relevailles; les pitons isolés et jumeaux de *Rème* et de *Rome* réveillent le souvenir des guerres de César; les Gaulois et les Romains y ont successivement campé, et ces forteresses naturelles doivent sans doute à quelque plaisant centurion le nom qu'elles ont conservé. Elles forment, sur la carte physique de France, ce qu'on pourrait nommer un point singulier, comme dans les courbes mathématiques. Rème et Rome rappellent le mont Auxois où se dressait Alesia, et c'est là que se noue la fameuse boucle jurassique dont

M. Élie de Beaumont a dessiné depuis longtemps les contours.

La première fois que je parcourais ces sites, que j'ai depuis visités de nouveau, c'était en juillet 1865. Monté sur la locomotive, rien ne m'obstruait la vue, et je traversais librement les diverses exploitations minières. J'admirais cette verte oasis qui, bien qu'animée par l'industrie, contraste avec le bruyant Creusot. Ici sont les cantines et les logements d'ouvriers; plus loin des agglomérations de maisons, noyaux de futurs villages. En divers points, on aperçoit l'orifice des galeries qui pénètrent directement dans le sol; en d'autres endroits, les puits d'extraction, munis d'élégantes machines et de solides charpentes. La tonne remonte au jour tirée par le câble, et verse le minerai sur le chemin de fer.

La couche, qui n'avait à l'origine qu'une épaisseur de 50 centimètres, dépasse maintenant 2 mètres, et l'étendue du gîte est dix fois plus considérable qu'on ne le supposait d'abord. C'est une immense nappe de fer qu'on exploite en coupe réglée, la divisant comme un damier. Les puits n'atteignent pas 40 mètres de profondeur, et les eaux souterraines s'échappent par une galerie d'écoulement. Nous sommes ici sur le terrain jurassique. L'étage est celui de l'oolithe ferrugineuse, appelée de ce nom parce qu'elle contient en immenses dépôts le minerai de fer oolithique dont les grains agglutinés, nous l'avons dit, ressemblent à des œufs de poisson.

Le minerai est couleur de rouille, passant quelquefois au brun; sa texture est uniforme. Dans la masse, on distingue diverses coquilles bivalves, au dos strié, notamment des bucardes, voisines des vénus. Ces coquilles ont laissé là leur empreinte à l'époque où ce dépôt s'est formé dans une immense mer aux eaux ferrugineuses. C'était le temps

des grands phénomènes géogéniques, et les eaux minérales étaient alors plus chargées qu'aujourd'hui de principes métallifères.

Le titre moyen du minerai de Mazenay est de 28 pour 100
de fer; le chiffre de l'extraction annuelle s'élève à 300 000
tonnes. Le minerai est porté en wagon à l'usine du Creusot.
Il peut être jeté dans le four deux heures après l'abatage.
La locomotive court sur chaque puits, siffle, part, arrive.

Amené à l'usine, le minerai est déposé à l'endroit qu'on
nomme la plate-forme, devant l'orifice même des foyers qui
vont le digérer. Là se rencontrent certaines qualités qui ont
pour but de se venir réciproquement en aide dans le travail
de la fusion. Telle autre espèce de minerai doit donner par
la composition qui lui est propre un produit spécial. Sur
la plate-forme, chaque variété a sa case où se déverse le
wagon correspondant. J'ai reconnu là, non sans un certain
plaisir, le minerai *oligiste* de l'île d'Elbe, aux cristaux
métalliques brillants, irisés, puis les *terres lavées* de cette
contrée féconde, toujours l'île inépuisable de Virgile, bien
qu'exploitée depuis trois mille ans. Ces déblais, rejetés
par les Étrusques et après eux par les Romains, sont soigneusement repris par les Italiens d'aujourd'hui, devenus plus économes que leurs pères. Les terres lavées de
l'île d'Elbe sont ainsi envoyées sur le continent jusqu'à de
très-grandes distances, plus loin encore que le Creusot,
et même jusqu'en Angleterre.

Sur la plate-forme, j'ai salué aussi le minerai magnétique de Mokta-el-Haddid, près de Bône. Cette mine est
la rivale de celle de l'île d'Elbe; elle donne des qualités
comparables à celles des fers de Suède, et forme, comme le
nom arabe l'indique, une vraie montagne de fer [1]. Le mi-

---

1. Mokta-el-Haddid signifie littéralement *tranchée dans le fer.*

11

nerai est de l'aimant naturel; il est massif, dur, de couleur grise : c'est presque du fer pur, vous disent les ouvriers.

N'oublions pas les minerais plus modestes. Ici c'est celui de Chizeuil, exploité par le Creusot dans le département de Saône-et-Loire, où le gîte forme un énorme filon déposé entre les granits et les schistes. La masse est du fer peroxydé, compacte, à gangue siliceuse, à couleur rougeâtre. C'est l'hématite, toujours reconnaissable à la description qu'en faisait, il y a deux mille ans, Théophraste dans son *Traité des pierres*. L'hématite offre l'aspect et la couleur du sang caillé: de là le nom que lui avaient donné les Grecs.

Saluons plus loin les minerais pisolitiques du Berry, si bien nommés par les minéralogistes, car on les prendrait pour des pois fossiles. Le ton est jaune, sale, terreux; le titre assez élevé, le métal produit de qualité excellente. Déjà du temps de César le pays de Bituriges était renommé pour son fer.

A côté de la *mine* du Berry est du minerai en paillettes de même couleur, venant de Génelard, dans le Charolais, sur les bords du canal du Centre. Si ces paillettes étaient plus jaunes, et si elles avaient l'éclat métallique, on dirait des paillettes californiennes; ce n'est que de la terre, qui contient le plus utile, sinon le plus précieux des métaux.

C'est ainsi que, me promenant sur la plate-forme, se déroulait devant mes yeux toute la minéralogie du fer, intéressante étude qu'on fait au Creusot avec tant de fruit. J'admirais en même temps l'ordre qui régnait dans cette variété de détails: les cases de la plate-forme sont tenues comme les cartons d'un comptable. Autour de moi étaient les *fondants*, réunis en énormes tas. On les passe quelquefois dans les fourneaux pour aider à la fusion. C'est le granit, pris au Creusot même, et dont nous retrouverions un des éléments, le feldspath, employé dans les fabriques de porcelaine sous les noms de pétunzé et de kaolin qui trahissent des dénominations chinoises ; c'est la *castine* [1], calcaire jurassique, venant de Mazenay, où il sert de toit au minerai oolithique. Ce calcaire est pétri de fossiles. On y reconnaît la gryphée arquée, de la famille des huîtres ; les ammonites, ancêtres des nautiles ; les bélemnites, qui ont précédé les seiches ; les peignes, encore vivants dans nos mers. Tous ces fossiles, autrefois témoins de phénomènes grandioses, et d'incendies immenses allumés par les roches d'éruption qui traversaient et métamorphosaient les calcaires, retrouvent dans les fours de fusion des spectacles d'un autre genre, et une température certainement plus élevée que celle qui les calcina jadis.

En ajoutant aux fondants et aux minerais déjà décrits des scories de forge riches en fer et produites par l'usine, on aura un inventaire à peu près complet de tous les tas de la plate-forme. Ces scories sont noires, poreuses, lourdes : on dirait des produits volcaniques. Elles viennent des fours où l'on élabore le fer. Comme elles entraînent une certaine quantité de métal, et sont d'ailleurs très-fusibles, on a un double intérêt à les refondre. C'est, avant tout, un moyen de leur faire rendre de ce côté ce qu'elles ont emporté de l'autre.

Les fondants ne sont pas employés pour tous les minerais, qui, soigneusement analysés, tant pour en connaître le rendement en fer que la composition générale, sont, on l'a dit, amenés à se marier les uns aux autres dans le travail de la fusion. Aux minerais trop siliceux qui ont besoin de castine, on ajoute des minerais à gangue calcaire, et à ceux-ci des minerais quartzeux ou argileux, système aussi

---

1. De l'anglais *casting*, fondant.

économique qu'intelligent, dont le Creusot, à cause de son vaste ensemble, a pu utilement poursuivre l'application sur la plus large échelle. C'est sur un principe analogue que repose l'amendement des terres dans le chaulage et le marnage. La chimie est non-seulement imitatrice et rivale de la nature, comme l'a écrit d'Alembert dans le magnifique discours qui ouvre l'Encyclopédie; elle corrige jusqu'à la nature elle-même.

Mais il est temps de se rendre à la fonderie et d'assister à la coulée. On va maintenant voir en œuvre les matières premières que l'on connaît : le coke, les minerais et les fondants.

IV

L'USINE ET LES OUVRIERS DU CREUSOT.

Les hauts fourneaux et la coulée de la fonte. — La nouvelle forge. — Puddleurs, forgerons, lamineurs. — Les ateliers de constructions mécaniques. — Fonderie, forge de grosses œuvres, aciérie, chaudronnerie. — Le Petit-Creusot. — Engins de paix, engins de guerre. — Le port de Monchanin. — Population de l'usine et de la ville. — Le Creusotin et le Morvandiot. — Métamorphose, variétés. — Le monde élégant. — Mesures philanthropiques. — Paysage. — Le curé de Montcenis. — Les casernes et les cités ouvrières. — Le bon vieux temps. — Le Creusot et M. Haussmann. — Pas de gendarmes, pas de *policemen !* — La ville du travail.

Les foyers où l'on traite au Creusot le minerai de fer sont au nombre de seize. Ils sont adossés à la montagne qui porte la ville, et forment un gigantesque ensemble. La hauteur moyenne de chaque massif est de seize mètres; la forme, celle d'un tronc de cône ou de pyramide. On dirait des façons de forteresses, ou encore de ces monstrueux édifices comme l'ancienne Égypte et l'Assyrie nous en offrent tant de modèles. L'ouverture supérieure, fermée d'habitude, est par moments découverte ; alors une flamme rouge et bleuâtre, une fumée épaisse et blanche, s'en échappent en tourbillonnant.

A la base se fait la coulée : celle des scories est continue ; elle s'avance sur le sol de l'usine en une traînée incandescente. La coulée de la fonte est intermittente ; elle n'a lieu que trois fois en vingt-quatre heures. Le métal jaillit et se moule en lingots ; des étincelles brillantes s'en échappent qui vont s'éteignant dans l'air. Parfois le métal bouillonne et détone si le sable sur lequel il se répand est mouillé. Le spectacle de la coulée est un des plus intéressants qu'offrent les grands travaux de l'industrie du fer, c'est toujours un de ceux qui, dans les usines, frappent le plus les visiteurs.

On verse dans la fournaise le minerai, le coke et les fondants par quantités dosées d'avance, qui forment ce qu'on appelle le lit de fusion. Les fondeurs ont l'œil attentif aux scories, dont l'allure indique la marche du fourneau. Le maître semble suivre avec un soin plus jaloux que les aides les phénomènes divers du travail. Il regarde si le *vent* que la machine soufflante injecte à pleins poumons entre bien dans le four ; il casse la scorie et l'examine. Si le fourneau se dérange, s'il devient malade, comme dit l'ouvrier, le maître l'entoure de soins attentifs ; il n'a de repos et de calme qu'il n'ait paré à l'accident.

Les charges descendent et s'élaborent dans la cuve du four. Il se passe là, sur une échelle immense, des réactions chimiques que les procédés de nos laboratoires, ceux de la docimasie, nous ont appris à connaître et reproduisent en petit. A la partie supérieure de la cuve se dégagent les matières volatiles que renferment les substances versées dans le foyer. C'est là que le fondant calcaire est transformé en chaux. Au centre commencent les véritables réactions. Le carbone du coke s'empare de l'oxygène du minerai pour donner naissance à des produits gazeux, notamment l'oxyde de carbone et l'acide carbonique, qui montent vers la gueule du four ou gueulard, tandis que le fer se sépare. Les parties calcaires et siliceuses des fondants et des minerais réagissent les unes sur les autres, et des silicates fusibles se forment qui composent ce verre qu'en métallurgie on nomme le laitier. Le fer se combine avec une petite partie du carbone qui le rend liquide et le change en fonte. Celle-ci et les laitiers se séparent par ordre de densité. La fonte, plus pesante, tombe dans le creuset d'où elle s'échappera tout à l'heure ; les laitiers surnagent et s'écoulent sans cesse par l'orifice ménagé pour eux dans le haut du creuset.

Toutes ces réactions ont été étudiées à notre époque par les chimistes, non-seulement dans le laboratoire, mais sur le sujet lui-même, à peu près comme la médecine a suivi sur le vif les phénomènes de la digestion, de la respiration, et ceux de la circulation du sang. Dans la métallurgie, les découvertes ont été faites surtout par Ebelmen, mort à la peine, mais dont la chimie française mettra un jour le nom à côté de celui de Lavoisier.

La production en fonte du Creusot est actuellement de plus de 300 tonnes par jour. On passe 1000 tonnes de minerai pour ce rendement, et la consommation en combustible est environ de 350 tonnes de coke.

L'air injecté est chauffé, dans des appareils spéciaux, à 400 degrés centigrades, ce qui permet une grande économie de combustible, active et facilite le traitement. Le volume toujours régulier de l'air fourni concourt aux mêmes résultats.

Les gaz qui se dégagent au gueulard sont recueillis soigneusement, et on les utilise à chauffer le vent lancé dans les hauts fourneaux. Composés surtout d'oxyde de carbone et d'hydrogènes carbonés, c'est-à-dire de principes très-combustibles, ils sont amenés partout où le demandent les besoins du service. C'est ainsi qu'on les brûle sous les chaudières de la machine soufflante et de divers autres engins, pour la production de la vapeur. Ce n'est pas un des moins curieux spectacles de l'usine que ces énormes conduites qu'on rencontre çà et là, portant la chaleur sous les appareils qui l'exigent, absolument comme dans les grandes villes le gaz d'éclairage distribue partout la lumière. Ici les tuyaux, véhicules du calorique, sont à découvert au lieu d'être enterrés sous le sol. On n'évalue pas à moins de 1500 chevaux la force gratuite qui a été ainsi conquise.

La fonte, moulée en lingots, est transformée en fer à la forge qui compose le digne pendant des hauts fourneaux. Cet établissement occupait naguère le fond de la vallée que nous connaissons. La nouvelle forge a été reportée sur un vaste terrain nivelé, au delà de la gare du chemin de fer. Elle se développe vers le côté de la ville opposé à celui qu'occupent les hauts fourneaux, et la ville est ainsi, sur ces deux points, prise et serrée entre deux usines qui semblent vouloir empiéter sur elle. La forge lui envoie généreusement sa part de fumée, et contribue à donner à ses édifices une teinte caractéristique. C'est bien la *Ville noire*, comme celle qui a servi de type au grand romancier qu'ont si souvent ému les étonnantes phases de l'industrie moderne.

Je sais peu de vues plus magiques que celle de la forge du Creusot. Elle occupe une superficie de 12 hectares, soit 120 000 mètres carrés, distribués sur une longueur de

500 mètres et une largeur de 240. Les toits, aux tuiles plates, d'un ton naguère rougeâtre, sont entièrement noircis par la fumée : la tuile a pris la couleur de l'ardoise. Ils sont soutenus par d'élégantes charpentes en fer, portées elles-mêmes par des colonnes de fonte; cela rappelle, mais plus en grand, les Halles-Centrales de Paris. Le fer fabriqué dans l'usine a reçu ici une application méritée. Le sol est dallé en fonte, et sur le métal, que le frottement a poli comme un parquet ciré, les continuels mouvements de matières auxquelles la forge donne lieu sont plus faciles et plus rapides. Le railway déroule autour des ateliers et jusque devant les fours ses bandes parallèles; des plaques tournantes permettent d'exécuter, partout où il en est besoin, le passage d'une voie à l'autre.

Ce magnifique bâtiment a emprunté à l'architecture industrielle la plus savante ses meilleures dispositions, et l'on peut à bon droit l'appeler la forge modèle, car il a été fait tout d'une pièce, mais après trente années d'expériences continues. Dès 1858, avant même le traité de commerce, le Creusot avait compris que le salut de la métallurgie française n'était que dans une transformation radicale, et cette transformation fut décidée sans un instant d'hésitation. La vieille forge, que d'autres nécessités forçaient aussi à déplacer, a été reconstruite avec une ampleur sans exemple. Dans le nouvel édifice se fait remarquer la plus heureuse harmonie. Ici sont les massifs accouplés des fours à réverbère destinés à la fabrication du fer; à côté, les énormes marteaux-pilons à vapeur qui forgent le métal; plus loin, les laminoirs ou cylindres qui l'étirent en feuilles, les cisailles qui le coupent. Dans les fours à réverbère, la flamme qui a réchauffé et transformé la fonte s'échappe par une cheminée verticale, dans l'intérieur de laquelle on a logé une chaudière à vapeur. Par cette

intelligente disposition, les chaudières n'occupent pour
ainsi dire point de place, et sont chauffées pour rien. Les
tours rondes dans lesquelles elles sont placées sont en briques et se profilent sur une ligne continue où l'œil se perd.
On dirait d'énormes monolithes rappelant les alignements
celtiques de Carnac.

Amenée devant le bâtiment du puddlage, la fonte passe
sur les bascules et de là aux fours. La flamme, qui sans
cesse se dégage de la grille, est abattue par la voûte du
réverbère sur la sole incandescente. Bientôt le métal, léché
par le feu, éprouve un commencement de fusion, il sue.
L'ouvrier, armé de sa longue barre de fer, le brasse et le
pétrit sans cesse. Nous connaissons cette opération, c'est
celle du puddlage, déjà décrite. Les impuretés de la fonte
se dégagent avec une partie du fer en crasses bouillonnan-
tes. L'opération dure à peu près une heure. On fait onze
chaudes en douze heures, passant chaque fois 240 kilogrammes de fonte et consommant environ 200 kilogrammes de houille. Que diraient les anciens compagnons de
Polyphème, que penserait lui-même Vulcain, devant nos
modernes forgerons?

Après l'opération du puddlage, vient celle du martelage
sous le pilon à vapeur, que nous connaissons également.
On passe alors au réchauffage du fer, où le métal est de
nouveau soumis à la chaleur éblouissante du blanc soudant. Devant les massifs des fours sont les laminoirs, des-
servis par des ouvriers spéciaux (fig. 50 et 51). Les appareils se composent d'une paire de cylindres en fonte, su-
perposés, tournant l'un vers l'autre. La forme extérieure
des cylindres marque celle que doit avoir le fer. Un mécanisme ingénieux permet de régler l'écartement et d'obtenir le métal à l'épaisseur voulue. Une énorme roue de
fonte, qu'on nomme le volant, emmagasine la force vive

des machines motrices et régularise le mouvement des cylindres, qui, de cette façon, gardent toujours la même vitesse. Aux laminoirs s'allongent les rails, en bandes blanches de chaleur. La scie circulaire, dans ses rapides

Fig. 50. — Chefs lamineurs de la forge du Creusot, d'après F. Bonhommé.

évolutions, en taille les extrémités qui dégagent sous la dent de l'outil une gerbe de feu. Les cornières pour les constructions navales, les fers à T pour les charpentes, les fers plats, carrés et ronds du commerce, s'obtiennent comme les rails. Enfin la tôle ou fer en feuilles est aussi produite aux laminoirs, dont les cylindres, cette fois, sont unis et non cannelés. C'est de la sorte que sont fabriquées les feuilles pour les chaudières à vapeur et pour les blindages des navires. La cisaille régularise la forme des feuil-

Fig. 51. — Lamineur de la forge du Creusot, d'après F. Bonhommé.

les, les coupe d'équerre avec une remarquable facilité. Elle mord dans le fer comme dans du carton, et ce spectacle, entre tous, a le privilége d'exciter l'attention des profanes qui entrent pour la première fois dans le temple.

Il nous reste à visiter les ateliers de constructions méca-

niques, où le fer qui n'a pas été produit pour être livré directement au commerce, reçoit des formes nouvelles, dé-
finitives, mais compliquées, savantes, comme en exigent
les machines modernes.

Ces ateliers sont les plus vastes qui existent en France.
Ils sont établis au niveau même de la vallée dont les
hauts fourneaux occupent un des côtés, et comprennent
une fonderie de deuxième fusion ou de moulage, deux aciéries ou fonderies d'acier, une forge de grosses œuvres, ainsi
nommée parce qu'on y fait les plus grosses pièces, un
atelier de chaudronnerïe où l'on fabrique les chaudières
à vapeur, enfin les ateliers de tournerie, d'ajustage, de
montage où les machines sont définitivement ouvrées et
mises en jeu. Le chemin de fer s'allonge autour des bâtiments, et ceux-ci, souvent à deux étages, profilent partout leurs longues façades. De larges fenêtres donnent
abondamment accès à l'air, à la lumière. Dans les cours
sont des cylindres, des roues amoncelées, des essieux en
fer, en un mot, tous les divers engins fabriqués, et tous en
tas serrés. L'importance des commandes faites au Creusot
est telle que la confection d'une pièce se répète d'ordinaire un très-grand nombre de fois. Ainsi c'est par dou-
zaines qu'on y fait les locomotives pour chaque compagnie de chemin de fer.

Partout on entend le glissement des courroies qui courent
sur les poulies pour animer tous les outils. Elles forment
comme un enchevêtrement inextricable dans les ateliers de
tournerie et d'ajustage. Elles s'y pressent comme le fil sur le
métier du tisseur; mais ce qui surtout frappe les yeux,
c'est la division du travail et la disposition méthodique dans
laquelle se succèdent les appareils. Les lignes d'outils sont
rangées dans un ordre parallèle, et chaque ligne est af-
fectée à des outils spéciaux. Sur celle-ci, on tourne les

roues de locomotives ; sur cette autre, on polit intérieure-
ment les cylindres. Plus loin, ce sont des pièces plus délicates, les bielles, les manivelles qu'achève la machine-
outil. Il y a aussi les appareils à forer, fileter, mortaiser,
raboter, tous de l'acier le plus fin et travaillant le fer
comme si c'était du bois. L'ouvrier n'est plus qu'un surveillant, c'est la machine qui fait tout : elle lime, elle
tourne, elle polit, elle ajuste.

Entrons dans quelques-uns des ateliers. Ne nous conten-
tons pas de jeter dans l'intérieur un regard pour ainsi dire
timide par la porte entre-bâillée. Voici, par exemple, la
fonderie de seconde fusion. La fonte, déjà produite au
haut fourneau spécialement pour le moulage, est refondue
dans le cubilot ou four à la Wilkinson ; de là elle est versée
dans d'énormes poches, manœuvrées au besoin par de
puissantes grues, qui la portent jusque dans les moules.
Ceux-ci sont en sable, soigneusement exécutés sur le sol
même de l'atelier au moyen des modèles, dont quelques-
uns sont de véritables œuvres d'art.

De l'atelier de moulage passons à la forge de grosses
œuvres. Le fer y est forgé dans des foyers couverts, soufflés par des ventilateurs. Le métal, chauffé à blanc, est battu
à coups redoublés par le marteau-pilon qui en soude et
réunit toutes les parties. Ainsi se forgent les arbres de
couche gigantesques qui animent aujourd'hui l'hélice des
navires à vapeur.

Le travail du marteau-pilon, à la forge de grosses œuvres,
est d'un effet très-saisissant. Les hommes, au nombre
d'une vingtaine, penchés sur l'une des extrémités de la
pièce qu'on forge, dirigent sous l'outil le bout chauffé à
blanc, tandis que le contre-maître commande la manœuvre (fig. 52). Le marteau s'abaisse sur l'enclume et
bat la pièce à coups redoublés. Le fer, docile et souple,

se plie aux formes que lui donne le marteau ; mais bientôt
il se refroidit. On le reporte dans le foyer incandescent
jusqu'à ce qu'il redevienne une barre de fer. Que de
chaudes et de martelages successifs sont encore nécessaires avant que l'énorme pièce soit définitivement achevée

Fig. 52. — Contre-maître forgeron au marteau-pilon de la forge de grosses œuvres
du Creusot, d'après F. Bonhommé.

et ait pris les dimensions vérifiées par le compas du maître-
ouvrier (fig. 53). Les épaisses plaques de blindage qui,
depuis la guerre de Crimée, ont si profondément modifié
la marine militaire et l'art des fortifications côtières, s'obtiennent, comme les arbres de couche, sous le marteau-
pilon. Depuis quelque temps on les produit aussi aux

laminoirs. La fabrication de ces plaques a fait la fortune
des habiles forgerons du département de la Loire, MM. Pé-
tin et Gaudet : c'est leur usine et celle du Creusot qui
furent chargées des premières applications. C'est de là que
sont sorties, en 1855, les canonnières blindées qui allè-

Fig. 53. — Maître forgeron au marteau-pilon de la forge de grosses œuvres du Creusot
d'après F. Bonhommé.

rent étonner et démolir Kinburn. L'État, dans ses arsenaux, n'aurait pu les construire : il fallut s'adresser aux
grandes usines privées ; exemple qui prouve une fois de
plus que, dans l'industrie, c'est l'initiative individuelle, non
l'inspiration de commande, qui peut faire des miracles.

Aujourd'hui la plupart de ces plaques de blindage se

font en acier. L'invention de M. Bessemer, en Angleterre,
a singulièrement facilité la production de l'utile métal. Par
ce procédé, on obtient avec la fonte, au sortir du haut fourneau, un fer aciéreux, de qualités prévues d'avance, et
l'on coule cet acier comme de la fonte. On devine aisément à quels merveilleux résultats on est ainsi arrivé. Le
Creusot vient d'établir chez lui cette récente méthode, définitivement jugée pour certains emplois, et dont quelques-uns de nos métallurgistes ont déjà fait très-utilement
l'application. L'invention de M. Bessemer a suscité d'ailleurs d'autres découvertes nouvelles dans la fabrication de
l'acier. Parmi les procédés les plus économiques, on cite,
en France, celui de M. Martin. Ce procédé, employé avec
succès dans quelques usines de la Loire, a été récemment
introduit au Creusot.

La chaudronnerie, ou halle de fabrication des chaudières à vapeur, mérite d'être visitée, même après l'atelier de moulage, la forge de grosses œuvres et les aciéries. Le choc incessant du marteau qui rive les pièces
de tôles courbées en cylindres, ou obéissant aux formes
exigées, fait entendre un bruit assourdissant. On a vu des
chaudronniers perdre l'ouïe au bout de quelques années,
comme les canonniers. Les chaudronniers de l'avenir seront peut-être moins maltraités, car la machine à river
fait maintenant presque partout le travail. C'est à la chaudronnerie que se confectionnent les chaudières cylindriques
fixes, les énormes générateurs tubulaires pour la marine,
enfin les élégants appareils de locomotives, traversés inté-
rieurement par leurs tubes de laiton. On y apporte d'autant
plus de soins, on choisit le métal de qualité d'autant plus
fine, que le moindre défaut dans la tôle, même une diminution d'épaisseur, pourrait produire une de ces terribles
explosions dont l'insouciance de quelques chauffeurs, et

peut-être aussi des phénomènes électriques restés encore
mystérieux dans la production de la vapeur, ne sont déjà
que trop souvent la cause.

Il est juste, en parlant de la chaudronnerie du Creusot,
de ne pas oublier l'annexe de Châlon-sur-Saône, le Petit-
Creusot comme on l'appelle, atelier autrefois plus considérable, mais aujourd'hui encore important, car il n'occupe
pas moins de 500 à 600 ouvriers. Il est dans une admirable position sur la rive gauche de la Saône, en face du
point de jonction du canal du Centre avec la rivière.
C'est de là que sont sortis naguère les fameux bateaux
porteurs de la Saône et du Rhône, en tôle de fer, si longs
qu'on n'en voyait pas la fin. Ils étaient traînés par des
machines à vapeur de 500 chevaux, et portaient jusqu'à 700 tonnes à la fois. C'étaient les grands con-
voyeurs entre le midi et le nord de la France ; c'étaient
eux qui, dans les temps de disette, charriaient le blé que
l'Égypte, l'Afrique, les bords du Danube envoyaient à
Marseille. Aujourd'hui les chemins de fer nous ont fait
oublier les voies fluviales et les canaux, et perdre de vue
les étonnants travaux de cette époque de transition.

Les ateliers de Châlon se sont transformés devant l'en-
vahissement du railway : ils ne font presque plus de bateaux, mais des ponts en tôle, et les chemins de fer, qui
semblaient devoir provoquer leur ruine, sont devenus
leurs meilleurs clients. C'est des ateliers de Châlon que
sont sortis le magnifique viaduc de Fribourg, le pont tournant de Brest, et mille autres chefs-d'œuvre. C'est de là
que provient aussi le pont hardi d'El-Cinca, jeté sur cet
affluent de l'Èbre, à 35 mètres au-dessus de l'eau.
Je ne décrirai pas le viaduc de Fribourg, ni le pont de
Brest ; ils sont connus, ils ont été partout cités. Le pont
d'El-Cinca mérite au moins quelques détails. L'ouvrage

est en arc surbaissé; il a 75 mètres de portée. On l'a jeté directement d'une rive à l'autre, sans pont de service, sans cintres, au moyen d'une grue roulante et d'un bout de petit pont horizontal qui avançait sur la partie déjà posée du tablier. On a marché ainsi de part et d'autre des flancs à pic du torrent, et l'on s'est rejoint à la clef de voûte sans accident d'aucune sorte.

Après les ponts en fer, nommerai-je quelques-unes des machines sorties du Creusot? Je craindrais de procéder à un inventaire sans fin. Il faudrait citer bon nombre des appareils de nos bateaux à vapeur de commerce, notamment des premiers transatlantiques, puis les appareils d'une forte partie de nos vaisseaux de guerre. Sur *l'Hermione*, frégate de l'État portant la mission de Madagascar, dont la dispersion devait sitôt suivre les débuts, j'ai pu admirer moi-même, dans le courant de 1863, les formidables générateurs et les gigantesques cylindres sortis du Creusot. Les batteries blindées *la Lave, la Tonnante*, etc., ont été également fournies par cette usine. Voilà pour la marine militaire ou commerciale. L'industrie est à son tour redevable au Creusot des belles machines d'extraction des mines de houille de Blanzy, de plusieurs des machines du bassin de Saint-Étienne, et des pompes qui alimentent d'eaux potables la ville de Lyon. Si, dans une telle occurrence, il était permis de se citer soi-même, le Creusot nous dirait que la soufflerie de ses hauts fourneaux, et les machines de sa forge, et la pompe du puits Saint-Laurent, que nous avons admirées, sont également son œuvre.

Citerai-je toutes les fournitures du Creusot en machines locomobiles et locomotives? Ces petites locomotives de mines qu'il a inventées, ou bien ces grandes locomotives soumissionnées en 1865, et en quelque sorte primées en Angleterre, ce qui a fait dire alors, par suite de la victoire que remportait presque au même moment le célèbre étalon *Gladiateur*, que nous avions battu les Anglais sur le turf et sur le railway? Les premières locomotives Engerth, indispensables pour vaincre les grandes rampes, quelques-unes de ces puissantes locomotives qui remorquent d'immenses trains de marchandises, sont aussi des enfants du Creusot. Chaque appareil a marqué une victoire de plus, jusqu'à cette colossale machine à deux énormes paires de roues motrices, qui meut le train impérial en Russie.

Le Creusot ne construit pas seulement des locomotives pour autrui ; il en construit aussi pour lui-même. Le transport de toutes les matières qu'il élabore s'opère sur son chemin de fer, dont les rails, s'épanouissant au point d'arrivée, environnent partout l'usine d'un réseau des plus serrés et d'une longueur totale de 70 kilomètres. C'est à 1 400 000 tonnes par an qu'il faut évaluer le mouvement de matières auquel donne lieu le travail de tous les ateliers. Sur ce chiffre, la moitié se rapporte au tonnage annuel extérieur. A la remonte, les houilles, les minerais, les fondants, les matériaux divers, encombrent les wagons ; à la descente, c'est surtout le fer, la fonte ouvrée et les machines. Le railway se relie au port de Montchanin, sur le canal du Centre, par où arrivent les charbons de Blanzy et du Monceau, et les minerais du Berry. Il se soude aussi par l'embranchement de Chagny, au chemin de fer de Paris à Lyon et à la Méditerranée. De la sorte, le Creusot rayonne sur le Midi et sur le Nord.

Le port de Montchanin est remarquable par les ingénieuses dispositions qu'on y a prises pour l'exécution économique de tous les transbordements. Du port ou de la station, les trains montent au Creusot à des instants très-

rapprochés, et tous ces mouvements de la voie complètent
celui des diverses parties de l'usine.

Il est temps de faire connaissance avec l'ouvrier du
Creusot : à côté de la matière, l'esprit. Nous avons vu
comment on fait le fer, il faut dire comment on a fait les
hommes, et comment les directeurs de la grande usine ont
abordé résolûment le problème des relations du patron et
de l'ouvrier. Aussi bien ne devons-nous pas oublier que
nous sommes sur un point particulier de la France, dans
une espèce de colonie, d'île industrielle, qui ne présente
aucun terme de comparaison avec d'autres centres habités.
Nous allons donc parcourir la ville et en interroger les
habitants. Là s'offriront à nous des sujets d'études nouvelles, remplies du plus haut intérêt.

Aujourd'hui l'établissement du Creusot occupe 10 000
ouvriers. Si l'on en prélève 1500, affectés aux mines de
Mazenay et d'autres gîtes, et aux chantiers de Châlon, il
reste encore un chiffre de 8500 ouvriers que réclament le
travail de la houillère, des hauts fourneaux, de la forge,
de l'aciérie, des ateliers de construction et les services divers, comme celui du chemin de fer et du port Montchanin. Tous ces ouvriers vivent au Creusot et dans les ha-
meaux circonvoisins. La population seule de la ville, plus
forte que celle de la plupart de nos chefs-lieux de départements, atteint aujourd'hui 25 000 âmes. C'est trois
personnes pour un ouvrier employé. L'excès de la population se complète par le chiffre des femmes, des enfants, et celui de tous les commerçants, boutiquiers, aubergistes, cafetiers, etc., qu'entraîne toujours après elle
toute agglomération d'ouvriers. On dirait que tous ces dé-
bitants se liguent pour faire au plus vite dépenser au
travailleur le fruit de sa journée; on lui ouvre même un

crédit, et ainsi tend à disparaître tout instinct de l'épargne. Au Creusot, diverses mesures économiques prises par les chefs de l'usine réagissent heureusement contre cet état de choses.

La population creusotine est bonne, bien disciplinée, et habituée par la vie des ateliers au calme et à la régularité. Le penchant à l'ivresse est très-rare, fait à noter chez des Bourguignons. Les jeux bruyants sont peu en usage, et si l'on est ici sur la ligne divisoire des eaux entre la Méditerranée et l'Océan, on voit bien qu'on occupe plutôt le versant qui regarde le nord que celui du midi.

L'aspect de la ville est sévère, comme celui de toute ville d'ouvriers occupés à de durs travaux. Le jour, les hommes sont presque tous absents, disséminés dans les ateliers; le soir, ils rentrent fatigués et se couchent. Cependant quelques cafés restent un instant ouverts. A six heures, chaque soir, un grand mouvement a lieu; les hommes reviennent à flots pressés de l'usine; ils portent la blouse bleue, le *sagum* des Gaulois : c'est l'heure de la soupe. Mais bien vite tout ce bruit cesse, s'éteint, et la ville rentre dans son calme habituel; on n'entend plus que la grande voix des machines, dont quelques-unes ne s'arrêtent jamais. Le dimanche règne un peu plus d'animation. Si le temps est beau, on voit des groupes parés partir pour la promenade : l'homme en redingote de drap, au couvre-chef soyeux, la femme ornée d'un châle et d'un bonnet enrubanné. L'inévitable *pensionnaire* accompagne le couple. C'est l'ouvrier célibataire, qui trouve là les joies de la famille sans en avoir les inconvénients. Il partage à prix débattu le repas et le gîte; il a, comme le soldat en route, place au feu et à la chandelle, et il outrepasse volontiers ses droits.

Les formes du Creusotin sont plutôt massives que svel-

tes; le teint est mat, rarement coloré, la taille petite. Ce
sont là les traits caractéristiques du Morvandiot, un des
types les mieux conservés de notre race gauloise avec
celui du Breton. Le Morvandiot est attaché à son sol; c'est
l'homme des contrées granitiques, des pays de châtaignes.
Au Creusot, le type s'est modifié, au moral comme au
physique, par l'éducation, le travail industriel et le changement dans l'alimentation. MM. Schneider, qui avaient
trouvé des ouvriers fort peu exercés et d'intelligence médiocre, les ont transformés : la viande et le vin, les ateliers et l'école ont produit de merveilleux résultats.

Les ouvriers se distinguent à première vue d'après la
nature de leurs occupations. Le mineur, ce soldat des
souterrains, est froid, impassible; sa démarche est fati-
guée, lente. Les fondeurs, les forgerons ont des allures
plus dégagées; mais surtout les ouvriers des ateliers de
construction, dont quelques-uns ont l'œil vif, intelligent
et les manières aisées. Ces quatre types : le mineur, le
fondeur, le forgeron et le mécanicien, forment les quatre
grandes catégories des ouvriers du Creusot; au-dessous, ce
ne sont plus que des manœuvres.

Les employés et les chefs de service composent le
monde élégant du pays. On trouve dans leurs maisons
comme un écho lointain de Paris, et l'hiver plus d'un
salon s'anime au bruit des danses et des jeux. Un cercle
réunit les hommes le soir. Des toits hospitaliers, sympa-
thiques, s'ouvrent au voyageur qu'amène le désir de visiter le Creusot. A plus d'un foyer il est reçu comme un
camarade. Le souvenir de l'école et la franc-maçonnerie
du métier rapprochent des ingénieurs qui ne se sont jamais connus, ou qui se sont perdus de vue depuis longtemps. En s'en allant, on emporte un doux souvenir de
cette ville, qu'on n'aurait crue vouée qu'au travail.

Les mesures les plus paternelles ont été prises pour le bien-être et la moralisation de l'ouvrier. Des caisses de retraite et de secours fonctionnent pour les vieillards et les malades. Les soins des médecins et les remèdes sont gratuits. Un hôpital reçoit les blessés, un asile les veuves âgées, sans ressources. Des écoles libéralement ouvertes, presque gratuites, tant la rétribution en est basse (75 centimes par mois), admettent les enfants des deux sexes. L'expérience a montré qu'une gratuité absolue eût été mauvaise. Ces écoles sont fréquentées aujourd'hui par plus de 1800 élèves. L'instruction n'est pas obligatoire, mais on ne reçoit dans l'usine que les enfants qui savent lire et écrire. Aux garçons, on apprend la lecture, l'écriture, la grammaire, l'arithmétique, le dessin ; chaque année, les plus intelligents sont envoyés à l'école des Arts-et-Métiers d'Aix, d'où ils reviennent travailler au Creusot ; les autres sont directement placés dans les ateliers, suivant les capacités qui les distinguent. Aux jeunes filles, on enseigne les premiers rudiments et la couture. Les ouvroirs de dentelles du Creusot travaillent pour le commerce. Enfin des cours pour les adultes ont lieu tous les soirs.

Entre l'école des filles et celle des garçons est la cure. Non loin est l'église, élégante, de style roman. La flèche est élancée, mais moins haute encore que la grande cheminée de l'usine, qui la regarde et la dépasse, bien que partie de trente mètres plus bas. Près de l'église est le bâtiment de la Verrerie, l'ancienne cristallerie de Marie-Antoinette : c'est la résidence de MM. Schneider.

De la terrasse de cette vaste demeure, le paysage se déroule dans un splendide panorama. On est charmé qu'une usine et une ville industrielle puissent offrir dans le voisinage un site aussi heureux. A ses pieds on a le parc ; plus loin est l'étang de la Villedieu, dont les eaux desservent l'usine, et sur les bords duquel est une cité ouvrière. A gauche est la forge, qui brûle volontiers les derniers arbres du parc; à droite, un bois touffu. A l'horizon se dresse une ligne bleuâtre de montagnes : elles dessinent la limite du Charolais. Sur le milieu de cette ligne, le mont Saint-Vincent, haut de 600 mètres, et point culminant de cette partie de Saône-et-Loire, s'élève comme un immense cône. Au pied de la montagne est la plaine, coupée de lignes onduleuses.

Montchanin, Blanzy et le Montceau marquent les ports animés du canal du Centre. A la fumée qui, à cette distance, forme comme une nuée indécisive, on devine plutôt qu'on ne voit les houillères de ces districts, desservies par des machines à vapeur.

Sur d'autres points, comme vers la *Sablière*, le paysage est également gracieux. Là se déroule en écharpe une verdoyante vallée.

D'un autre côté est le vallon de l'usine, où des tourbillons de fumée masquent la vue.

Au loin, sur une éminence, on distingue un fort démantelé : c'est celui de Montcenis, qui a soutenu des siéges, et qui, à l'époque de la Ligue, prit le parti du roi Henri. Au pied du château s'étend le bourg, autrefois important bailliage, aujourd'hui modeste chef-lieu de canton, qu'écrase le voisinage du Creusot.

Le curé de Montcenis, me montrant un jour son église, « bâtie de temps immémorial », et me racontant l'histoire du bourg, regrettait la perte de ses archives, dont les rats avaient mangé une partie et dont le chef-lieu du département avait enseveli l'autre. « Jadis, il n'y avait ici que des bourgeois, des gens aisés, me disait-il; aujourd'hui ce sont des artisans qui travaillent pour le Creusot, ou quelques

rares agriculteurs qui consacrent leurs soins aux champs.
Voyez, parmi les maisons de la rue principale, plusieurs
sont de date très-ancienne, et la façade respire un certain
air d'aisance ; mais la Révolution et l'industrie sont venues, et le bailli s'en est allé. Autres temps, autres
mœurs ! »

Le château démantelé de Montcenis a cédé sa place aux
bâtiments d'une grosse ferme. Autour de la maison, on
voit des pans de muraille encore en place : on dirait des
blocs erratiques, et la poudre aurait peine à y mordre, tant
le mortier a fait prise dans la maçonnerie. De cette éminence, on découvre dans la campagne, sortant du milieu
des arbres, le château de Chalas, aux toits d'ardoise, aux
tourelles élancées. Plus au loin, la vue est bornée par les
montagnes granitiques de l'Autunois et les cimes porphyriques du Morvan.

Sur la route qui relie Montcenis au Creusot, ce ne sont
jusqu'à l'usine que maisons d'ouvriers à gauche et à droite.
ces maisons sont neuves, construites pour une seule famille, et généralement isolées. Les temps sont loin où
d'énormes casernes recevaient un peuple d'ouvriers qui se
gênaient les uns les autres, bien qu'en chambrées isolées.
Les ouvriers de nuit étaient réveillés le jour par les cris des
enfants, les querelles des femmes, et souvent la voix des
maris qui venaient apporter leur part de bruit dans le ménage. Il a fallu renoncer à ce système de vaste caserne-
ment, comme aussi aux logements réunis par petit nombre,
et dont on avait emprunté le type aux cités de Mulhouse.

La cité ouvrière de la Villedieu a été construite par le
Creusot sur le principe de l'entier isolement des ménages,
et dès les premiers jours les ouvriers s'en disputaient les
demeures, à peine lambrissées et couvertes. On aurait dit
qu'ils tenaient à *sécher les plâtres*.

Chaque maison est composée d'une vaste chambre et d'un cabinet carrelés. Au dehors est une cave pour le vin et les provisions, et des mansardes règnent sous les toits. La maison est construite en briques et en pierres; la chambre d'entrée est munie de sa cheminée; une porte donne accès sur le jardin. Les habitations, disposées sur quatre alignements, sont toutes distinctes, et forment autant d'îlots qui dessinent des rues transversales et longitudinales. Cela rappelle, mais en petit, les *quadras* ou carrés de maisons des villes de l'Amérique espagnole.

Près de la cité est le grand étang de l'usine, où la direction permet à l'ouvrier de se livrer aux émotions de la pêche à la ligne, mais non de jeter des filets. En attendant, on envoie dans le lac l'eau de condensation des machines de la forge, qui brûle et rôtit par avance les poissons.

La cité de la Villedieu est un modèle de cité ouvrière. Le Creusot ne l'a adopté qu'après le plus mûr examen. Chaque maison, bâtie à l'entreprise, coûte, avec le jardin, 1800 francs. Le loyer exigé de l'ouvrier représente l'intérêt à 5 pour 100 de ce capital, soit 90 francs par an. Ceux qui ont l'instinct de la propriété ont la faculté d'acheter le logis et ses dépendances. Ainsi s'est réalisé le rêve de quelques économistes sur l'ouvrier propriétaire. Dans tous les cas, peut-on voir rien de mieux combiné pour fixer l'homme au sol? Et que les temps sont loin où le Creusot n'avait, pour ainsi dire, que des cahutes dans sa vallée bruyante! Aujourd'hui, ces primitives demeures ont pris un air de vieillesse qui tranche avec le ton de jeunesse et de santé (qu'on nous passe le mot) des édifices plus modernes. Les travaux souterrains de la houillère ont ébranlé ces maisons déjà décrépites; il faut les soutenir par des étais pour qu'elles ne tombent pas. Jadis ce furent les plus belles du lieu; quelques-unes s'ouvraient joyeuses à tous

les voyageurs de passage. Il y avait alors au Creusot, au
lieu des confortables hôtels qu'on y rencontre maintenant,
une sorte de *Père-la-Tuile,* moitié guinguette, moitié auberge. Ce fut là que s'abrita Daubenton quand il inspecta
la fonderie de Louis XVI; c'était là que descendaient bravement les savants, les métallurgistes de la République et
de l'Empire, quand ils venaient visiter cette usine naissante, déjà si belle pour leurs temps, mais dont les développements sans exemple les étonneraient bien aujour-
·d'hui.

Le Creusot ne s'est pas modifié seulement dans son usine
et ses maisons; il s'est encore embelli. Qui l'a vu il y a
vingt ans ne le reconnaîtrait plus. Il a voulu, lui aussi,
comme Paris sous M. Haussmann, avoir ses boulevards, ses
squares, ses promenades, ses quartiers neufs. L'usine est
éclairée au gaz. La ville a ses conduites d'eau, son aqueduc,
à l'instar des plus grandes cités. Un air pur, de l'eau po-
table, ne sont-ce pas les deux premiers éléments de la
bonne hygiène? Ici l'air est vif, et les courants de l'atmosphère, « ces grands balais du ciel, » se chargent de nettoyer
la vallée de l'usine des brûlantes fumées et des noires pous-
sières. On a voulu que l'eau comme l'air ne laissât rien à
désirer : on a conquis cet heureux résultat. D'ailleurs le climat du Creusot est sain, et les chefs de l'usine remarquent
avec orgueil que la ville a toujours été préservée de l'atteinte du choléra. Il faut croire que les chaudes émanations
distribuées avec tant de libéralité par des milliers de cheminées brûlent les miasmes délétères, propagateurs du
fléau.

A d'autres points de vue, le Creusot est non moins favorisé : pas de gendarmes, pas d'agents de police. La population semble se garder elle-même, et la statistique y
constate, dit-on, une moyenne de moralité plus consolante

que dans la plupart des autres villes. Si le Creusot n'a pas
de gendarmes ni de *policemen*, il a un chemin de fer, ce
qui vaut mieux, et ce que n'ont pas encore tous nos chefs-
lieux de départements. L'usine fournit la part la plus importante du trafic. La ville profite également de cette voie
rapide, soit pour les marchandises qu'elle fait venir du
dehors, soit pour les voyageurs, toujours très-nombreux,
en moyenne deux cents par jour.

Tel est ce centre animé de l'industrie, cette ville curieuse entre toutes, dont la découverte de deux pierres,
un morceau de charbon et un échantillon de minerai de
fer, a marqué la première origine. Le travail a vu naître
cette cité paisible, le travail la développe et la maintient.
C'est là qu'il faut aller étudier l'exploitation des mines, la
métallurgie du fer et la construction des machines. Chaque
année nos écoles savantes y envoient nombre de jeunes
ingénieurs; tous les jours, les praticiens viennent y chercher d'heureuses inspirations. Mais les hommes de métier
n'ont pas seuls des enseignements à tirer du Creusot : en
parcourant la ville, en faisant connaissance avec les habitants, on vient de voir que le moraliste, le philosophe,
l'économiste trouvaient aussi sur ce point le sujet de plus
d'une étude et matière à plus d'une observation.

V

LES MONTAGNES ET LES FILONS.

Les filons métallifères et nos grandes montagnes. — Exploitations autrefois
célèbres. — État actuel de nos mines de plomb et d'argent, de cuivre,
de zinc, d'étain, d'antimoine, de manganèse, d'or. — Les orpailleurs
cévenols. — Les pays de filons. — Un coin de la Lozère : Vialas. —
Tableau de la production de nos usines métallurgiques. — Aluminium,
nickel, cobalt. — Les mineurs et fondeurs de métaux. — La loi des
mines et l'exploitation des filons.

Le moment est venu de terminer ce qui a trait à la richesse souterraine de la France par la description de nos
mines de métaux autres que le fer. Ces gîtes se rencontrent principalement en filons. Les personnes qui ne sont
pas initiées au travail des mines, quand elles se prennent
à rêver de filons, les voient en esprit cachés dans les plus
hautes montagnes, les vallées les plus élevées et les plus
désertes, en un mot dans les lieux les plus inaccessibles.
Le rêve des hommes du monde est une réalité pour les praticiens; les veines métalliques sont d'un accès généralement fort difficile, et nous avons déjà fait observer qu'il
semblait que la nature, en ce cas comme en tant d'autres,
avait voulu faire payer à l'homme le prix de ses faveurs.
C'est dans les massifs schisteux et granitiques de la Bretagne, des Alpes, des Pyrénées, des Vosges, qu'il faut chercher en France nos mines de métaux; c'est autour de cet
immense plateau de granit et de basalte, qu'on nomme le
Plateau-Central, d'où descendent presque tous nos grands
fleuves et d'où se détachent les dômes d'Auvergne, les

plombs du Cantal, la chaîne des Cévennes, les montagnes du Limousin, du Vivarais, du Lyonnais, que le mineur doit porter le pic et le marteau pour découvrir le plomb, le cuivre ou l'argent.

Dès l'époque la plus reculée, notre sol, plus activement, plus fructueusement interrogé qu'aujourd'hui, présentait autour de nos grandes montagnes des exploitations minérales prospères. Quand les Germains, dans leurs sombres forêts, et les Bretons du Cornouailles sur leur rocher de porphyre et de granit, vis-à-vis les Cassitérides, travaillaient le fer, l'argent, le cuivre et l'étain, les Gaulois fouillaient également leurs mines, et les marchands de la Méditerranée, les Phéniciens, les Carthaginois et les Grecs venaient charger des métaux dans nos ports. L'or lui-même, si abondant à cette époque dans la Gaule, était fourni par le lavage des alluvions du Rhin, du Rhône et de quelques ruisseaux échappés des Cévennes ou des Pyrénées. Tous les historiens de l'antiquité, César, Strabon, Pline, Diodore de Sicile, ont parlé de ces exploitations.

Les Romains après les Gaulois, et les seigneurs suzerains de l'époque féodale, les comtes de Foix, de Toulouse, du Rouergue, du Forez, du Lyonnais et du Beaujolais; les ducs de Nevers, de Bretagne, de Lorraine; les rois de Navarre, nos rois eux-mêmes ou leurs favoris, enfin les évêques et les puissantes corporations religieuses de ces temps-là, continuèrent avec profit et l'exploitation des mines et la fusion des minerais. Des ouvertures éboulées ou encore béantes, donnant accès dans des travaux souterrains où l'on employait alors le feu à défaut de la poudre pour désagréger la roche; des scories çà et là éparses, témoins d'un travail de fusion qui dura souvent plusieurs siècles, voilà tout ce qui reste de ce passé d'activité minérale que le présent est loin d'égaler. Les archives de quel-

ques-unes de nos communes, les histoires et les manu-
scrits du moyen âge ont même fixé les dates de certains de
ces travaux et donnent sur eux d'utiles renseignements.
Là tradition orale a conservé aussi plus d'un souvenir se
reportant quelquefois jusqu'à l'époque romaine; enfin les
noms de plusieurs des localités jadis si ardemment fouillées sont restés significatifs.

Sainte-Marie-aux-Mines (Haut-Rhin), dans le massif des
Vosges, a été l'une des plus intéressantes de ces anciennes
exploitations. L'origine des travaux remonte au moins au
dixième siècle, peut-être même au delà, au temps de Da-
gobert et de l'orfévre saint Éloi. Les chantiers, à l'époque
de la plus grande prospérité de ces mines, vers le milieu
du seizième siècle, ont occupé jusqu'à 3000 ouvriers ex-
trayant chaque année pour plus de 400 000 francs d'argent
(6500 marcs), non compris le cuivre et le plomb. L'exploitation fut abandonnée lors de la guerre de Trente-Ans, et
reprise au commencement du dix-huitième siècle. En
1735, elle donnait encore 4445 marcs d'argent, 34 000
livres de cuivre et 223 000 livres de plomb. A l'époque
de la Révolution, les travaux s'arrêtèrent, et n'ont plus
été repris depuis avec succès, malgré diverses tentatives.

Avec ce gîte, jadis si célèbre et dont l'état de complet
abandon fait peine à voir, il faut citer Plancher-les-Mines
et la Croix-aux-Mines (Bas-Rhin), situés tous deux dans
ce même massif des Vosges, autrefois si productif. Le gîte
de Giromagny (Haut-Rhin) donné par Louis XIV à la famille de Mazarin, après le traité de Westphalie, et exploité depuis le treizième siècle jusqu'en 1793, fait également partie du grand massif métallifère des Vosges. Il est
situé, comme Sainte-Marie-aux-Mines, sur le flanc oriental de la chaîne; Sainte-Marie est au nord, Giromagny au
sud, au pied du Ballon d'Alsace (fig. 54).

Dans le département de l'Ariége, nous trouvons Castel-Minier, montagne au nom caractéristique, et les Coffres (du patois *cobre*, cuivre); enfin, l'Ariége elle-même, *Aurigera*, ou la rivière qui charrie l'or. Dans le Limousin il existe diverses localités du nom d'*Aurières* où jadis on exploita l'or et l'étain, dans des placers. Dans le Cantal, nous avons Aurillac, *Auri lacus;* Bourg-Argental, dans la Loire; un second Castel-Minier, dans l'Ardèche, où se rencontrent aussi deux Largentière. L'un de ces derniers gîtes, découvert au douzième siècle, a successivement appartenu aux comtes de Toulouse et aux évêques de Viviers, qui, bien qu'ennemis jurés des mécréants, affermaient leurs mines à des juifs. Cette exploitation ne fut abandonnée qu'au seizième siècle, par suite de la baisse de l'argent, qui fut la conséquence de la découverte des mines d'Amérique. L'autre mine de l'Ardèche, désignée sous le nom de Largentière ou Largentère, fut également arrêtée à cette époque. On conserva dans la localité le souvenir des riches exploitations qui y avaient existé, et quelques écrivains de la fin du seizième siècle se sont plu à la désigner sous le nom d'*Indes françaises*, que d'autres ont aussi donné à nos montagnes pyrénéennes, non moins riches en or et en argent que celles de l'Ardèche.

Ce nom de Largentière abonde dans tous les anciens pays des mines; on le retrouve dans beaucoup d'autres de nos départements, et jusqu'en Corse, où le nom d'*Argentella* a la même signification. En Toscane on cite aussi une localité du nom de l'*Argentiera*. Le gîte le plus célèbre de ce nom en France est aujourd'hui situé dans les Hautes-Alpes. La tradition en fait remonter jusqu'à la domination romaine l'origine de l'exploitation. Au douzième siècle, il appartenait aux comtes de Forcalquier; les évêques et le chapitre d'Embrun avaient une part sur les produits, et

Fig. 54. — Vue du Ballon d'Alsace près les mines de Giromagny, Haut-Rhin, d'après un dessin inédit d'Ed. Collomb. — Les rochers qu'on aperçoit sur les premiers plans sout des blocs erratiques de granit descendus du Ballon.

les Dauphins percevaient une redevance, à titre de dîme, sur l'argent que l'on en tirait. Les travaux furent sans doute fermés à l'époque de la découverte de l'Amérique, et le souvenir de ces mines était presque éteint, lorsqu'en 1785 elles furent retrouvées accidentellement par des gens qui cherchaient des sables de verrerie. Depuis, l'exploitation a passé par différentes phases; elle était très-prospère il y a quelques années, et se trouve encore aujourd'hui dans une bonne situation.

La mine de Vialas, dans la Lozère, celle de Pontgibaud, dans le Puy-de-Dôme, celles de Poullaouen et d'Huelgoët, dans le Finistère, sont également toujours en activité. Toutes ces exploitations donnent du plomb et de l'argent. Elles sont de date très-ancienne, et comme toutes les mines, ont passé par bien des péripéties, vu bien des époques de prospérité ou de ruine se succéder tour à tour.

Largentière, Vialas, Pontgibaud, Poullaouen et Huelgoët, auxquels il faut peut-être ajouter Pontpéan dans l'Ille-et-Vilaine, les Ardillats près de Beaujeu dans le Rhône[1], et quelques autres mines dans l'Ariége, les Basses-Pyrénées, le Gard, l'Isère, la Loire, la Charente, toutes de création récente et de marche incertaine, intermittente, voilà donc où nous en sommes réduits après le glorieux passé de nos exploitations de plomb et d'argent. Où sont les mines d'argent des Challanches, dans l'Isère, naguère florissantes? Où sont toutes celles de l'Auvergne? et celles de Melle, dans les Deux-Sèvres, déjà ouvertes sous Charles le Chauve, qui, du neuvième au dix-septième siècle, pourvurent à l'entretien d'un hôtel des monnaies! Que sont dé-

---

1. On y traite le plomb et le cuivre argentifères. Voir sur cette mine une notice intéressante de M. l'ingénieur Lamy (*Bulletin de la Société de l'industrie minérale*, tome XIII, 1868).

venues celles de Chitry, dans la Nièvre, exploitées dès 1495, et qui donnèrent lieu, jusqu'à la fin du dix-septième siècle, à l'une des exploitations les plus considérables de la France? Et celles de Rouergue, qui produisaient le plomb, le cuivre et l'argent, entretenaient les hôtels des monnaies de Rhodez et de Villefranche, et qui, fouillées dès l'époque gauloise, ne s'arrêtèrent qu'avec les désastres provoqués par les guerres de religion dans la seconde moitié du seizième siècle? Toutes ces mines, qui sont nbie loin d'être épuisées, sont cependant aujourd'hui fermées, comme les deux Largentière de l'Ardèche, et Giromagny, et la Croix–aux–Mines, et Sainte-Marie-aux-Mines. La mousse couvre leurs déblais, toutes les galeries sont éboulées, les antiques fonderies ne sont plus qu'un monceau de ruines, quand les ruines elles-mêmes n'ont pas disparu!

Après les mines de plomb et d'argent viennent celles de cuivre, pour lesquelles pareillement notre passé a été aussi beau que l'état présent est triste et précaire. La France ne fournit presque plus de cuivre, et les mines des Vosges ainsi que celles de Chessy et de Sainbel, près de Lyon, naguère encore en grande activité, ne sont plus dignes d'être citées. On peut dire que l'on ne tire plus de ces dernières que de la pyrite cuivreuse très-pauvre, unie à de la pyrite de fer; celle-ci est expédiée sur une fabrique de vitriol où elle supplée à l'emploi du soufre. L'exploitation de ces mines date peut-être de l'époque gauloise. Au moyen âge, elles furent la propriété de l'argentier de Charles VII, Jacques Cœur, qui fouilla aussi d'autres gisements dans le Lyonnais et le Beaujolais. Il gagna dans cette industrie, ainsi que dans la ferme des monnaies, une partie de son étonnante fortune, qui devait lui susciter tant d'envieux et le perdre dans l'esprit du roi.

Comme celle du cuivre, la production du zinc et de
l'étain nous manque également aujourd'hui, ou à peu près.
Ces deux métaux ont cependant une grande importance,
et l'on sait quelle extension a prise depuis quelques années la fabrication du zinc en Belgique et en Espagne,
quels revenus elle procure à ces deux pays, en même
temps qu'elle a créé pour leurs populations ouvrières une
source nouvelle et féconde de travail. Le zinc et l'étain
pourraient s'exploiter avec profit en France, le premier
dans les Alpes et les Cévennes (on en travaille quelques
mines dans l'Isère et dans le Gard), le second dans les
montagnes du Limousin et de la Bretagne, où les premiers peuples de la Gaule l'ont fondu sur des points
très-nombreux. Les Phéniciens venaient le charger à
l'embouchure de la Loire et le portaient dans tout le
bassin de la Méditerranée, où il rivalisait avec l'étain de
l'Espagne et de la Grande-Bretagne, également importé
par les marins de Tyr. Allié au cuivre, l'étain formait le
bronze d'un usage alors si répandu. Dans les sables et les
galets qui se montrent si fréquemment sur certaines parties du rivage du Morbihan et de la Loire-Inférieure, à Penestin [1], à Piriac, on trouve encore aujourd'hui du minerai
d'étain, détaché très-probablement de filons sous-marins
en relation avec les filons stannifères superficiels qui recoupent les granits. C'est ce minerai d'alluvion que les
anciens ont partout exploité, soit sur les côtes, soit dans
l'intérieur du pays, notamment à la Villeder, près de
Ploërmel (Morbihan), où existe une des mines d'étain les

---

1. Penestin (en breton *Pen-staen*) signifie le Cap de l'Étain. Il est intéressant de remarquer que le mot breton servant à désigner l'étain, *staen*,
se retrouve plus ou moins reconnaissable dans presque toutes les langues
européennes : le latin, l'italien, l'espagnol, le français, l'allemand, l'anglais, etc., sous les formes *stannum, stagno, estaño, étain, zin, tin.* etc.

plus remarquables et les plus étendues qu'on connaisse.
A Vaury, dans la Haute-Vienne, on trouve aussi un gîte
d'alluvion ou placer très-anciennement fouillé. Enfin il y
a dans la Haute-Vienne, comme dans le Morbihan, des
gîtes en filons. Ce sont des veines de quartz, assez riches
en oxyde d'étain ou cassitérite. Elles ont été exploitées
dans le Morbihan il y a quelques années, et le sont maintenant dans la Haute-Vienne par une autre compagnie.

Les minerais d'antimoine, dont nous possédons en
France de nombreux gisements, sont traités dans quelques-uns de nos départements, comme la Lozère, le Puy-
de-Dôme, le Cantal, l'Ardèche, la Haute-Loire. La Lozère
a souvent envoyé fondre son minerai dans le Gard. La
Corse, qui en produit aussi, expédie le sien à Marseille.
Partout les exploitations sont conduites avec tiédeur, et le
régule (c'est le nom que les alchimistes ont donné à l'antimoine qu'ils ont découvert) n'a du reste qu'un emploi
très-limité. On sait qu'allié au plomb, auquel il commu-
nique de la dureté, l'antimoine sert à fondre les caractères d'imprimerie, et que, mêlé au cuivre, à l'étain, au
bismuth et au nickel, il entre dans la fabrication du métal
blanc ou métal anglais. Ce sont là, avec quelques prépa-
rations de laboratoire et de pharmacie, à peu près tous les
usages auxquels il a été jusqu'ici appliqué. On a vainement
essayé de faire avec l'oxyde d'antimoine du blanc pour la
peinture, pour rivaliser avec la céruse (blanc de plomb)
et le blanc de zinc, ou de retirer économiquement le soufre du sulfure, comme on le fait avec les pyrites de fer et
de cuivre.

Les minerais de manganèse, dont il existe dans le département de Saône-et-Loire, ainsi que dans l'Aube et l'A-
riége, des gîtes très-importants et très-activement exploités, méritent d'être mentionnés (planche I, 2 et 3). On les

envoie dans les fabriques de produits chimiques, et depuis
quelques années on les jette dans les hauts fourneaux avec
les minerais de fer, dont ils bonifient singulièrement la
qualité en donnant des fontes blanches, aciéreuses.

Pour terminer le catalogue de nos exploitations minières, rappelons le lavage de l'or autrefois très-fructueux
sur plusieurs de nos cours d'eau, tels que le Rhin, dans
les plaines de l'Alsace, le Rhône, entre Lyon et Tournon,
ainsi que sur presque tous les ruisseaux du versant méridional des Cévennes et ceux qui sillonnent la lisière septentrionale des Pyrénées. Le traitement des alluvions aurifères a aujourd'hui presque partout disparu. Il formait
dans l'Ariége et le Gard une industrie locale dont l'extinction est regrettable à plus d'un titre. Dans le Gard, on
retrouve d'immenses tas de déblais provenant de ces anciens
lavages. La tradition, ou plutôt la légende, les attribue aux
Anglais, qui n'ont jamais dominé dans le pays; mais ils
pourraient bien remonter à l'époque gauloise, ou tout au
moins romaine. Les travaux sur tous ces placers furent
très-étendus au moyen âge, notamment dans l'Ariége, et
ne diminuèrent d'importance que lors de la découverte de
l'Amérique. Toutefois, en 1700, la monnaie de Toulouse
recevait encore 50 kilogrammes d'or, soit une valeur de
150 000 francs, des orpailleurs de Pamiers. En 1762, la
quantité avait diminué de moitié.

La cueillette de l'or n'a jamais cessé tout à fait dans nos
provinces, et l'on retrouve encore, le long des Pyrénées et
des Cévennes, quelques rares orpailleurs restés fidèles à la
sébile. Formés de père en fils à la pratique de ce curieux
métier, ils en conservent religieusement toutes les traditions. J'ai rencontré moi-même dans le Gard, en 1864,
les deux derniers représentants peut-être de cette industrie expirante. Ils composaient à eux deux un type fort

original. Deleuze et Mathieu (c'étaient leurs noms) ne travaillaient jamais ensemble. Le placer de l'un n'était pas
celui de l'autre, et nos deux orpailleurs se jalousaient vive-
ment, comme il convient entre gens de même métier. Habiles à manier la large sébile de bois au moyen de laquelle on
lave l'or (fig. 55) et qui doit être aussi vieille que le monde,
car je l'ai retrouvée en Amérique aux mains des mineurs
espagnols, qui l'auront reçue de leurs pères d'Europe,
Deleuze et Mathieu, munis aussi d'un pic et d'une pelle,

Fig. 55. — Sébile à laver l'or des orpailleurs des Cévennes. — Échelle 1/10.

allaient flairant, flânant, le long de ruisseaux du pays, la
Cèze, la Gagnière. C'était surtout après les jours d'orage
qu'on les voyait apparaître, quand les eaux, subitement
accrues, avaient lavé les sables et remué le lit des ravins.
Rien n'échappait à leurs yeux de lynx, et la plus mince
paillette cachée entre les bancs de schiste ou de grès, au
tournant d'un ruisseau, attirait immédiatement leurs regards. On aurait dit qu'elle produisait sur eux l'action de
l'aimant sur le fer. La sébile, entre les mains de ces
laveurs, dansait et tournoyait dans l'eau comme entre les
mains du Chilien ou du Mexicain le plus expert, et la plus
microscopique parcelle aurifère se retrouvait invariablement au fond de la sébile, après le départ des sables.
Jamais, même en Californie, je n'ai vu de plus habiles la-

veurs que mes orpailleurs cévenols ; c'étaient tous deux de vrais artistes, et ils étaient dignes d'un plus grand théâtre. Indifférents au monde extérieur, fiers de connaître seuls les bons endroits et tous les secrets du métier, dédaignant de faire autre chose que de laver de l'or, ils ne trouvaient d'attraits que dans leurs placers. N'ayant pas d'enfants, ils ne formaient pas même d'élèves. La trouvaille était rarement bonne, hormis après les jours de grande pluie où elle pouvait tout d'un coup atteindre une valeur de 15 à 20 francs ; mais chaque laveur certainement ne gagnait pas dans ses recherches, un jour dans l'autre, plus de 2 à 3 francs par journée.

L'inébranlable attachement de ces orpailleurs des Cévennes à leur premier métier nous dévoile tout un côté de la vie des mines métalliques sur lequel il est bon d'insister. Le mineur aime son état malgré les fatigues qu'il y endure. Il est rare qu'il en choisisse un autre, et j'ai toujours vu, en Californie, le laveur des placers, après s'être fait marchand, agriculteur, cafetier (chacun a fait un peu de tout dans ce pays), revenir à son *rocker*[1] et à sa *batea*[2]. Il y a dans la recherche souterraine des métaux quelque chose qui tient du jeu. La réussite favorise l'un des penchants les plus curieux de notre nature, celui de l'imprévu, et le mineur, après une heureuse trouvaille, même quand elle n'est pas pour lui et appartient à son patron, est aussi content que le joueur qui vient de faire un beau coup. Et puis dans le travail des mines, qu'il ait lieu au dehors ou sous terre, l'ouvrier est pour ainsi dire son maître, il est

1. Appareil oscillant ou berceau, qui sert à laver l'or, et qui a été importé, dit-on, par les Chinois.
2. C'est le nom que les mineurs hispano-américains donnent à la sébile avec laquelle on lave les terres aurifères. Les mineurs français disent *battée*.

payé la plupart du temps d'après l'œuvre produite, et il se sent en quelque sorte libre et indépendant. Au sortir des chantiers intérieurs, c'est la vie au grand air, dans la montagne, sous les noirs sapins, sous les hêtres touffus ou les frais châtaigniers, au pied du torrent écumeux. Devant un tel spectacle, le mineur satisfait préfère de beaucoup son sort à celui de l'ouvrier des villes.

Les pays de mines sont toujours des plus pittoresques, car les filons aiment les lieux accidentés. Que de beaux points de vue dans les Cévennes, dans les Alpes, dans les Vosges, dans les montagnes de l'Auvergne! Ici c'est la mine et l'usine de Pontgibaud qui se détachent au milieu de la chaîne des Puys et des monts Dore, aux cimes couvertes de neige ou couronnées de vieux châteaux. Dans les Vosges, ce sont les anciennes mines de cuivre, de plomb et d'argent dont il a été parlé et les fameuses mines de fer de Framont. Toutes ces mines sont situées aux flancs de la chaîne des Vosges, sur l'un et l'autre versant, au milieu même des Ballons. Les antiques souvenirs qu'elles rappellent se mêlent aux impressions que produit un paysage des plus enchanteurs. Nous avons déjà plusieurs fois mentionné les grès rouges des Vosges, et le cachet ineffaçable qu'ils impriment à nos départements de l'Est (fig. 56).

Dans les Alpes (Savoie, Isère, Hautes-Alpes), ce sont des mines aux flancs de toutes les montagnes, jusqu'au bord des glaciers. Le mineur doit avoir la jambe solide, et veiller à lui pour n'être pas pris par les avalanches. Les filons courent à travers le granit et les schistes, mêlés de quartz et de calcaire. C'est tantôt du cuivre ou du zinc, tantôt du plomb ou de l'argent, quelquefois de l'or, du mercure, et même du nickel, du cobalt, du platine. Les gîtes, aujourd'hui presque tous inexploités, se rencontrent dans l'Isère et les Hautes-Alpes, à Vizille, à Vaul-

Fig. 56. — Porte de pierre de Katzenkopf, dans la chaîne des Vosges, près Prainec (Bas-Rhin), d'après un dessin original.

naveys, à Séchilienne, au Theys, aux Challanches, à la
Gardette, au Bourg-d'Oisans, à Laffrey, à Lamotte, à
Saint-Arey, à Saint-Bonnet, à Largentière, partout, le
long des flancs de ce mur gigantesque qui nous sépare
de l'Italie. En Savoie on cite les mines de cuivre de Saint-
Georges d'Huretières, celles de plomb et d'argent de Macot
et de Pesey, celles de fer de la Maurienne. Les contre-
forts porphyriques et granitiques qui bordent le littoral du Var ne sont pas moins favorisés. Dans ce dernier
département, de Toulon à Antibes, à Collobrières, à Co-
golin, au Luc, à Vidauban, etc., on rencontre le fer, le
cuivre, le plomb, l'argent, le chrôme, le manganèse : les
montagnes des Maures et de l'Estérel se montrent les
dignes sœurs des Alpes.

Dans les Cévennes, le spectacle change, mais reste toujours saisissant. C'est vers ces lieux que me reportent mes
premiers souvenirs de mineur. En 1852, allant à pied
des hautes mines de houille de Champclauson, dans le
Gard, aux mines de plomb et d'argent de Vialas, dans la
Lozère, je partis du vieux château de Portes, par une de
ces belles après-midi d'automne comme on en voit tant
dans le midi. Je laissai bientôt les grès houillers et les couches de schistes noirs et de charbon pour entrer dans le
terrain granitique. Tournant à gauche et remontant le torrent de Vialas, j'avais devant moi les monts ardus de la
Lozère qui font partie du massif des Cévennes. D'un côté
le roc des Aigles, de l'autre le collet de Dèze élevaient jusqu'à près de 2000 mètres leurs flancs déchiquetés. Le granit prenait au soleil couchant ces tons d'opale qui lui sont
propres, et la couleur sombre des micaschistes, çà et là
coupés par quelque veine blanche de quartz, se détachait
vigoureusement dans le paysage. Les châtaigners, les hêtres, et sur les plus hautes cimes les noirs sapins, au pied

desquels poussaient les vertes graminées servant de manteau au roc, encadraient admirablement le tableau. Dans
une anfractuosité profonde ouverte entre les granits, qui
s'étendaient à gauche et à droite comme deux immenses
murailles, on entendait mugir le torrent; on l'entendait
sans le voir, et parfois seulement, au détour du chemin,
on apercevait au fond de l'abîme, loin, bien loin, comme
un flocon d'écume autour d'énormes galets. Sur les flancs
de la vallée, des moutons allaient paissant, et le jeune pâ-
tre qui les menait s'essayait à des airs champêtres sur un
rustique chalumeau. Le long de la route, il y avait de pauvres cahutes dont les toits étaient couverts de plaques de
schiste en guise de tuile ou d'ardoise. Je traversai un petit
village et j'arrivai le soir à Vialas, où l'hôtel des Mines,
étonné de voir un voyageur, m'ouvrit sa porte à deux bat-
tants.

Le lendemain et les jours d'après, je visitai les travaux,
inaugurés ou du moins repris au siècle dernier par des ouvriers allemands qui ont fait souche dans le pays. Au dehors courent les affleurements des filons dont deux sont
stériles et reconnaissables à leurs murailles de quartz. Le
filon dit des Anciens rappelle par son nom l'ancienneté de
cette exploitation. J'entrai dans la mine par une galerie
horizontale, j'allai de l'un à l'autre étage par les échelles
et parcourus les gradins d'abatage. Le minerai, au sortir
des chantiers, était enrichi par la préparation mécanique,
broyé sous d'énormes pilons en fonte ou bocards, puis conduit avec de l'eau sur des tables qu'on nomme dormantes
et à secousses, enfin dans des labyrinthes. Dans le parcours
l'eau abandonnait peu à peu les matières les plus lourdes,
et c'est ainsi que le minerai était séparé de la partie ter-
reuse, stérile, qu'on appelle la gangue.

De l'atelier de préparation mécanique, les *schlichs* et

les *schlamms* (c'est le nom, tiré de l'allemand, qu'on donne aux sables et aux boues ainsi enrichis en plomb et en argent) étaient portés à la fonderie. Là, le minerai était d'abord grillé au four à réverbère pour le débarrasser de la majeure partie du soufre qu'il renfermait et provoquer des réactions chimiques aidant plus tard à la fusion. Ensuite on le jetait dans le four à manche, ainsi nommé parce qu'il est formé d'une cuve droite, une véritable manche, où descendent ensemble le minerai, le fondant et le charbon. Dans le bassin de coulée se rassemblait le métal allié à l'argent : le plomb d'œuvre. En dernière analyse, l'opération de la coupellation, conduite à l'allemande, c'est-à-dire dans un four à sole ou coupelle fixe et à voûte mobile, terminait le traitement métallurgique, en séparant l'argent du plomb, et transformant celui-ci en oxydes ou litharges. Cette méthode donnait, quand je visitai le pays, peu de bénéfices. Depuis, grâce à une habile et savante direction, celle de M. Rivot dont la métallurgie française déplore la perte récente, les opérations ont été modifiées, perfectionnées, la mine plus largement ouverte, et Vialas est entré dans une voie des plus prospères. Cet exemple prouve entre beaucoup d'autres que nos mines métalliques ne sont pas épuisées, qu'elles peuvent voir renaître pour elles les beaux jours du passé, enfin qu'elles peuvent lutter et marcher de pair avec celles si fameuses de l'Angleterre et de l'Allemagne. Il suffit de vouloir, et d'unir au capital nécessaire pour les travaux l'intelligence, la patience et le courage qui mènent à bonne fin les affaires les plus difficiles.

Malheureusement l'exemple de Vialas n'a pas encore trouvé chez nous beaucoup d'imitateurs. Aussi la production des métaux autres que le fer, c'est-à-dire le cuivre, le plomb, l'argent, l'or, l'étain, l'antimoine, l'aluminium, le zinc, le manganèse, est-elle loin d'offrir en France (à part les trois derniers métaux d'application récente) un tableau aussi satisfaisant que dans les siècles passés. Encore moins ce tableau pourrait-il être opposé à celui de la production de nos houillères, de nos mines et de nos usines à fer. Cependant l'élaboration du zinc, du cuivre, du plomb et de l'argent va chez nous depuis quelques années en progression ascendante, mais ici nous tirons de l'étranger la plus grande partie des matières premières. Ainsi, presque tout le zinc nous vient de Belgique, de Silésie, d'Espagne, à l'état de métal brut ou de minerai riche; de même, presque tout le cuivre que nous traitons arrive de Bolivie ou du Chili, à l'état de minerai exceptionnellement riche, comme le cuivre oxydulé, ou de mattes (sulfures enrichis) et de métal brut (cuivre noir, cuivre rosette). Toutes ces matières, nous les fondons et les affinons avec de vieux cuivres, pour en entreprendre ensuite le laminage. Nous recevons aussi des cuivres de Toscane, à l'état de minerais ou de mattes. Quant au plomb et à l'argent, outre les mines indigènes déjà citées, nous nous pourvoyons également à l'étranger, notamment en Espagne, en Italie, et les usines qui traitent ces minerais affinent aussi quelquefois les cendres d'orfévre.

L'Algérie nous expédie des minerais de plomb et de cuivre. Les fameuses mines de Mouzaïa ne sont que trop connues. Les autres gîtes métallifères de l'Algérie sont ceux de Ténez pour le cuivre; la Calle ou Kef-oum-Theboul (carte XI, 1), et Gar-Rouban, pour le plomb et l'argent. L'Algérie possède de plus des mines de mercure et d'antimoine qui ont été un moment travaillées. Elle est enfin très-riche en fer, et nous avons déjà parlé des célèbres gîtes de Mokta-el-Haddid.

La Corse, si elle était mieux exploitée, ou plus libéralement soutenue, pourrait être comme l'Algérie l'un de nos principaux centres d'approvisionnement en minerais métalliques.

Elle renferme du fer, du plomb, du cuivre, de l'argent, du mercure, de l'antimoine. On y a même trouvé du charbon de terre, de la vraie houille qui manque encore dans l'Afrique française.

Toutes ces mines, à l'exception de celles d'antimoine du cap Corse, sont aujourd'hui complétement abandonnées.

Les minerais de plomb et d'argent, de cuivre, de zinc, que nous tirons de l'étranger sont surtout traités dans nos grands ports de mer, au Havre, à Nantes, à Bordeaux, à Marseille; mais il y a aussi des usines dans les Ardennes, l'Aveyron, la Charente, l'Eure, la Haute-Garonne, le Nord, le Pas-de-Calais, la Seine.

Les plus beaux, les plus nombreux de nos établissements métallurgiques sont à Marseille. C'est là qu'a été pour la première fois pratiquée en France, sur les plombs pauvres d'Espagne, la célèbre méthode de cristallisation due à l'Anglais Pattinson, et qui porte le nom de pattinsonnage[1].

En somme, le bilan de notre production en métaux autres que le fer est digne à peine d'être mentionné, bien que l'exploitation des mines métalliques françaises soit en progrès depuis quinze ans. Il se résume ainsi en nombres

---

1. M. Pattinson avait remarqué, dès 1829, que lorsqu'on agite un bain de plomb argentifère fondu, et maintenu à une température un peu au-dessus du point de fusion, la matière se sépare en deux parties, l'une cristalline, qui s'appauvrit en argent; l'autre liquide, qui s'enrichit. En reprenant l'opération sur cette dernière, après avoir écumé les cristaux, et continuant de la sorte, on arrive à n'avoir plus que des plombs très-riches en argent, d'où l'on peut alors économiquement retirer le précieux métal. La méthode est aussi ingénieuse que simple; mais il fallait la trouver.

ronds, pour 1864, la dernière année dont les états statistiques officiels ont été publiés.

TABLEAU DE LA QUANTITÉ ET DE LA VALEUR DES MÉTAUX AUTRES
QUE LE FER PRODUITS EN FRANCE EN 1864.

Métal produit.	Quantité.	Valeur en francs.
Plomb................	17 196 tonnes métriques[1] ...	8 967 000
Cuivre..............	16 415 —	39 494 000
Zinc...............	1 443 —	772 000
Argent.............	33 608 kilogrammes[2]......	7 441 000
Or.................	765 510 grammes[3].........	2 602 000
Aluminium	1 200 kilogrammes[4]......	90 000
Nickel et cobalt.....	4 700 — [5]	12 000
Total de la valeur des métaux autres que le fer produits en France, en 1864......................		59 378 000

La quantité de plomb et de cuivre marquée dans ce tableau vient en partie, on le sait, de minerais ou de métaux bruts importés ; de même pour l'argent et l'or, qui appartiennent en grande partie à des minerais ou à des plombs argentifères ou aurifères venus de l'étranger. Le tableau ci-dessus, tout insignifiants qu'en sont les chiffres, accuse donc encore une situation meilleure qu'elle n'est réellement.

Les quantités produites en minerais d'étain, d'antimoine, de manganèse n'ont pas été portées sur le tableau. Pour les deux premiers de ces métaux, les chiffres ont été à peu

1. Y compris 276 tonnes de litharge évaluées 124 000 francs.
2. Le kilogramme d'argent fin vaut 222 fr. 22 c.
3. Le gramme d'or pur vaut 3 fr. 44 c.
4. Ce métal est produit dans une seule usine, à Salindres, près d'Alais, dans le Gard. On traite dans cet établissement un minerai particulier, la bauxite ou aluminate de fer, qu'on rencontre en France dans les Bouches-du-Rhône, aux Baux, non loin d'Arles.
5. Le nickel et le cobalt sont exploités dans l'Isère, où on les retire de mattes cuivreuses. Ces deux métaux entrent dans la fabrication de l'alliage connu sous le nom de métal blanc ou anglais.

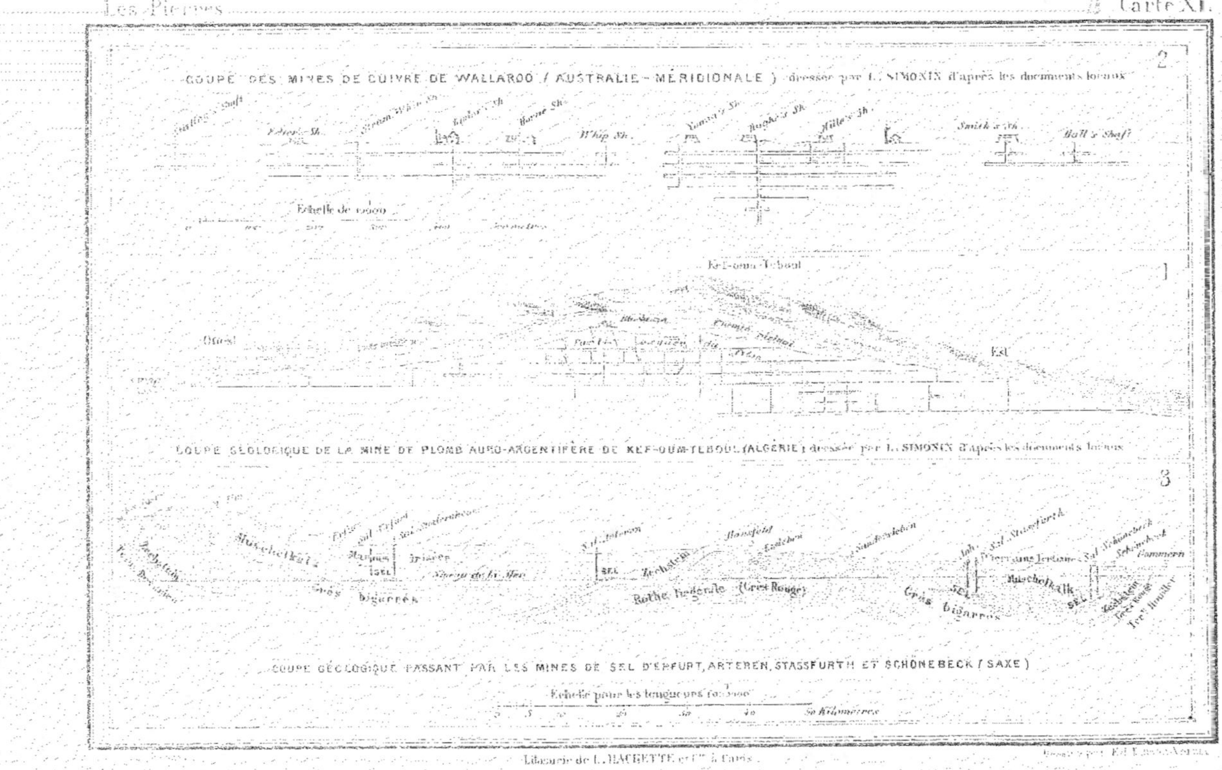
2
COUPE DES MINES DE CUIVRE DE WALLAROO (AUSTRALIE – MÉRIDIONALE) dressée par L. SIMONIN d'après les documents locaux
Grating's Shaft
Edwar's Sh.
Green White Sh.
Taylor's Sh.
Horne Sh.
Whip Sh.
Yamsey's Sh.
Hughes' Sh.
Miller's Sh.
Smith's Sh.
Ball's Shaft
Échelle de 10500
1
Kef-oum-Teboul
Ouest
Est
COUPE GÉOLOGIQUE DE LA MINE DE PLOMB AURO-ARGENTIFÈRE DE KEF-OUM-TEBOUL (ALGÉRIE) dressée par L. SIMONIN d'après les documents locaux
3
Muschelkalk
Roth-Liegende (Grès Rouge)
Grès bigarrés
Zechstein
Mansfeld
Sel
SEL
SEL
Grès bigarrés
Muschelkalk
SEL
COUPE GÉOLOGIQUE PASSANT PAR LES MINES DE SEL D'ERFURT, ARTERN, STASSFURTH ET SCHÖNEBECK (SAXE)
Échelle pour les longueurs 1:1000000
5   10   20   30   40   50 Kilomètres

près nuls ; pour le dernier, la quantité totale n'a pas atteint 3000 tonnes, chiffre insignifiant, si l'on réfléchit que le minerai de manganèse n'a guère plus de valeur que le minerai de fer.

Le nombre des ouvriers attachés à nos mines métalliques et à nos usines à métaux est d'environ 9000. Leur salaire moyen est de 3 fr. 50 c. par jour. Ces ouvriers sont loin d'être disciplinés comme ceux des houillères ; ils n'ont même pas les qualités qui distinguent encore ceux des usines à fer ; ils sont surtout moins sédentaires, et il y a parmi eux beaucoup d'ouvriers étrangers. A Pontgibaud, par exemple, on rencontre des Allemands et des Anglais ; à Vialas, on retrouve aussi des ouvriers d'origine allemande. Dans les usines à plomb de Marseille, il y a beaucoup d'Anglais, d'Espagnols ; dans les usines à zinc du Gard, des Belges ; dans les mines des Alpes, des Piémontais. D'une force herculéenne, d'une habileté rare à manœuvrer la masse et le fleuret, les Piémontais sont difficiles à conduire, donnent sujet à beaucoup de plaintes, et souvent des rixes fâcheuses éclatent entre eux ou avec les autres ouvriers. On occupe, on garde ces travailleurs turbulents, car la tradition des mines métalliques et des usines à métaux s'est presque perdue chez nous, et il faut, pour exploiter le peu de ces mines et de ces usines que nous tenons ouvertes, aller souvent emprunter les ouvriers spéciaux au dehors.

Mais ce ne sont pas des bras seulement, c'est la presque totalité des métaux usuels nécessaires à sa consommation que la France va demander à l'étranger. Elle ne peut suffire à ses besoins que pour le fer. Cette infériorité dans l'industrie métallurgique ne saurait s'expliquer par la situation difficile et l'allure incertaine de nos gisements, qui sont ici ce qu'elles sont partout, et que l'on a souvent invoquées à tort comme une excuse. Le manque d'une

connaissance suffisante ou traditionnelle des travaux souterrains, les vices d'une mauvaise direction financière,
que l'on a aussi opposés à nos exploitants, ne sont pas non
plus des raisons qui nous soient particulières, et qu'on
puisse appliquer chez nous à tous les cas. Encore moins
pourrait-on arguer de l'épuisement des filons; l'histoire, on
le sait, assigne d'autres causes à l'arrêt de nos exploitations. A quoi donc faut-il attribuer un état de choses, qui
est d'autant plus regrettable que certains métaux, par
exemple le cuivre et le plomb, ne sont pas moins indispensables que le fer à la défense des États?

La plupart des inconvénients qui arrêtent en France
l'essor de nos exploitations minières sont dus, nous le
croyons, à notre loi des mines. Par la façon dont on a
l'habitude de l'interpréter, cette loi pèse de tout son poids
sur les demandeurs en concession[1]. On les soumet à des
formalités sans nombre, on se montre vis-à-vis d'eux plein
d'exigences. Une apposition solennelle d'affiches a lieu
pendant quatre mois dans la commune qu'habite le demandeur, dans celles où sont situées les mines, au chef-
lieu de l'arrondissement, au chef-lieu du département.
On poursuit avec éclat l'instruction d'une affaire qui ne
devrait s'étudier, pour ainsi dire, qu'à huis clos, afin d'é-
viter les convoitises, les jalousies qu'elle soulève inévita-
blement. La publication de la demande est renouvelée à
son de trompe ou de tambour, tous les dimanches, à la
porte des églises paroissiales et consistoriales. On semble
appeler à tout prix des opposants, des concurrents. Jamais
la bureaucratie ne s'est montrée plus méticuleuse, on pourrait dire plus soupçonneuse.

1. On sait que les mines n'appartiennent point en France au propriétaire du sol; l'État les concède, après une enquête, à ceux qui en font la
demande.

La demande s'instruit lentement, très-lentement. Les ingénieurs des mines, les maires, le sous-préfet, le préfet, le conseil des mines, le conseil d'État sont successivement appelés à donner leur avis, avant que le chef de l'État signe le décret de concession. Pendant ce temps les demandeurs attendent, incertains de leur sort. On leur délivre quelquefois des permis de recherches pour leur faire prendre patience, et alors seulement ils ont la faculté de porter le pic sur le filon, objet de tous leurs désirs. Un autre permis est indispensable pour vendre ou élaborer les produits. Le demandeur ne sera tout à fait libre (sauf à se conformer aux lois et règlements qui régissent la matière, et ils sont nombreux) qu'une fois la concession obtenue. Il est à notre connaissance que l'instruction de certaines demandes en concession a ainsi duré six et huit ans, même dix. Le minimum est toujours au moins de deux ans, dans les cas les plus favorables, et encore, jusqu'à la dernière heure, un concurrent plus heureux que le premier demandeur peut obtenir la préférence.

On a faussé l'esprit de la loi, et de telles lenteurs de la part de l'administration n'étaient guère dans l'idée de Napoléon Ier quand il élabora la loi des mines de 1810, à laquelle il travailla lui-même si résolûment et avec tant d'intelligence. Mais avec nos besoins actuels il faut encore aller plus avant. La grande industrie n'est apparue en France qu'à notre époque; pour prospérer, elle a besoin d'une certaine liberté d'allures. On parle de décentralisation administrative : voilà un point par où commencer.

Le préfet seul, sur l'avis de l'ingénieur des mines du département, devrait être appelé à délibérer sur une demande en concession des mines. En Espagne, où ce procédé expéditif et si rationnel a été admis, une concession est délivrée, dans les deux mois au plus de la demande, par le gouverneur de la province, après une instruction où l'ingénieur des mines du district est seul consulté. Naguère encore c'était l'alcade lui-même qui, sur l'heure et sur la présentation d'un échantillon du minerai, délivrait une concession ou *pertenencia*. Cette façon de procéder a produit de merveilleux résultats, et les capitalistes étrangers, nos banquiers eux-mêmes, ont prêté leur argent aux mines espagnoles; tandis que le bruit court en France que nos mines sont épuisées et qu'il n'en existe même pas du tout.

Je passe sous silence une foule d'agiotages auxquels a donné lieu chez nous l'obtention de certains décrets de concession, grâce aux signatures dont ils étaient revêtus, et qui semblaient consacrer l'existence et même la fécondité d'un gîte quelquefois imaginaire. Tout cela n'a pas peu tendu à discréditer nos mines métalliques, à détruire chez nous tout esprit d'entreprise au moins sur nos filons indigènes. Parmi tous nos grands industriels, il n'en est aucun, à cette heure, qui consente, à moins de raisons spéciales, à se porter demandeur d'une concession ; il n'en est aucun qui ne se plaigne hautement de tous les vices qui existent ou plutôt qui ont été apportés dans notre loi des mines.

En Angleterre, aux États-Unis, en Toscane encore à présent, où le propriétaire du sol est propriétaire du dessous; dans la Prusse Rhénane, en Belgique, dans le Piémont, où des règlements analogues aux nôtres sont appliqués avec un esprit de libéralité et de promptitude qui devrait bien nous servir d'exemple; en Californie et dans tous les États ou territoires du *far-west* américain; au Chili et dans toutes les républiques de l'Amérique du Sud, où des mesures expéditives, rappelant celles adoptées en Espagne, sont en usage sur toutes les mines, les inconvénients que nous venons de signaler n'existent pas. Aussi, dans tous ces pays, aucune mine ne reste inexploitée. Indiquer de pareils faits, n'est-ce pas suffisamment annoncer où est le remède au mal ? Les nations étrangères ont assez souvent et assez largement emprunté à nos codes, pour que nous ne rougissions point à notre tour d'aller demander des inspirations à quelques règlements spéciaux en usage dans ces contrées rivales. L'Espagne, la Prusse Rhénane nous offrent les meilleurs exemples à imiter pour la concession de nos mines indigènes, et les États-Unis pour celle de nos mines coloniales.

Il faut reconnaître que les mines de charbon ont eu moins à souffrir en France de tous nos règlements administratifs que les mines métalliques. C'est d'abord que la plupart des houillères réellement productives étaient en exploitation suivie depuis des siècles lorsque furent élaborées les lois des mines de 1791 et de 1810, auxquelles on ne pouvait donner un effet rétroactif, tandis que nos mines de métaux, ayant été aveuglément concédées par l'État à des favoris, étaient alors depuis longtemps abandonnées. Ensuite, pour une houillère, il ne peut guère exister de doute sur la présence du combustible en telle ou telle quantité et sur la qualité elle-même. La demande obtenue, on peut presque toujours commencer immédiatement l'exploitation. Il n'en est pas de même pour une mine métallique, où souvent de très-grands frais sont à faire avant d'arriver au résultat désiré, c'est-à-dire à la découverte certaine du gîte. Or nous avons vu quelquesuns de nos ingénieurs du corps impérial des mines sembler prendre plaisir à augmenter encore ces frais, où du moins se montrer plus difficiles que la loi ellemême, en exigeant des demandeurs en concession des travaux de recherches fort coûteux, et jusqu'à une préparation mécanique du minerai, pour s'assurer si celui-ci

était utilement exploitable. Eh! mon Dieu! laissez les
chercheurs se ruiner si tel est leur bon plaisir. La ruine
ici ne tombe que sur eux; elle profite à autrui. Ces généreux, ces hardis exploitants, par les travaux qu'ils poursuivent, font vivre souvent toute une pauvre commune.

Il est donc temps d'établir, au moins en matière d'industrie minérale, la prompte expédition des affaires, la décentralisation administrative la plus large et la plus complète,
et surtout la plus grande liberté possible d'action. On verra
peut-être alors nos mines revenir aux glorieuses traditions
de leur passé, et la France aura encore comme jadis des
modèles d'exploitations à offrir à l'étranger.

L'Allemagne, l'Angleterre ne sont pas les seules contrées classiques des filons; de riches et de nombreuses veines, traversant nos principales montagnes, existent aussi
chez nous. La race germaine, la race saxonne ne sont pas
les seules propres au travail des mines et des métaux.
Nous montrons, par les succès brillants obtenus dans nos
houillères et nos usines à fer, que nous sommes également
aptes à cette industrie. Nous le montrons également par
les résultats que nous avons obtenus dans l'extraction de
quelques produits minéraux, comme l'asphalte, les pyrites
de fer, la baryte, les ardoises, les kaolins ou terres à porcelaines, les plâtres, les ciments, les marbres, le sel gemme,
qu'on rencontre abondamment répandus dans notre sol.
Ils donnent lieu, les asphaltes à Seyssel; les pyrites de fer
dans le Gard (d'où elles sont expédiées sur toutes les fabriques de produits chimiques du Midi, en remplacement des
soufres de Sicile); la baryte sur les filons du Plateau-Central; les ardoises dans les Ardennes et à Angers, où sont des
carrières si anciennes et si vastes (fig. 57); les kaolins près de
Limoges; les plâtres à Montmartre, près Paris, et à Aix en
Provence; les ciments à Vassy, à Pouilly en Bourgogne,

au Theil dans l'Ardèche, et à Grenoble ; les marbres dans
quelques-uns de nos départements, surtout ceux des Pyrénées et de la Haute-Garonne ; enfin le sel gemme à Vic et

Fig. 57. — Vue prise aux ardoisières d'Angers, d'après un croquis original.

Dieuze, dans la Meurthe, à des exploitations intéressantes
et très-productives. Les succès auxquels nous sommes arrivés dans la mise en valeur de la plupart de nos eaux

minérales montrent également que nous sommes aptes
aux études pratiques de géologie souterraine.

Sur ce point, comme sur tant d'autres, la race gauloise
ne démérite pas, bien que moins patiente, moins tenace
que ses rivales. Si elle faiblit, si elle succombe par moments, c'est quand les entraves administratives la gênent.
Que l'on fasse disparaître ces entraves, et, grâce à la spon-
tanéité et à la souplesse de l'esprit national, nos mines
métalliques deviendront peut-être de nouveau prospères,
comme à tant d'époques de notre histoire.

CHAPITRE IV.

LES PIERRES DU GLOBE.

I

LE CHARBON.

Le roi Charbon. — Les *Indes noires*. — Cubes empilés. — Le grenier de l'avenir. — Extraction totale du charbon de terre en 1868. — Rôle du combustible fossile.

Il ne serait pas juste de borner à la France seule l'inventaire de la richesse minérale, et nous allons, dans un rapide exposé, examiner les principales substances souterraines dont la nature a doté notre globe. Il va sans dire que les seuls produits dont l'industrie tire parti seront passés en revue. Nous commencerons par le vieux roi Charbon, *Old King Coal*, comme l'appellent quelquefois les Anglais, la houille, comme on dit aujourd'hui en Belgique et en France.

La houille ! il suffit de prononcer son nom pour que l'esprit se représente aussitôt l'agent le plus merveilleux du progrès et de la civilisation à notre époque industrielle et travailleuse. C'est à la fois la lumière, la chaleur, la force, le mouvement, et l'on se demande ce qu'il adviendrait de l'Europe si la houille venait à lui manquer tout à coup.

La Grande-Bretagne est fière à juste titre de ses mines de charbon, qu'elle a nommées les *Indes noires*, et qu'elle retrouve partout dans son sol privilégié. Les principales d'entre elles sont les mines de Swansea, avec leurs charbons durs, doués d'un pouvoir calorifique intense, mais brûlant sans flamme, et celles de Newcastle, dont la houille plus tendre et grasse dégage une flamme abondante. Les houillères d'Écosse, les houillères du Staffordshire ne sont pas moins renommées.

La Belgique suit sa voisine et sa rivale dans cette extraction du *diamant noir*, comme on pourrait à juste titre nommer la houille, et elle est surtout connue par les produits de ses mines de Mons et de Charleroi (carte XII).

La Prusse, qui n'oublie pas que le charbon est aujourd'hui, non moins que l'argent, le nerf de la guerre, exploite avec activité les belles houilles des bassins de Westphalie, de Silésie et de la Prusse Rhénane (carte XIII). Ces dernières, elle nous les a ravies en 1815, non par une sorte de prescience de ses diplomates, mais parce qu'un ingénieur patriote marqua lui-même nos limites sur ce point, de manière à reporter tout le bassin houiller de Sarrebruck, que nous exploitions alors, en dehors de ces limites. Les lois de la guerre autorisent de telles façons d'agir vis-à-vis du pauvre vaincu.

A l'Exposition universelle de 1867 à Paris, la Prusse de M. de Bismarck étalait avec complaisance ses richesses houillères, et elle avait eu l'ingénieuse idée d'empiler les uns au-dessus des autres des cubes de charbon représentant l'accroissement successif de la production de ses mines. En suivant ces cubes du sommet à la base, du dé microscopique d'en haut à la masse imposante d'en bas, on voyait

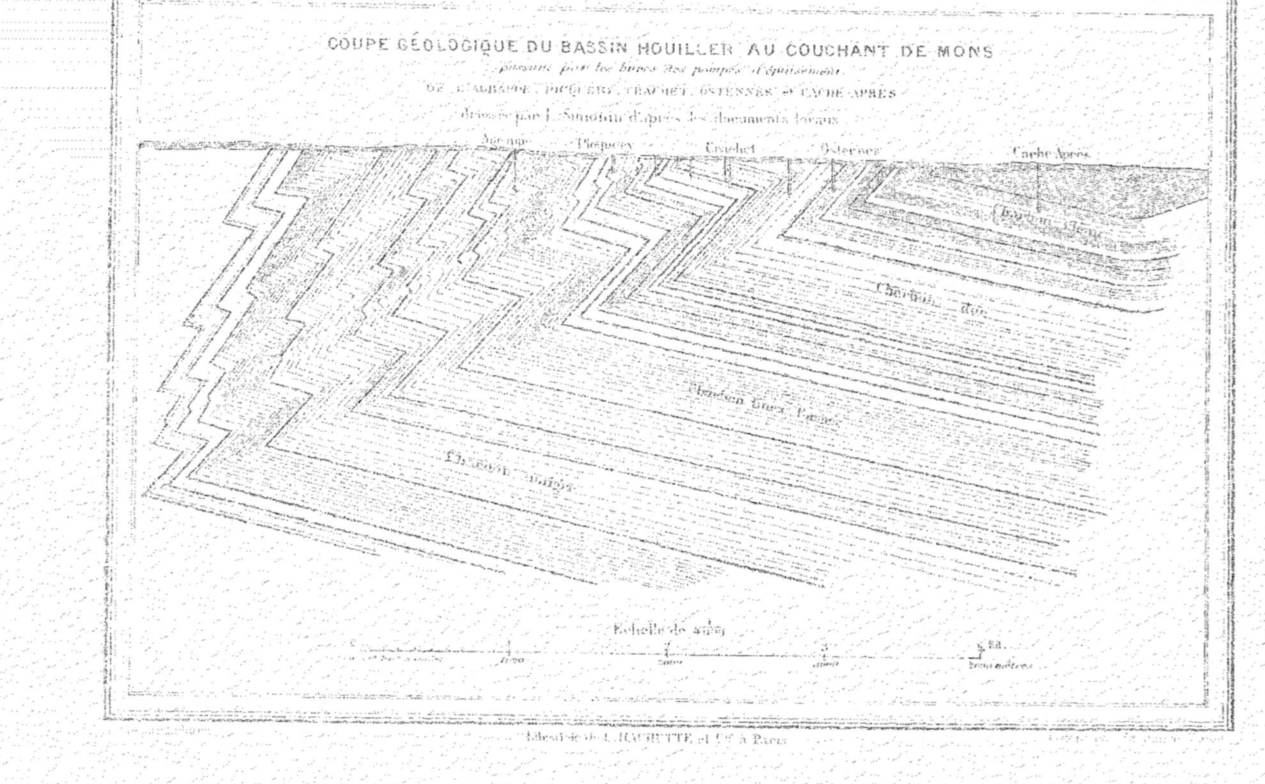

Les Pièpres
Carte XII
COUPE GÉOLOGIQUE DU BASSIN HOUILLER AU COUCHANT DE MONS
passant par les bures des pompes d'épuisement
DE L'AGRAPPE, PIQUERY, TRAPPET, OSTENNES et CACHE-APRES
dressée par J. Sonnois d'après les documents locaux
Sar-nes
Piqpery
Crachet
Ostennes
Cache Apres
Charbon Blanc
Charbon dur
Charbon Gras Passé
Charbon Gras
Échelle de 1 à 10000
Librairie de L. HACHETTE et Cie à Paris

inscrite, sous cette forme géométrique qui parlait aux yeux,
toute la loi du développement progressif de la Prusse depuis le commencement de ce siècle.

Pas plus que la Belgique et la Prusse, la France n'a dé-
mérité dans l'exploitation de ses mines de houille. Nous
savons que du nord au midi du territoire, existent d'abondants dépôts de charbon, fouillés par nos ingénieurs avec
autant d'ardeur que d'intelligence. Seulement les dépôts
sont ici moins concentrés qu'en Angleterre, en Belgique
ou en Prusse : là-bas des bassins étendus, en quelque sorte
des continents houillers ; ici des dépôts restreints, de véritables archipels ; mais nous avons déjà consacré un paragra-
phe tout entier à la description des houillères françaises.

La Grande-Bretagne, la Belgique, la Prusse et la France,
tels sont, en Europe, les quatre grands pays producteurs
de houille. Tous les autres viennent au second rang et fort
en arrière : l'Autriche, la Saxe et tous les petits États allemands ; puis l'Italie, l'Espagne, la Russie, etc. La houille
s'est concentrée, comme par une sorte de prévision de la
nature, au milieu des pays aujourd'hui les plus avancés,
ceux qui marchent en tête de la civilisation. Le même fait
se remarque, en Amérique, aux États-Unis. Ceux-ci sont
non moins abondamment pourvus de houille que la Grande-
Bretagne, et même beaucoup plus riches, bien que produisant encore beaucoup moins. Là existe, on peut le dire,
le magasin, le grenier à charbon de l'avenir, quand les
houillères en Europe seront épuisées, et que la civilisation,
continuant sa marche vers l'ouest, par l'effet d'une loi qui
ne s'est jamais démentie depuis les premiers temps de
l'histoire, et qui est encore si accusée aujourd'hui, aura
reporté vers l'Amérique du Nord tout l'essor des races po-
licées. Fixez sur une carte du globe les taches noires qui,
d'après une convention des géologues, représentent les

bassins houillers, vous verrez ces taches se concentrer dans l'hémisphère nord, entre quelques parallèles. Et ces parallèles sont précisément ceux autour desquels gravite aujourd'hui tout le monde civilisé, bande étroite, à peine visible sur une petite sphère, même en y comprenant la civilisation antique, tant il est vrai que les races supérieures ont toujours tenu ici-bas bien peu de place.

La conclusion à tirer du double phénomène que nous venons de constater est que la houille, en dehors de quelques points particulièrement favorisés, n'existe nulle part en bassins étendus. La Chine seulement, en exceptant les pays déjà cités, offre des amas immenses de combustible minéral. Ces richesses, à peine fouillées, sont sans doute réservées aux âges futurs, quand le monde européen et américain, sortant brusquement de ses limites, comme autrefois les Barbares en Europe, mais pour une plus noble cause, enfoncera les portes de la Chine plus qu'à moitié ouvertes, et fera brusquement irruption au milieu de l'Empire Fleuri.

Si la Chine a reçu en don de la nature d'immenses dépôts du précieux minéral, le Japon, la Cochinchine, l'Inde, l'Australie, tout le continent africain, toutes les républiques hispano-américaines, ont été moins favorisées, bien que partout, sur chacun de ces points, le combustible fossile ait été signalé, et soit, dans quelques cas, exploité avec beaucoup d'ardeur.

Tel est, à vol d'oiseau, l'inventaire des richesses carbonifères du globe. On n'objectera pas que nombre de bassins houillers gisent encore inconnus par le monde, et que l'homme, sur ce sujet comme en tant d'autres, ne connaît presque rien de l'immense domaine qu'il habite. Cette objection manquerait de fondement. Aujourd'hui, l'homme a fait partout la conquête du globe au nom de la science. Il

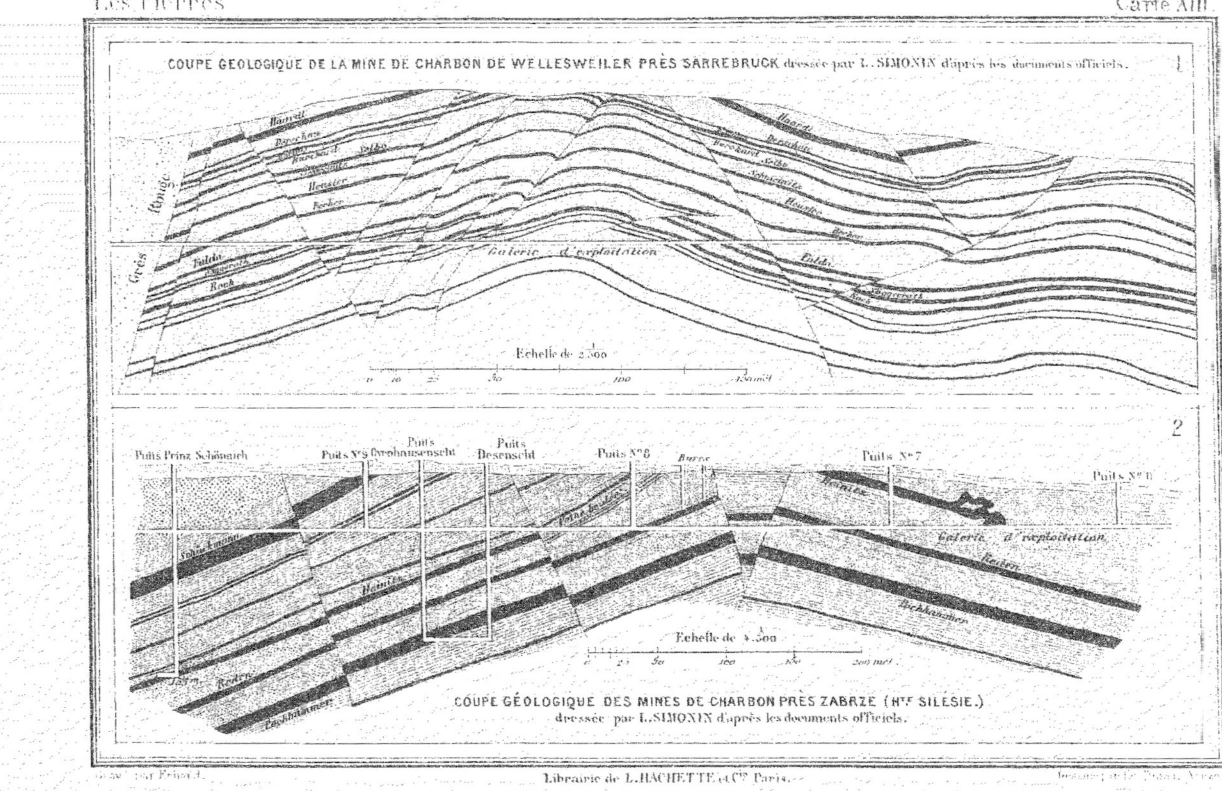
COUPE GÉOLOGIQUE DE LA MINE DE CHARBON DE WELLESWEILER PRÈS SARREBRUCK dressée par L. SIMONIN d'après les documents officiels.
1
Échelle de 2.500
COUPE GÉOLOGIQUE DES MINES DE CHARBON PRÈS ZABRZE (Hte SILÉSIE.)
dressée par L. SIMONIN d'après les documents officiels.
2
Échelle de 4.500
Puits Prinz Schöneich
Puits No 5 Grohausenscht
Puits Desenscht
Puits No 6
Burze
Puits No 7
Puits No 8
Galerie d'exploitation
Grès
Rouge

a jalonné toutes les routes possibles dans l'Asie centrale, l'Afrique équatoriale, le continent australien ou américain.

Bien que les dépôts carbonifères tiennent en général peu de place, comme ils apparaissent partout au jour en couches noires, rappelant le charbon de bois, brûlant au feu, il est rare que la connaissance d'un bassin houiller échappe aux yeux même les moins clairvoyants, et c'est ainsi que les naturels de Mozambique ont apporté à Livingstone des échantillons des houilles du Zambèse, et les Sakalaves de Madagascar des échantillons des houilles de Bavatoubé à nombre d'officiers de marine en tournée dans ces parages. On connaît donc à peu près toute la masse de houille enfouie sous l'écorce terrestre, et les états statistiques sur la production carbonifère d'aujourd'hui signaleront encore les mêmes pays demain. Les quantités seules seront différentes : les quantités extraites qui suivent, dans les principaux pays producteurs, la même loi que le capital placé à intérêt composé, c'est-à-dire doublent tous les quinze ans. Dans quelques pays particulièrement favorisés, comme la Prusse ou les États-Unis, la production double même tous les dix ans.

Il ne sera peut-être pas hors de propos de donner ici quelques chiffres résumant toute la production houillère actuelle.

Voici donc, d'après des documents la plupart officiels, les quantités de charbon que le globe entier a dû produire en 1868 :

Grande-Bretagne	105 millions de tonnes.	
Prusse (lignites compris).	30 —	—
Amérique du Nord	30 —	—
France	13 —	—
Belgique	12 —	—
Autres États européens, américains, asiatiques, etc.	15 —	—
Soit.	205 millions de tonnes.	

C'est-à-dire qu'il aurait fallu 205 000 navires du port de 1000 tonneaux chacun (le tonneau de mer, comme la tonne métrique, étant du poids de 1000 kilogrammes) pour charrier par le monde la houille extraite en 1868. C'est là un fret auquel ne sauraient suffire toutes les marines réunies. Mais c'est presque toujours sur place ou le long des voies ferrées qu'est consommé le combustible minéral. Les railways l'apportent, le répartissent aux diverses industries qui en font usage, et ils en consomment pour eux-mêmes une bonne part. Les prix de transport sont si peu élevés, que la houille, par les chemins de fer, peut atteindre de très-grandes distances. Elle a donné naissance aux railways, qui ont commencé dans les houillères, et elle est restée leur plus fidèle cliente. Sans la houille pas de chemins de fer, mais aussi sans chemins de fer peu de houillères exploitables; et c'est ainsi que tout se tient ici-bas.

La marine, non moins que les chemins de fer, a profité de l'exploitation de la houille, la marine à vapeur, dont le combustible minéral anime toutes les machines, et la marine à voiles, qui trouve dans cette matière un élément de fret et même un lest des plus avantageux.

L'Angleterre, nourricière du monde entier en combustible fossile, exporte sur le globe le dixième de ce qu'elle produit ou dix millions de tonnes. C'est plus que le tonnage de tous les petits pays maritimes réunis. C'est là en même temps un des secrets de la puissance commerciale de l'Angleterre. C'est en partie pour les besoins de sa marine à vapeur lointaine qu'elle exporte cette énorme quantité de charbon; mais elle charge en retour les précieuses denrées des colonies dont s'enrichissent et Londres et Liverpool.

Devant les faits économiques que nous venons de constater, on se demande ce que deviendra le globe quand les mines de houille seront épuisées. En Europe, il faudra pour cela de deux à trois siècles; des calculs très-certains le démontrent. Aux États-Unis, il faudra beaucoup plus de temps; mais un jour les houillères disparaîtront. Ce jour-là l'esprit humain, déjà si grand par ses inventions, fera un miracle de plus en découvrant un nouveau combustible, dût-on *emmagasiner la chaleur solaire*. Le charbon, c'est du soleil en cave, disent volontiers les Anglais, et les conquêtes actuelles de la science prouvent que les Anglais ont raison. Les conquêtes de la science future nous apprendront, on n'en saurait douter, à concentrer à notre tour les rayons solaires comme la nature le fit jadis dans les plantes[1], et à en composer un combustible économique, d'un usage universel.

---

1. Les calculs de la physique démontrent que la quantité de chaleur que restitue la houille en brûlant n'est autre que l'équivalent de la chaleur solaire qui a fixé le carbone dans les plantes aux temps où végétaient les forêts et les tourbières antédiluviennes, plus tard transformées en houille. N'est-ce pas là une des plus belles conquêtes de la science actuelle, et celle-ci ne pourrait-elle prendre pour adage cette devise si connue : *Quò non ascendam*, jusqu'où n'arriverai-je pas?

II

LES SUBSTANCES MÉTALLIFÈRES.

Les pays de métaux. — Les domaines souterrains de la Grande-Bretagne. — La perle de la monarchie prussienne. — Il n'y a pas de
Pyrénées.... pour les mines. — Fécondité souterraine de l'Italie. —
Mines sous la glace. — Les crayons de M. Alibert. — Utilité des
minerais métalliques.

Après le charbon de terre, et même au-dessus de lui
si l'on a égard à l'importance immédiate, viennent les minerais métalliques, ces pierres lourdes, brillantes, souvent
cristallisées, aux couleurs vives et changeantes qu'elles
n'empruntent qu'à leurs éléments constitutifs (planche I).
L'abbé Haüy avait fait de tous ces corps naturels la famille
des minéraux autopsides[1], pour indiquer qu'ils ne doivent
qu'à eux-mêmes tout l'éclat qui les caractérise. Les minerais métalliques sont avec les pierres précieuses, dont il
sera parlé plus tard, les plus remarquables, et nous dirons
même volontiers, les plus illustres représentants du monde
souterrain.

Les pays que nous avons nommés précédemment pour
leurs richesses carbonifères, la Grande-Bretagne, la Belgique, la Prusse, la France, les États-Unis, auxquels il
faut joindre maintenant, en Europe, toute l'Allemagne,
l'Espagne et le Portugal, l'Italie, la Suède et la Norvége,
la Russie, et, en Amérique, les républiques espagnoles,
enfin, en divers points du globe, les colonies anglaises,

1. Du grec αὐτὸς, *autos*, soi-même, et d'ὄψις, *opsis*, vue.

Fig. 58. — Vue des gîtes de cryolithe (minerai d'aluminium) d'Arksul-Fiord, Groënland, d'après un croquis original.

hollandaises, etc., tous ces pays se distinguent au premier rang par la variété et la richesse de leurs minerais métalliques.

La Grande-Bretagne doit à ces nouveaux domaines souterrains, qu'elle exploite avec non moins d'empressement que ses houillères, la plus grande partie de sa puissance industrielle. Les métaux qu'elle extrait de son sol concourent aussi, comme la houille, à développer étonnamment sa puissance commerciale et maritime. La Grande-Bretagne n'a-t-elle pas les mines de cuivre et d'étain du Cornouailles, fouillées sans interruption depuis trois mille ans, et toujours productives? C'est là que les marins de Tyr et de Sidon allaient jadis charger l'étain et le cuivre, dont ils fabriquaient le bronze, qui remplaçait alors le fer. La Grande-Bretagne n'a-t-elle pas en outre des mines de plomb, de zinc, de bismuth, de nickel, d'antimoine, de manganèse, même des mines d'or? Enfin, elle a ses riches mines de fer, non moins importantes que ses houillères, et quelquefois situées dans le même gîte, avec le calcaire qui doit servir de fondant au minerai. La nature, si avare pour certaines contrées, s'est montrée pour d'autres singulièrement prodigue de ses dons : la Grande-Bretagne fournit non-seulement autant de charbon, mais encore autant de fer que tout le globe réuni.

La petite Belgique, industrieuse, active, intelligente, marche à côté de l'Angleterre pour l'abondance des minerais de fer; elle produit aussi les minerais de zinc, de plomb, de cuivre, etc.

A côté d'elle vient la Prusse, riche également en fer et en divers métaux, la Prusse qui, à l'Exposition universelle de 1867, voulut encore dans ce cas parler aux yeux, non moins que pour le charbon. Empilant les uns au-dessus des autres des cubes dorés, elle nous indiquait d'une manière palpable, à la fois la valeur, les quantités relatives et l'augmentation successive des divers produits minéraux qu'elle avait pendant un certain nombre d'années extraits de son sol. En 1865, la valeur de tous ces produits dépassait, pour cette seule année, 180 millions de francs : mais qu'est-ce que cela à côté des chiffres que nous offre la Grande-Bretagne, dont la valeur des productions souterraines est supérieure à *un milliard de francs ?*

La vieille Allemagne, restée classique pour l'exploitation des minerais, montrait avec une certaine complaisance, comme la Prusse, les différents échantillons de ses gîtes de fer, de cuivre, d'étain et d'autres métaux, qu'elle avait accompagnés de magnifiques dessins géologiques. On remarquait surtout les coupes des mines du Harz (cartes III, IV, V, XIV et XV).

Quelques pays, comme la Saxe, la Hongrie, la Bohême, brillent en Allemagne au premier rang de l'industrie minérale et peuvent aller de pair avec le Harz, le Mansfeld, qui tous deux appartiennent aujourd'hui à la Prusse ; mais celle-ci est fière surtout de la Silésie, annexée par le grand Frédéric, et qu'elle nomme *la perle de la monarchie prussienne*, sans doute parce qu'elle est principalement riche en houille et en métaux.

La France est en cela bien moins favorisée que sa rivale actuelle. Les veines métalliques de notre pays, nous ne l'avons que trop répété, ne sont plus exploitées avec autant d'activité que jadis, sauf cependant celles de plomb et d'argent de Pontgibaud, Vialas, Largentière, et toutes celles de fer. Celles-ci composent véritablement, avec la houille, la richesse minéralogique la plus importante de notre territoire. Nous avons principalement mentionné les minerais en grains du Berry et du Nivernais, et les minerais oolithiques de Saône-et-Loire, dont l'extraction a été entreprise et

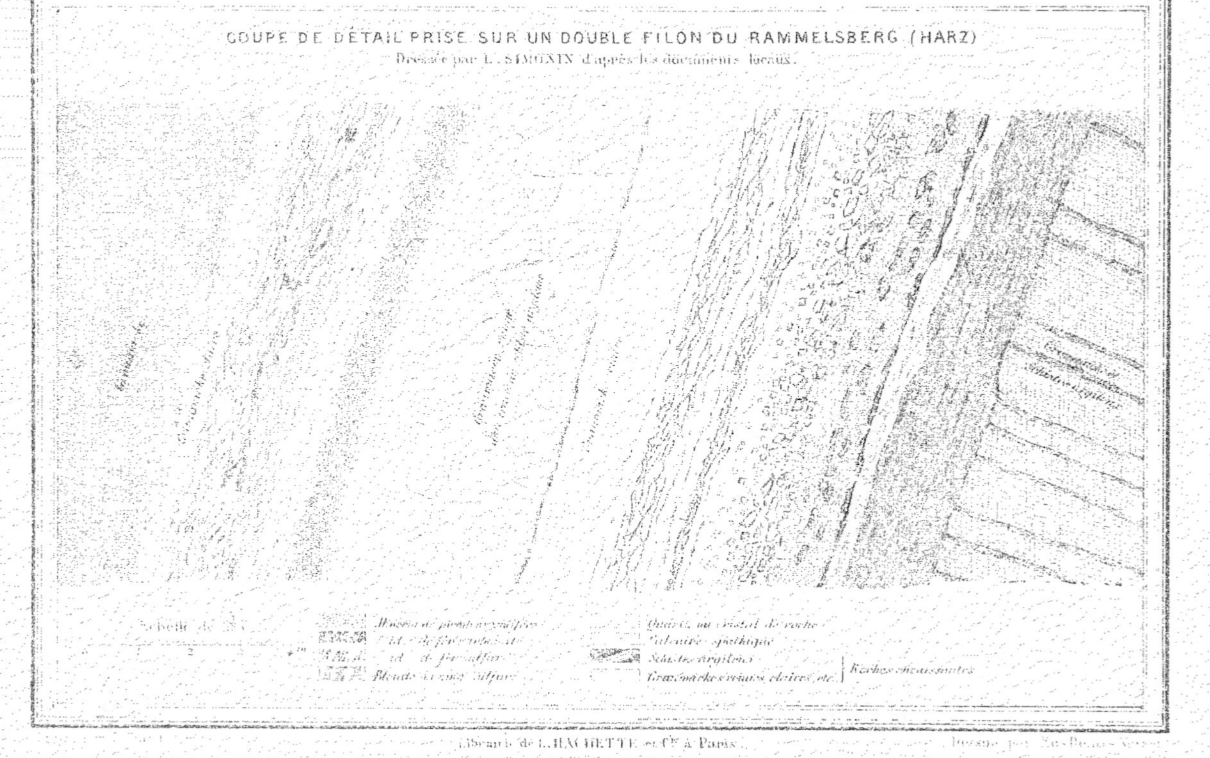

COUPE DE DÉTAIL PRISE SUR UN DOUBLE FILON DU RAMMELSBERG (HARZ)
Dressée par L. SIMONIN d'après les documents locaux.

Fig. 59. — Vue prise dans les placers aurifères de l'Oural, d'après un croquis original.

continuée avec tant de suite par le Creusot. Il y a aussi
les minerais peroxydés et magnétiques des Pyrénées, dont
ceux de Vicdessos dans l'Ariége sont les plus intéressants.

L'Espagne, dont les Pyrénées nous séparent, retrouve
de l'autre côté de la chaîne des filons que nous travaillons
chez nous. On connaît les fers renommés de la Biscaye et
de la Catalogne. On connaît les minerais de zinc, les célèbres blendes et calamines de Santander, découvertes
depuis vingt ans à peine et rivales de celles de la Vieille-
Montagne, en Belgique. Mais l'Espagne nous offre aussi,
dans le sud, des mines de cuivre, de manganèse, de
fer, de plomb et d'argent, très-riches, très-étendues,
excavées déjà par les Phéniciens et les Carthaginois.
Dans l'Andalousie on montre Tharsis et le mont Salomon,
et, près de Carthagène, le puits d'Annibal. Qui n'a entendu citer aussi les mines de mercure d'Almaden, près
de Cordoue, fouillées dans les premiers temps de l'histoire?

Le Portugal, non moins favorisé que l'Espagne en richesses métalliques, nous présente surtout des minerais
de cuivre et de plomb, frères de ceux de l'Espagne, car
ils sont extraits des mêmes formations.

Si maintenant nous traversons le bassin méditerranéen,
nous signalerons, en Algérie, des gisements que nous connaissons déjà. Ce sont des veines de cuivre, de plomb,
d'antimoine, de mercure, de fer, dont notre colonie
exploite quelques-unes et pourrait exploiter les autres
avec grand bénéfice.

En Corse, en Sardaigne, dans la Péninsule Italique,
abondent également les minerais de fer, et avec eux ceux
de cuivre, de plomb et d'argent. *Metallorum omnium fer-
tilitate Italia nullis cedit terris*, dit Pline le naturaliste:
l'Italie ne le cède à aucun pays pour la fertilité des mines;
et le dire de Pline est encore vrai aujourd'hui.

Citons surtout, en Toscane, Monte-Catini pour ses mines de cuivre, qui ont rendu leurs exploitants vingt fois
millionnaires, et le Bottino pour ses mines d'argent. N'oublions pas non plus l'île d'Elbe, l'*île féconde en gîtes de fer
inépuisables*, à la description desquels nous consacrerons
plus loin un chapitre spécial.

La Grèce, la Turquie nous offrent des mines la plupart
arrêtées et que les hommes n'ont plus fouillées depuis les
temps de Périclès et d'Alexandre.

En remontant vers le nord de l'Europe, nous trouvons
la Suède et la Norvége, avec leurs célèbres veines d'argent,
de cuivre, de fer, et celles de nickel, de zinc, de manganèse,
plus modestes et d'une exploitation plus récente.

Le Danemark exploite des filons sinon dans son propre
sol, au moins dans les glaces de ses établissements polaires. On cite les produits des mines du Groënland, dont
quelques-uns, comme la cryolithe ou minerai d'aluminium,
sont particuliers à ce pays (fig. 58).

La Russie est une contrée métallifère par excellence.
Elle cite volontiers ses minerais de fer, de cuivre, de platine et d'or de l'Oural et de l'Altaï. Ses placers de l'Oural
(fig. 59) sont presque aussi riches que ceux de la Californie et de l'Australie. N'oublions pas les produits d'une nature, d'une qualité exceptionnelle, les minerais de graphite de Sibérie, dont on fait aujourd'hui presque tous les
crayons, et dont M. Alibert a promené partout les magnifiques trophées. Le graphite est du carbone pur mêlé d'un
peu de fer. Ce n'est un minerai métallique que pour l'éclat
(de là le nom de plombagine ou mine de plomb qu'on lui
a aussi donné); c'est un combustible pour la composition,
et sous ce rapport il se rapproche étonnamment de certaines houilles très-dures, les anthracites. Pour les industriels, le graphite n'est ni un minerai, ni un combustible,

Fig. 60. — Assises de grès déchiquetés à Monument-Creek, territoire de Colorado, États-Unis de l'Amérique du Nord, d'après une photographie.

c'est la mine dont on fabrique les crayons. On peut à ce petit métier devenir millionnaire et gagner toutes les croix de l'Europe, comme l'a prouvé un Français, M. Alibert, naguère barbier dans une ville du midi.

Faut-il maintenant passer d'Asie en Amérique, et saluer, dans l'Amérique septentrionale, d'abord les minerais d'or, de mercure, de cuivre de la Californie, et les riches minerais d'argent de la Nevada, puis les minerais de cuivre, de plomb, d'argent et d'or du Colorado dans les Montagnes-Rocheuses? Là le géologue trouve non-seulement les plus riches veines métalliques, mais encore, au pied même des montagnes, des paysages étranges, comme ceux de *Monument-Creek* et *Monument-Park* (fig. 60 et 61). Nous reviendrons sur ces mines dans un chapitre spécial : il faut bien s'occuper un peu en détail de l'autre monde, et ne pas tout réserver à celui-ci.

Nommerons-nous encore les fameux cuivres du lac Supérieur, et ceux du Canada, où il y a aussi des minerais de fer et d'or ; parlerons-nous enfin du beau minerai de fer de Pensylvanie, le banc noir ou *black-band*, qui se trouve au milieu même du charbon comme le minerai des houillères de la Grande-Bretagne? Citerons-nous toutes ces richesses, et procéderons-nous aussi au dénombrement de toutes celles de l'Amérique espagnole, celles de l'île de Cuba (carte VI), celles du Pérou, de la Bolivie, du Chili, de la province Argentine, du Brésil, de l'Amérique centrale, du Mexique? Mais les richesses minérales de ces contrées privilégiées sont présentes à l'esprit de chacun.

Il est seulement fâcheux que bien des mines, jadis prospères dans l'Amérique ibérienne, soient aujourd'hui inexploitées, et que tel gîte du Pérou ou de la Bolivie, dans lequel les Espagnols de la conquête pesaient les lingots d'argent à la romaine, soit maintenant abandonné. Les galeries sont éboulées, inondées ; on les trouve peut-être trop profondes. Que les Hispano-Américains reviennent là-dessus aux saines traditions, qu'ils se réveillent d'un sommeil séculaire, qu'ils reprennent l'active exploitation de leurs mines. La Bolivie, avant la guerre de l'Indépendance (Humboldt en a fait le calcul), avait fourni à l'Espagne, en lingots d'argent, une valeur de *six milliards de francs*. Est-elle devenue tout à fait stérile? Non certes ; mais pour briller encore de l'éclat du passé, il faut l'ordre, le calme, compagnons inséparables d'un travail productif. Que le Pérou, la Bolivie, le Mexique, l'Amérique centrale et équatoriale, où trop d'insurrections ont lieu, reviennent une bonne fois aux travaux pacifiques de l'industrie ; qu'elles imitent là-dessus l'exemple du Brésil et du Chili, qui doivent à l'exploitation régulière de leurs mines une partie de leur puissance politique et de leurs relations commerciales.

Le Chili, depuis quelques années, produit à lui seul la moitié du cuivre consommé dans le monde. A cette exploitation souterraine, à laquelle se mêlent celle des mines d'argent, puis les travaux de l'agriculture, car tout se tient, le Chili doit le bon état de ses finances et l'extension de sa marine. L'ouvrier y est occupé, content, assuré d'un salaire quotidien, et fuit ainsi les rébellions.

Nous finirons par l'Australie, et la partie du monde asiatique et africain dont nous n'avons pas encore parlé, cette revue rapide des richesses métalliques du globe.

En Australie, ce sont surtout les minerais d'or et de cuivre qui attirent notre attention. Les mines de cuivre de la péninsule d'York, dans l'Australie méridionale, sont les plus renommées (carte XI, 2).

Dans les colonies hollandaises et à Bornéo, nous pour-

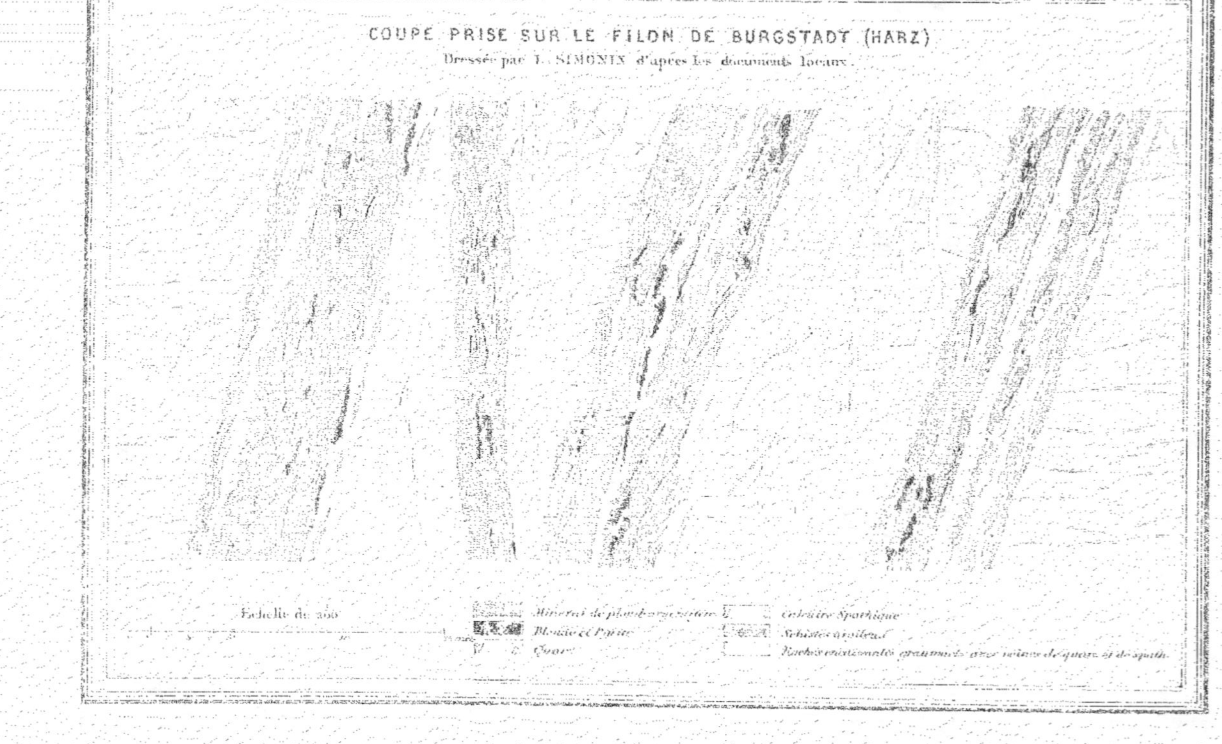

COUPE PRISE SUR LE FILON DE BURGSTADT (HARZ)
Dressée par L. SIMONIN d'après les documents locaux.
Echelle de 500
Minerai de plomb argentifère
Plomb et Pyrite
Quartz
Calcaire Spathique
Schistes argileux
Roches encaissantes grauwacke avec veines de quartz et de spath.

Fig. 61. — Blocs en place de grès déchiquetés à Monument-Park, territoire de Colorado, États-Unis de l'Amérique du Nord, d'après une photographie.

rions signaler les minerais d'étain et d'antimoine, qui font une concurrence très-sérieuse à ceux d'Europe.

La Chine, le Japon continuent à nous fermer leurs portes, au moins en matière de mines, et nous connaissons à peine, par quelques échantillons, leurs minerais de fer, de cuivre, de plomb, d'antimoine et d'or.

En Arabie, on montre des minerais et des scories de cuivre, gisant aux flancs du Sinaï, et foulés peut-être jadis par le pied de Moïse. Sur la côte du Gabon (Afrique occidentale), des minerais de cuivre à l'état de malachite (planche I, 4) et des minerais de fer. Il y a dans toute cette partie de l'Afrique de grandes richesses souterraines que les voyageurs se sont maintes fois plu à signaler, et que l'on retrouve jusque dans les colonies anglaises au sud de ce grand continent, au Cap et à Natal.

Résumant nos différentes observations sur les minerais métalliques, nous voyons que des gîtes exploités depuis les premiers temps de l'histoire, ceux du Cornouailles, de l'Italie, de l'Espagne, etc., sont encore féconds aujourd'hui. Il n'y a donc pas à craindre ici un épuisement prochain des veines comme pour les mines de houille. D'autre part, il nous faut reconnaître dans les minerais métalliques, surtout ceux de cuivre, d'étain et de fer, les premiers éléments de la civilisation, quand l'homme, abandonnant la pierre brute ou polie dont il avait fait jusqu'alors ses armes et ses outils (fig. 10, 11 et 12), et soumettant les minerais au feu, en tira d'abord le bronze, puis le fer, et que naquirent l'industrie et les arts. On peut dire à bon droit que les minerais métalliques sont les plus glorieux représentants du monde souterrain, car sans eux aucun avancement, aucun progrès matériel n'eût jamais été possible.

III

LES PIERRES DE CONSTRUCTION.

Importance de ce groupe. — Les pierres décoratives. — Marbre, albâtre, granit, porphyre, basalte. — Les anciens et les modernes. — La pierre en Égypte, en Grèce, en Italie, en Algérie. — Fonction des pierres et leur action sur un pays. — Matériaux artificiels : chaux, ciment, plâtre, substances argileuses, bitumineuses. — Moralité.

A un degré au-dessous du charbon de terre et des minerais métalliques, se présentent les pierres de construction. Ce n'est pas qu'elles ne jouent aussi un rôle de premier ordre dans l'évolution des sociétés; mais la foule, indifférente et légère, n'en saisit pas toute l'importance. Et cependant sans elles l'architecte et le sculpteur manquent de la matière première qu'ils animent de leur souffle inspiré; sans elles, l'édifice, la maison disparaît : il ne reste plus que la cabane, la cahute du sauvage; point de villes, et partant aucune agglomération d'hommes imposante, aucune société, aucune civilisation. Place donc à ces nouvelles venues du monde souterrain; l'apparence est seule modeste en elles; la fonction est aussi glorieuse que celles des pierres que nous venons d'étudier : les pierres combustibles et métalliques.

Considérées au point de vue de leur emploi dans les constructions, les pierres dont nous parlons portent le nom de matériaux. C'est le terme peu élégant usité dans les carrières d'où on les extrait, dans les chantiers où on les met en œuvre. Ces matériaux semblent se diviser en trois classes : les matériaux d'ornement ou décoratifs, qui

sont ceux qui peuvent se tailler en grandes masses et surtout se polir, tels que le granit, le porphyre, le marbre,
l'albâtre (planches II et III) ; les matériaux proprement dits,
qui s'emploient bruts à l'état naturel, tels que la pierre de
taille, le moellon, l'ardoise ; enfin les matériaux artificiels,
qui ont subi une préparation, comme la chaux, le ciment,
le plâtre, l'argile moulée et cuite, à l'état de briques, tuiles,
etc. Il n'entre pas dans notre pensée d'insister plus longtemps sur ce sujet, ni de faire ici une leçon d'architecture ;
mais il était nécessaire d'établir dès le début une classification, pour promener plus facilement le lecteur à travers les différentes formes que la pierre à bâtir affecte et
que nous venons d'indiquer.

Salut d'abord au marbre, à l'albâtre, au porphyre, au
granit, et à toutes les autres roches dures, siliceuses, le
basalte, le trachyte, qui peuvent se tailler en statues ou en
bustes, en baignoires, en colonnes ou en pyramides. Les
anciens, nos maîtres en l'art de bâtir comme en tant d'autres, avaient de bonne heure su dompter toutes les pierres
décoratives, même les plus dures, comme le porphyre, et
nul n'ignore l'usage heureux qu'ils en faisaient dans toutes
leurs constructions, publiques ou privées. L'art de tailler et
de polir le porphyre, perdu après l'invasion barbare, ne
fut retrouvé qu'au quatorzième siècle, sous les premiers
Médicis, par le Florentin Peruzzi ; de cette époque aussi
date à Florence l'invention de la mosaïque, ce qu'on
nomme si bien là-bas le *travail des pierres dures*.
Mais que nous sommes loin encore des anciens, surtout
aujourd'hui, dans l'emploi de ces pierres. Là-dessus non-
seulement les Grecs et les Romains, mais encore les Assyriens, les Égyptiens, les Étrusques eux-mêmes nous dé-
passent de cent coudées.

Le granit, le porphyre, le basalte, les roches les plus

résistantes, celles que n'entame que l'acier le plus dur,
ont été fouillés par tous ces peuples avec une ardeur
sans exemple, et c'est des débris de ces pierres monumen-
tales qu'après quatre et cinq mille ans se parent aujour-
d'hui les places des plus grandes capitales, Rome, Paris
ou Londres, et tous les musées de l'univers.

Il est vrai que le gisement de la pierre fait un peu
l'architecture d'un pays. En Égypte, pays de granit, on ne
pouvait bâtir comme en Grèce, pays de marbre; à Rome,
où gît la pouzzolane et le tuf ou travertin facile à tailler,
devaient être trouvés le mortier indestructible, le ciment
romain, et les moellons découpés en berceau qui forment
la voûte, tandis que les Grecs avaient naturellement rencontré dans les assises si solides de leurs calcaires, le pilier
et la colonne, la plate-bande et le fronton.

Encore de nos jours si Gênes est une ville de marbre,
elle le doit aux montagnes voisines de Carrare. Paris est
bâti de pierres de taille et de moellons qu'il emprunte à
ses carrières, tandis que Londres, qui repose sur l'argile,
n'est qu'une ville de briques.

Nous avons nommé l'Égypte, la Grèce, l'Italie. Ce sont
encore les pays qui brillent au premier rang dans l'exploitation des pierres décoratives. L'Égypte possède l'albâtre, le
basalte, le granit (planche III, 1), le porphyre (planche III,
3 et 4), mais n'en fait plus des statues ou des obélisques,
comme au temps des Pharaons, où l'on travaillait en pleine
matière. De même si l'on admire toujours en Grèce le
marbre de Paros, à la structure lamelleuse, aux tons trans-
lucides, on songe involontairement que le ciseau d'aucun Phidias ne donne plus la vie à cette roche, et que nul
architecte, émule d'Ictinus, ne bâtit plus avec elle de Par-
thénon.

Les pierres volcaniques des Cyclades nous rappellent

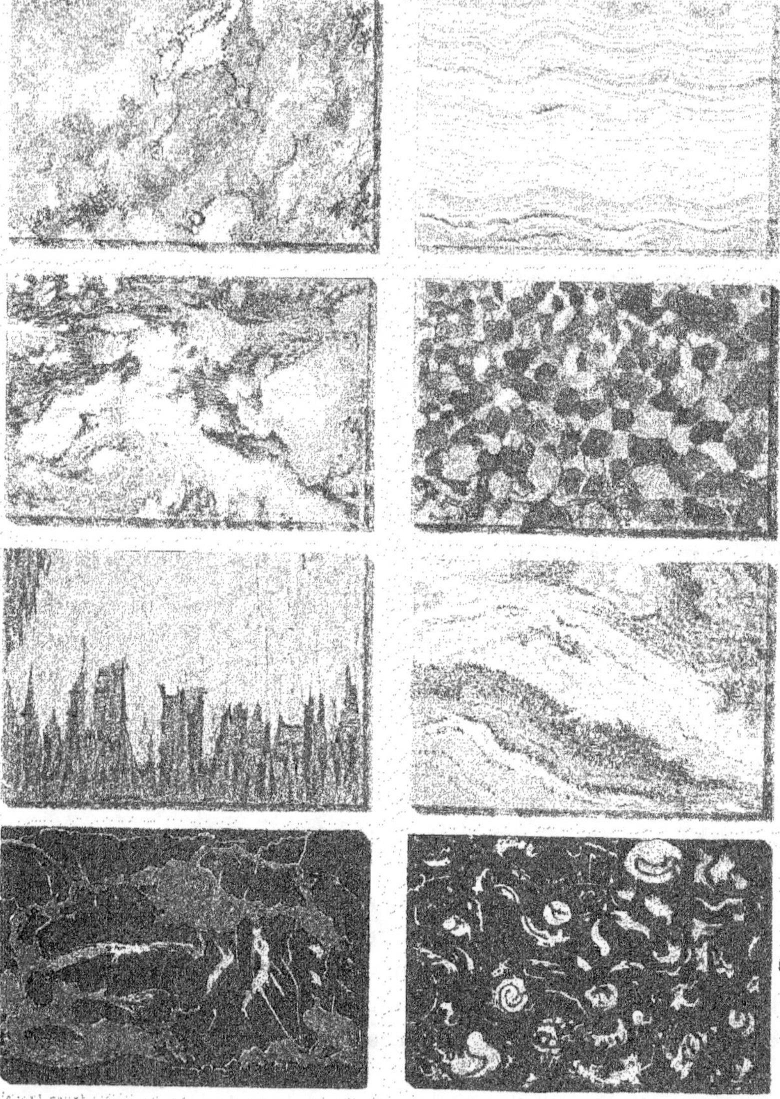

Paquet pinx.
1. Jaune de Sienne
2. Onyx d'Algérie
3. Brèche de Seravezza
4. Brèche du Thibet
Painlevé Chromolith.
5. Ruiniforme de Florence
6. Cipolin d'Italie
7. Portor de la Spezzia
8. Noir de Belgique

que la Grèce est restée le pays de Pluton, et que les forces
souterraines, continuant leur action lente dans l'Archipel,
y élèvent peu à peu des îles qui surgissent au-dessus de
l'onde, comme au temps de Thalès. Nous employons, pour
bâtir nos demeures, les mêmes matériaux dont se sert la
nature pour édifier le globe.

Si les carrières de Paros sont restées inexploitées, on
ne saurait en dire autant de celles de Carrare, dont l'Italie
envoie partout les plus volumineux échantillons. L'Italie
est le pays du marbre, et du nord au sud de la Péninsule, les Alpes, les Apennins, la chaîne littorale en renferment toutes les variétés. Ici le jaune antique ou de Sienne
(planche II, 1), et l'albâtre veiné de Volterre, là le marbre
ruiniforme de Florence, qui, poli, imite des paysages semés
de ruines (planche II, 5), ou le cipolin (planche II, 6) dont
les zones rappellent celles d'un oignon coupé (*cipolla*);
puis le portor de la Spezzia, aux tons noirs et dorés (planche II, 7), le vert de Gênes ou de mer (planche III, 7), et le
rouge de la *rivière* du Levant (planche III, 8), tous trois
exploités dans la même montagne; enfin cent autres espèces,
aux noms bien connus des artistes, et dont la plupart sont
fouillées depuis plus de vingt siècles.

Bien des pays extraient aujourd'hui des marbres; mais
tous pâlissent devant la péninsule italienne, surtout devant les exploitations de Carrare et de Seravezza. Celles-ci
alimentent le monde entier; le marbre statuaire, les plus
beaux marbres d'ornement viennent de là. Une partie des
colonnes du nouvel Opéra de Paris sont en brèche violette
de Seravezza (planche II, 3). Qui ne connaît aussi les beaux
marbres fleuris de la même localité? Mais ce peu de mots
ne suffisent pas pour donner une idée de l'importance des
marbres italiens. Les marbres occupent une place éminente
parmi les pierres, et nous consacrerons plus loin à la des-

cription des carrières de Carrare et de Seravezza une étude spéciale.

Nous avons dit que d'autres contrées que l'Italie avaient des carrières plus ou moins productives. Ainsi nos Pyrénées sont riches en marbres blancs et de couleur; l'Angleterre taille ses granits et ses serpentines; la Suède et la Norvége, ainsi que la Russie, ont des granits et des porphyres; la Prusse et l'Allemagne, des marbres colorés et des granits; il en est de même de l'Espagne et du Portugal; enfin l'Algérie, si ses marbres blancs de Filfilah ne sont plus activement exploités depuis les Romains, travaille aujourd'hui le marbre onyx (pl. II, 2), dont elle a repris le monopole, et qui a étonné pour la première fois le monde industriel à l'Exposition universelle de 1855 à Paris. Depuis, l'onyx a fourni une belle carrière, et il joue, dans la décoration des édifices, le même rôle que le bois de thuya (que l'Algérie aussi cultive seule) dans l'ornementation du mobilier.

Le monde européen, y compris notre colonie algérienne, concourt donc pour une part bien évidente dans l'extraction des pierres d'ornement. Toutefois il est juste de mentionner aussi les colonies anglaises, principalement le Canada, l'Inde et l'Australie; mais les républiques hispanoaméricaines sont pauvres de ces matières ou les ont jusqu'ici fort peu exploitées. La pierre n'y est pas en honneur, et l'on y bâtit volontiers des maisons en *adobe*, c'est-à-dire en lattes et en boue, sans doute pour courir moins de dangers au milieu des tremblements de terre.

A côté des matériaux d'ornement, se placent les matériaux de construction proprement dits : le calcaire, le grès, dont on fait surtout des pierres de taille et des moellons, l'ardoise, qui s'applique essentiellement aux dallages et aux couvertures de toits. N'oublions pas que ce

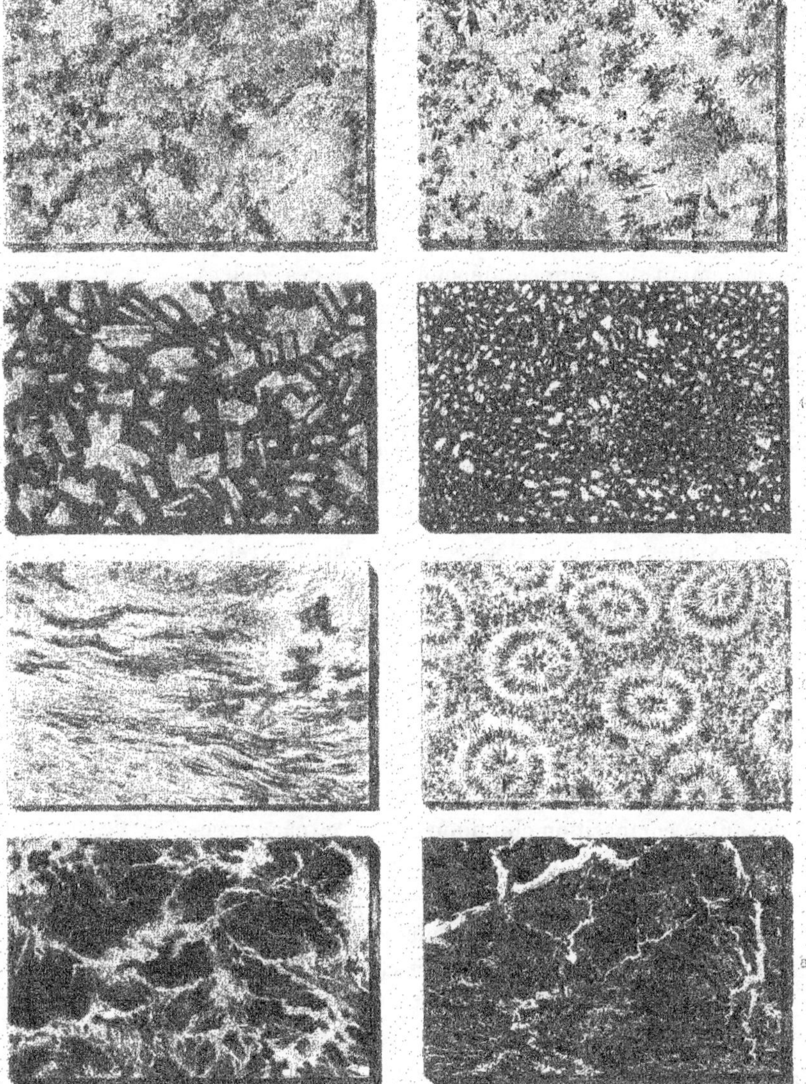

Painlevé Chromolith

1. Granité
2. Vert ... de Pégu
3. Porphyre vert antique
4. Porphyre rouge antique
5. Vert de Corse
6. Porphyre orbiculaire de Corse
7. Vert de Gênes
8. Rouge de Levant

Imp. Lemercier & Cie Paris.

sont là les plus humbles des pierres, mais les plus utiles, car elles servent à édifier la maisonnette du paysan aussi bien que les plus somptueuses demeures. Ce sont en outre ces pierres, et celles dont nous avons précédemment parlé qui forment le noyau de toutes nos montagnes, composent le relief des continents, et ont donné aux pays, dont elles sont pour ainsi dire la charpente, des allures caractéristiques.

Non-seulement de la pierre dépend le style des édifices, mais aussi le caractère général d'une population. A Carrare, à Volterre, grâce au marbre et à l'albâtre, tout le monde naît sculpteur. En pays de plaines on ne pense pas, on n'agit pas comme en pays de montagnes. Les roches granitiques, porphyriques, siliceuses exercent sur l'homme, au moral comme au physique, une autre influence que les roches calcaires, argileuses, marneuses. En France, pour ne pas aller chercher d'autres exemples, le Breton, l'Auvergnat doivent au milieu qui les entoure une partie de leurs traits distinctifs, et les différences profondes qui les séparent des Provençaux, des Gascons. La délimitation des anciennes provinces de la France s'était inspirée, sans le savoir, de ces caractères géologiques.

Notons un dernier trait : c'est du détritus des roches en place qu'est formée la terre végétale, dont les cultures varient suivant la composition chimique du sol, et par conséquent d'après les roches qui lui ont donné naissance ; c'est sur les détritus de ces mêmes roches qu'en pays de montagnes poussent les forêts, dont les essences ne sont pas seulement variables avec les altitudes et les climats, mais aussi avec la nature du terrain qui les porte.

Tel est le rôle que jouent ici-bas les pierres proprement dites, rôle que l'on n'aperçoit pas d'abord, mais qu'un peu de réflexion et d'étude suffit pour faire découvrir.

Les matériaux artificiels, dont il nous reste à parler, sont loin d'avoir pour le philosophe l'importance des matériaux naturels; cependant l'architecte ne nous pardonnerait pas de les avoir oubliés. La chaux, que l'on tire du calcaire, et qui forme avec le sable l'élément du mortier; le plâtre, que l'on fabrique avec le gypse; l'argile moulée et cuite à l'état de tuiles, de carreaux, de briques pleines ou creuses, et de tuyaux ou poteries, que depuis quelques années on emploie avec tant d'abondance dans les constructions ou le drainage; l'asphalte que l'on extrait des calcaires bitumineux, comme le faisaient jadis les architectes de Ninive et de Babylone, et qui sert à daller et macadamiser nos rues et nos trottoirs avec non moins d'avantage que le grès, le granit, le porphyre, le basalte, tous successivement vaincus par le charroi parisien; enfin, le béton et quelques silicates dont on a préservé la pierre exposée à l'air ou qu'on a moulés en briques et même en statues, tous ces produits apparaissent en rangs serrés au nombre des matériaux dont il est question.

Parmi les chaux, n'oublions pas les chaux hydrauliques et les ciments artificiels, dont la découverte éternisera le nom d'un de nos ingénieurs les plus distingués, M. Vicat, qui, ce jour-là, a détrôné le ciment romain.

Si cette découverte est venue jusqu'aux oreilles des maçons de l'ancienne Rome, dans la demeure élyséenne où ils continuent sans doute à bâtir et à dresser des projets et des devis, ils ont dû être bien étonnés, eux qui ne pouvaient avoir de mortier hydraulique qu'avec les sables volcaniques de Pouzzoles ou des Catacombes.

Rien de petit en ce monde, où les humbles tiennent souvent autant de place que les grands. Nous venons de le voir par l'étude des matériaux de construction, et dans cette étude nous avons voulu saisir l'ensemble plutôt que les détails, car il convenait de tirer un enseignement d'un sujet qui paraît au premier abord aussi commun qu'abstrait.

IV

LES PIERRES PRÉCIEUSES.

Le rôle des gemmes. — Taille des diamants. — Les diamants historiques. — Les pierres fines naturelles. — Les pierres artificielles. — Le laboratoire des savants et celui de la nature. — Ce que disent les gemmes.

Un chroniqueur, fort au courant des choses de l'Exposition universelle de 1867, prétendait que le premier cri que jetaient les dames en entrant dans le palais du Champ de Mars était celui-ci : « Où sont les bijoux? » Cette demande, le lecteur qui a bien voulu suivre jusqu'ici la série de ces études consacrées aux produits du sous-sol, pourrait nous l'adresser à nous-mêmes sous une autre forme : « Où sont donc les pierres précieuses? »

Il est temps de parler de ces reines du monde minéral, que nous eussions mises en tête de ces chapitres s'il ne s'était agi que de donner la palme à la beauté, à la couleur, à l'éclat. Mais il faut bien avoir égard, dans un livre sur les pierres, à l'importance économique des produits, et, à ce point de vue, toutes les substances dont nous avons déjà parlé, le charbon, les minerais métalliques, les pierres communes, ont le pas sur les pierres précieuses.

C'est par milliards que se compte annuellement la valeur des premières, c'est à quelques dizaines de millions à peine qu'on estime le prix des gemmes arrachées chaque année aux entrailles du sol. Paris, pour sa reconstruction, pour ses embellissements, consomme une valeur plus grande de pierres à bâtir que toutes les princesses de l'univers, toutes les femmes du monde élégant n'emploient de diamants, de rubis et d'émeraudes pour rendre leur toilette plus belle et leurs attraits plus séduisants.

Ce n'est pas que les pierres précieuses ne jouent aussi un autre rôle que celui de subvenir aux besoins du luxe, et à ce désir effréné de paraître et de briller qui caractérise surtout l'espèce féminine; les pierres précieuses concourent ou ont concouru pour une part très-grande à l'avancement de tous les arts décoratifs, elles sont de plus venues en aide à la cristallographie, la minéralogie, l'optique, la chimie. Artistes et savants leur sont donc également redevables, et sous ce double rapport elles méritent d'occuper une très-grande place dans l'examen des substances souterraines.

Le diamant a toujours été et sera toujours la plus belle, la plus chère de toutes les gemmes, celle par laquelle il importe de commencer.

Les expositions universelles offrent entre autres avantages celui de permettre aux visiteurs de passer en revue les produits du globe. C'est à ces expositions qu'il faut surtout étudier les diamants. On se rappelle l'exhibition de diamants de la couronne à Paris, en 1855. Ils étaient absents à l'exposition de 1867; mais en retour, un simple particulier, M. Coster, d'Amsterdam, avec un soin qui indiquait l'homme rompu à tous les détails du métier, étalait une exhibition princière, et nous initiait à tous les secrets de son commerce. Ici il nous montrait un dessin fait d'après nature de l'exploitation de placers diamantifères (fig. 62), et à côté les sables et les *cascalhos* (sortes de cailloux agglutinés) au milieu desquels on trouve le dia-

Fig. 62. — Lavage des sables diamanifères au Brésil, d'après un dessin original.

mant au Brésil. La véritable gangue, c'est-à-dire la roche en place où se cache l'incomparable gemme, est encore inconnue des géologues et des chercheurs.

Plus loin, on voyait le *bort*[1] ou *diamant concrétionné*, inachevé, de couleur indécise, aux formes arrondies, et qui ne sert guère qu'à polir le diamant du commerce; puis le *carbone* ou *diamant noir*, qui est employé aux mêmes usages, et qui sert aussi, encastré à l'extrémité de fleurets ou burins d'acier, à forer les roches les plus dures, telles que le granit et le porphyre, que le mineur, armé des moyens ordinaires, aurait peine à entailler.

Venait ensuite le *diamant cristallisé*, aux formes pointues, pyramidales ou dodécaédriques, quelquefois sphériques, le vrai diamant, limpide, étincelant, le plus souvent incolore, mais encore brut, non poli par la main de l'homme. On le prendrait pour un éclat de verre, et d'autres fois pour un caillou de quartz, tant la patine qui le recouvre est terne et épaisse. La dureté prévient toute méprise : le diamant raye toutes les pierres, tous les corps, et ne se laisse rayer par aucun.

Cette propriété du diamant est précisément celle qu'on a mise à profit pour le travailler. La taille comprend trois opérations. On procède d'abord au *clivage*. Un ouvrier très-exercé commence par diviser au moyen d'une lame d'acier les cristaux naturels suivant leurs facettes géométriques.

Après cette opération, vient celle de l'*égrisage*, qui consiste à user l'un contre l'autre deux cristaux déjà clivés. L'ouvrier, les mains munies de gros gants de peau de chamois, tient les diamants au bout de deux poignées

---

1. On écrit aussi *boort, bord* ou *bore*. Quelle peut être la bonne orthographe? car c'est là sans doute une expression empruntée aux ouvriers qui extrayent ou travaillent le diamant.

et les frotte incessamment. C'est, dit-on, l'une des manœuvres les plus fatigantes qui se puissent voir. La poussière
qui résulte de l'usure est précieusement recueillie. On la
nomme *égrisée ;* elle sert dans la dernière opération, celle
du polissage.

Sur une meule horizontale ou plate-forme d'acier, animée de plusieurs milliers de tours à la minute, deux mille
cinq cents et plus, si bien qu'on la croirait immobile, l'ouvrier tient le diamant fixe au moyen de rondelles de plomb
qui pèsent sur une poignée où est enchâssée la gemme.
La meule est enduite d'égrisée ou de poussière de carbone
imbibée d'huile vierge, et de temps en temps l'ouvrier
examine la pierre pour juger de l'effet produit et changer,
s'il y a lieu, la facette à polir. Pour mieux voir, il trempe
la gemme dans l'eau. Par l'effet du frottement énergique
qui vient d'agir sur elle, la pierre est si chaude, que l'eau
s'évapore au contact.

Il faut suivre, dans la taillerie de M. Coster, à Amsterdam, les détails de ces trois opérations du clivage, de l'é-
grisage et polissage, que nous ne pouvons ici qu'effleurer.
La taille du diamant appartient aujourd'hui presque entièrement à la Hollande, et à voir les diamantaires que
nous montrait M. Coster en 1867, à les entendre parler,
on devinait des israélites néerlandais.

En eux résident désormais tous les tours de mains, tous
les secrets de cette fabrication que la France a la première
imaginée, ou du moins notablement perfectionnée, sous
Mazarin, et qu'elle a presque totalement perdue depuis,
avec beaucoup d'autres industries. Dans ces dernières années, on a essayé de faire revivre à Paris l'art de tailler
le diamant. M. Bernard est à la tête d'une taillerie qu'il a
décorée du nom d'impériale, mais qui ne travaille pas
tous les jours.

Dans ce même palais du Champ de Mars, aujourd'hui si malheureusement disparu, et où nous nous promenions tout à l'heure en idée, un minéralogiste de Londres, M. J. Gregory, exposait en 1867 nombre d'échantillons naturellement cristallisés des différentes gemmes, le fac-simile des diamants les plus célèbres, puis quelques pierres imitées. Là trônait le fameux *Régent* (planche IV, 2), le plus beau fleuron de la couronne de France, bien mieux, le premier, le plus apprécié, sinon le plus gros de tous les diamants; puis le *Koh-i-noor*, ou la montagne de lumière, joyau de la couronne britannique, qui l'a fait tailler (planche IV, 8 et 10), et l'*Étoile du sud* (planche IV, 4), découverte par une négresse au Brésil en 1853, et que MM. Halphen, qui s'en étaient rendus acquéreurs, exhibèrent victorieusement à l'exposition de 1855. Ils l'ont taillée depuis, mais ne nous ont point dit encore ce qu'ils en ont fait, ni quelle tête couronnée l'a acquise.

A côté était le *Mattam*, qui a la forme d'une poire lisse, et appartient au radjah de Mattam, à Bornéo; puis le *Grand Mogol*, qui ressemble à un œuf de dinde coupé transversalement par le milieu et taillé (planche IV, 1), puis le *Grand-Duc de Toscane* et le *Sancy* (planche IV, 3 et 6), perdus l'un après l'autre par Charles le Téméraire à Granson et à Morat, et passés depuis par bien des mains, au milieu de péripéties qui tiennent du roman.

Après venait le *Shah*, à la forme prismatique, abandonné par le shah de Perse dans une bataille avec la Russie et resté au pouvoir du czar vainqueur; et avec le Shah l'*Orloff* et l'*Étoile polaire*, qui pourraient raconter aussi leurs aventures : l'Orloff, du moins, volé dans l'Inde au siècle dernier par un grenadier français sur une idole de Brahmah.

Ce n'était pas tout. On admirait encore le *Pigott*, qui

appartient aujourd'hui au pacha d'Égypte ; le *Nassac*, au
marquis de Westminster ; et l'*Impératrice Eugénie*, à
l'impératrice des Français.

Enfin ceux qui préféraient les diamants de couleur
parce qu'ils sont plus rares, jetaient les yeux sur le *diamant bleu* de M. Hope (planche IV, 9), sur le *Florentine*
(planche IV, 5), qui est d'un jaune verdâtre et qui appartient à l'Autriche, et sur le *Green-Vaults?* (planche IV, 7)
qui est vert-émeraude et que l'on voit à Dresde.

Ne quittons pas la vitrine de M. Gregory sans parler des
rubis et des saphirs (planche V, 2 et 3), des émeraudes et
des topazes (planche V, 5 et 8), des turquoises, des opales et des grenats (planche V, 6), des améthystes, des
chrysoprases, des tourmalines, du cristal de roche limpide,
du péridot (planche V, 4, 7, 9, 10 et 11), puis des
malachites, des jaspes, des agates (planche VI, 8), des fluo-
rines, des épidotes (planche VI, 1, 2 et 3), des micas violets ou lépidolites, des calcaires cristallisés aux pointements en pyramides (planche VI, 4 et 6), des lapis, de
l'ambre jaune, du jais, de la marcassite, etc., etc.

Le joaillier londonien nous montrait toutes ces pierres
naturelles, parfaitement authentiques, sans parler de nombre de cristaux de diamant brut, du Brésil ou de l'Inde.
Il exposait tout cela avec la satisfaction du savant et du
connaisseur. Sa vitrine résumait toute la minéralogie des
gemmes, des beaux échantillons naturels qui s'en rapprochent, et, à ce point de vue, il eût bien fait d'écarter les
pierres factices.

Les malachites de l'Oural sont renommées. Quand elles
sont pures et formées de zones concentriques, elles rentrent dans la catégorie des pierres précieuses. M. P. Demidoff en exposait en 1867 un bloc qui pesait au delà de
2000 kilogrammes et qu'on estimait 75 000 fr. : c'est pour

rien. Avant qu'on eût mis la pancarte, nous avons entendu des visiteurs évaluer le prix de la pierre au triple. Il est vrai que, simples amateurs, ils ne l'eussent achetée ni à ce prix ni au-dessous.

Avec la malachite de l'Oural, nous devons citer aussi les opales de Hongrie, exposées en 1867, sous une vitrine spéciale, par l'Autriche. C'étaient *les plus grosses opales du monde*, comme disait l'inscription; puis venaient les grenats de Bohême qu'on avait mis à côté, et qui n'ont qu'un tort, c'est d'être trop communs et trop facilement imitables.

Le Mexique, l'Amérique centrale eussent pu nous présenter de plus belles opales que celles de Hongrie, nous les cherchâmes vainement, aussi bien que les topazes et les améthystes du Brésil, qui peut-être n'arrivèrent que plus tard.

La Nouvelle-Grenade exhibait au moins ses incomparables émeraudes, dont un superbe trophée avait été artificiellement monté dans la gangue au milieu même des galeries françaises.

La province Argentine nous offrait à son tour de magnifiques géodes d'améthystes. Emballées sans soin, elles arrivèrent malheureusement avec quelques blessures.

Le Chili n'avait pas oublié ses lapis, qui, il est vrai, ne sauraient faire concurrence à ceux de Sibérie et de l'Asie centrale, surtout ceux de la Petite-Boukharie.

La Californie avait négligé de nous faire voir les diamants et les autres pierres fines qu'elle trouve aujourd'hui dans ses placers, là où naguère elle ne daignait chercher que les paillettes d'or; l'Australie, au contraire, avait étalé toutes ses gemmes; elle avait tenu à nous montrer que les placers aurifères et gemmifères ne composent qu'un même gisement géologique, et que le plus précieux des métaux va volontiers de compagnie avec les plus précieuses des pierres.

Il faut borner là notre course et signaler en finissant l'ambre mielleux, transparent de la Baltique, et celui de la Chine et du Japon, le jais d'Angleterre, enfin les perles et le corail, car toutes ces substances font aussi partie des pierres qu'emploie la joaillerie, pierres qu'on nomme, suivant les cas, dures, fines ou précieuses.

Terminons par un mot sur les gemmes factices qu'on fabrique si bien aujourd'hui. Le minéral naturel est imité dans sa couleur, son éclat, sa transparence; il n'y a que la dureté qui manque; la composition chimique n'est pas non plus la même. N'oublions pas toutefois que, telles qu'elles sont, ces pierres artificielles composent le bijou, le joyau du pauvre, et que plus d'une villageoise et d'une grisette s'en parent avec autant de joie que si elles étaient vraies. L'effet produit n'est-il pas à peu près identique?

Les savants, en essayant de leur côté d'imiter les pierres précieuses, et de les imiter de tous points, en respectant la composition chimique, ont tenté un des problèmes les plus délicats imposés au génie humain. Beaucoup ont réussi; mais les spécimens fabriqués sont restés, il faut le dire, microscopiques. Le diamant, le rubis, le saphir, l'améthyste, le cristal de roche, sont un jour ainsi apparus aux yeux étonnés des Desprez, des Gaudin, des Daubrée, des Sainte-Claire Deville, et d'autres chimistes non moins illustres, honneur de l'école française, car c'est surtout la France qui s'est distinguée dans ces patientes et industrieuses recherches.

Là s'est jusqu'à présent bornée la découverte. La nature n'a livré qu'une partie de ses secrets : avec un peu de carbone, d'alumine, d'argile colorée, avec un peu de silice, elle a fait, dans son laboratoire à elle, le diamant, le rubis,

1. Diamant
2. Saphir
3. Rubis
4. Améthyste
5. Émeraude
6. Béryl
7. Chrysoprase
8. Topaze
9. Tourmaline
10. Cristal de roche
11. Péridot

le saphir, la topaze, l'émeraude, l'améthyste, le cristal de
roche et cent autres gemmes; elle les a faits en beaux cristaux limpides, incolores ou parés de tout l'éclat du prisme,
durs, résistants; elle les a faits lentement et comme en cachette, les enfermant dans les plus profonds replis des terrains, dans des *géodes* qu'il faut trouver et briser pour
découvrir la gemme. Elle a voulu laisser à l'homme le
mérite de cette découverte, mais de celle-là seulement, et
quant au reste, quant à une imitation artificielle complète,
capable de donner de tous points le change sur ce qu'elle
a fait, elle semble avoir dit à l'homme : Tu n'iras pas plus
loin! Et par là elle nous a montré en même temps et sa
puissance et notre faiblesse.

Ne les accusez donc plus ces pauvres pierres qui jouent
un si grand rôle ici-bas; ne les accusez plus, moralistes
sévères, économistes moroses. Ne voulez-vous voir que l'u-
tilité immédiate qu'elles nous procurent? Regardez. C'est
en définitive la meilleure épargne, le meilleur placement. Les diamants et presque toutes les pierres ont doublé
de valeur depuis trente ans. Voilà un capital qui rapporte,
sans que l'on s'en doute, un fort bel intérêt. Voulez-vous
mieux? Là où la gemme abonde, là où la joaillerie brille
de tout son éclat, les capitaux circulent, le travail est ré-
munéré. Si la gemme se cache, c'est signe de trouble dans
les affaires. Que les riches étalent donc leurs diamants, et
qu'ils nous les montrent à boisseaux; car, ainsi que l'a dit
un penseur, quand les premiers d'une société peuvent
acheter des pierres précieuses, les derniers peuvent acheter des aliments.

V

LES TERRES ET LES SELS.

Les minerais chimiques. — Phosphate de chaux, tangue. — Le guano,
sa confection, son emploi. — Le sel marin. — L'alun, le nitre, la
soude, le borax. — Les terres colorantes. — Le soufre et la pyrite de
fer. — Utilité des terres et des sels.

On pourrait appeler du nom de minerais chimiques la
classe intéressante de produits dont le moment est venu
de faire la description. Nous disons chimiques, parce que
ces minerais se traitent spécialement dans les laboratoires
ou dans les ateliers de chimie, et par là se différencient
nettement des minerais métalliques ou minerais proprement dits, dont on retire les métaux, et qui ne peuvent
guère s'élaborer que dans les plus grandes usines, celles
que bâtit la métallurgie.

Les minerais chimiques sont aussi nombreux que variés.
Ils composent comme un bataillon d'irréguliers, où entrent
tous les produits solides qui n'ont pas pris place dans une
des catégories précédentes.

Cependant tous ces minerais, sauf quelques cas exceptionnels, se rangent volontiers dans la famille des terres et
des sels des anciens minéralogistes. La langue vulgaire et
même la chimie moderne ont respecté heureusement ces
vieilles dénominations.

Parmi les terres, nous comprenons d'abord celles qui
servent à l'amendement du sol végétal, et que nous avons
déjà en partie mentionnées, en parlant des pierres de construction, telles que les terres gypseuses, calcaires, argi-

Fig. 63. — Vue des couches de guano aux îles Chincha, d'après une photographie.

leuses, marneuses. Après celles-ci viennent des substances de composition plus spéciale, le phosphate de chaux, la tangue, le guano, les terres ammoniacales et alumineuses, toutes substances chères à l'agriculteur, et qui, employées avec discernement, augmentent dans des proportions souvent fabuleuses le rendement du sol nourricier. On dirait que la nature s'est plu à fossiliser tous ces produits, qui ont jadis, pour la plupart, participé de la vie animale, comme si elle avait prévu que l'homme serait contraint un jour de restituer à la terre les sels que les végétaux lui enlèvent. Les produits dont nous parlons semblent être, comme quelques-uns de ceux déjà décrits, des réserves enfouies sous le sol lors des anciennes époques géologiques, et destinées à réapparaître plus tard pour jouer un rôle dans l'économie de ce monde.

Les amendements minéraux, ces terres salines tirées du sol sur un point pour lui être restituées sur un autre, ne manquent pas à notre pays, et dans quelques-uns de nos départements, ceux des Vosges, de la Meuse, des Ardennes, on retire du sol de beaux échantillons de phosphate de chaux en nodules de couleur grisâtre. Ce phosphate provient de mollusques qui vivaient dans les mers françaises en groupes nombreux, alors qu'une partie du territoire était encore recouverte par les eaux. La mer a depuis changé ses limites, mais le géologue peut tracer sur la carte les rivages qu'elle baignait alors, dire quel climat régnait sur ces archipels et combien de milliers de siècles nous séparent de cette enfance de la planète.

Un autre amendement minéral, la tangue, est de formation plus récente que le phosphate de chaux fossile. La tangue est composée de sables et de boues marines, mêlées de débris de coquilles. Elle se dépose encore aujourd'hui dans quelques alluvions de la mer. C'est un bon amendement, surtout si on la mêle au phosphate de chaux. En France, les localités qui bordent la Manche font un grand usage de la tangue, de même qu'en Touraine la plupart des agriculteurs tirent parti des *faluns*, sables coquilliers, calcaires et argileux, déposés aux temps des mers tertiaires.

Tous les amendements que nous venons de nommer cèdent le pas au guano. Celui-ci, nous le savons, est un véritable engrais fossile, un fumier minéralisé, déposé vers le commencement de la période que nous avons nommée quaternaire, et qui est celle que nous traversons encore aujourd'hui. Le guano s'exploite surtout aux îles Chincha, voisines de la côte du Pérou (fig. 63, 64 et 65). On en trouve aussi sur la côte bolivienne et au nord du Chili, vers le désert d'Atacama, ainsi que le long du rivage de la basse Californie, enfin dans certaines îles tropicales du Pacifique, de l'océan Indien, de la mer Rouge et de l'Atlantique : mais aucun guano ne l'emporte sur celui des îles Chincha. Celui-ci a la palme sur tous, et si les autres le suivent, c'est à une très-grande distance.

Quel est donc ce produit étrange fait pour dérouter les minéralogistes, qui ne savent dans quelle famille le ranger? Est-ce un sel, une terre, une pierre? Est-ce un produit animal ou minéral? C'est simplement une déjection d'oiseaux fossilisée, et renfermant divers sels, par exemple les phosphates de chaux et d'ammoniaque, qui sont pour la terre végétale comme une manne bienfaisante qui en augmente singulièrement la fertilité. Ces produits, qui les a déposés? Nous l'avons déjà dit. Des volatiles marins, les cormorans, les pélicans, les pingouins, oiseaux avides de poissons, et qui s'en gorgeaient à qui mieux mieux.

Les oiseaux marins d'aujourd'hui opèrent encore comme leurs ancêtres. Il faut les voir allant en guerre sur les eaux calmes et transparentes du Pacifique. Des chefs mè-

Fig. 64. — Exploitation du guano aux îles Chincha, d'après une photographie.

nent la bande, qui se déroule comme un immense anneau.
Puis la pêche commence. On cerne le poisson, et chaque
volatile plonge, happe au passage la sardine et le hareng
de l'endroit, et s'en repaî avidement. La bombance finie,
la troupe regagne l'île ou le rivage le plus voisin, et là,
sur le rocher, silencieuse, recueillie, elle prélude à l'élaboration lente et difficile des produits ingurgités.

Peu à peu, avec le temps, la masse ainsi déposée augmente d'épaisseur. Il se forme comme des couches, des
sédiments géologiques au milieu desquels se rencontrent
même des fossiles, des oiseaux qui tombent sur place, n'en
pouvant plus, et des poissons rendus tout entiers. Le climat du pays aide lui-même à cette précieuse formation.
Au Pérou jamais il ne pleut : pas un atome ne se perd du
guano déposé jadis ou de celui qui se confectionne encore
sous nos yeux.

Nous savons que les Incas, ces premiers maîtres du pays,
connaissaient les propriétés fertilisantes du curieux engrais ;
ils l'employaient dans la culture des terres, et avaient défendu, sous peine de mort, de tuer aucun des oiseaux
marins producteurs de guano. Après la conquête du Pérou
par Pizarre, l'usage de cet engrais se perdit. Ce n'est que de
nos jours que l'on a de nouveau recouru et avec le plus
grand succès. L'emploi en est devenu général. Tout agriculteur veut aujourd'hui user du guano et en réclame im-
périeusement. De là bien des fraudes et des falsifications.
Le Pérou, lui, a tout gagné à l'exploitation de l'utile fumier. Il en tire le plus net de ses revenus, en en fournissant le monde entier. Il y a là une réserve qui pourra
durer encore une trentaine d'années, d'autres disent plus,
d'autres disent moins. Il faudrait aller soi-même mesurer
le tas pour connaître l'exacte vérité.

Les magnifiques plantations du sucre de Cuba, de la

Réunion, de Maurice, ont, par l'emploi du guano, doublé et quadruplé leur rendement. Les pauvres Chinois qui fouillent les gîtes, et les marins qui transportent ce produit à l'odeur trop caractéristique, sont les seuls à s'en plaindre. La poussière fine du guano pénètre les organes et n'est point faite pour les récréer. Est-ce la raison pour laquelle l'engrais péruvien était si mal représenté dans le palais de l'Exposition en 1867? Non, sans doute, et il en faut voir une autre, celle que nous avons déjà donnée en rappelant l'état de troubles incessants que traversent depuis tant d'années la plupart des républiques de l'Amérique espagnole, troubles qui les éloignent des travaux pacifiques de l'industrie et des fêtes tranquilles du travail.

Après les divers produits dont nous venons de retracer l'histoire, et utiles à un autre point de vue, se présentent les sels proprement dits. A leur tête est le sel gemme, appelé aussi sel marin, sel de cuisine, sel commun. C'est le sel par excellence, indispensable à l'agriculture, à l'élève du bétail, à la préparation des aliments. D'anciennes mers, d'anciens lacs salés l'ont déposé sous le sol, en couches, en amas, dans nombre de formations géologiques. Il y a aussi des sources salées souterraines que souvent va chercher la sonde, de sorte qu'une grande partie du sel consommé aujourd'hui vient autant des mers d'autrefois que des mers actuelles. Le sel souterrain est le sel gemme, le sel de pierre proprement dit. L'Espagne en possède de très-belles mines à Cardone, au pied des Pyrénées. L'Autriche offre de non moins célèbres gisements à Wieliczka, en Gallicie [1].

L'Égypte renferme aussi des dépôts de sel gemme, ceux

___

1. Ces mines ont été récemment envahies par les eaux (1868).

Fig. 65. — Déchargement des wagons de guano aux îles Chincha, d'après une photographie.

entre autres des lacs Amers. Mais les gisements les plus
riches, les plus étendus sont maintenant exploités par la
Prusse, et l'on peut dire que les formations salines de
Stassfurth ont émerveillé dans ces derniers temps le monde
des chimistes et des géologues. Qui n'a pas vu en 1867, à
Paris, dans la galerie prussienne du Champ de Mars, l'é-
norme grotte ou niche de sel construite en blocs massifs, et
ces échantillons de carnalite et autres sels complexes, aux
tons blancs ou couleur de chair, que la Prusse exposait en
abondance dans de vastes bocaux de cristal? A côté était
un plan en relief transparent, un cube en feuilles de mica,
dont on pouvait suivre tous les détails intérieurs représentant le gîte salin et les travaux qu'on y avait entrepris
(carte XI, 3). Cette exploitation est, à tous les points de
vue, pleine d'intérêt. Le chiffre des différents sels recueillis en 1865 a dépassé 165 000 tonnes de mille kilogrammes
chacune, dont plus des trois quarts en sel raffiné et sel en
roche, et le reste en sel de potasse et de magnésie.

L'extraction de ces deux derniers sels, beaucoup plus
rares que le sel gemme, nous conduit, par une pente insensible, à parler de l'alun, du nitre et de la soude naturelle, ainsi que du borax.

L'alun, ou sulfate d'alumine et de potasse, dont on connaît l'emploi comme astringent en médecine et comme
mordant dans la teinture, est fourni, depuis des siècles, par
les mines de la Tolfa, près de Rome. Ces mines renferment
aussi du soufre, du kaolin ou terre à porcelaine, et d'autres
minerais chimiques et même métallifères, tels que la galène
ou sulfure de plomb. Le gîte est de nature volcanique et
métamorphique; il a été altéré, transformé, par des émanations de gaz souterrains et le passage d'eaux thermales
fortement minéralisées, qui ont engendré l'alun dans la
roche préexistante. C'est de la Tolfa que vient aujourd'hui

la plus grande partie de l'alun consommé en Europe, mais la Toscane en fournit aussi une bonne part, et ses gîtes de Montioni, voisins du littoral tyrrhénien, sont non moins réputés que ceux de la Tolfa.

Après l'alun, disons un mot du nitre, ainsi qu'on nomme vulgairement le nitrate ou azotate de soude. Celui-ci est livré principalement par le Pérou. Cousin germain du salpêtre ou nitrate de potasse, il sert dans la fabrication des acides azotique et sulfurique (eau-forte, huile de vitriol). On pourrait aussi l'employer dans la fabrication de la poudre, mais il rend celle-ci brisante, c'est-à-dire qu'elle fait éclater les armes.

Au Pérou, on extrait le nitre par un simple lessivage des sables qui le contiennent, et les navires de commerce viennent le charger au port d'Iquique, si tristement visité, comme tant d'autres ports du Pacifique, par le fameux tremblement de terre de 1868.

Le natron de l'Inde et de l'Égypte est analogue au nitre péruvien et se retire, par évaporation, de l'eau de certains lacs.

Plus difficile est l'exploitation des soudes naturelles d'Es-pagne, qu'on rencontre principalement dans les collines d'Aranjuez, non loin de Madrid, en amas parfois cristallisés ou en grains répandus au milieu des argiles. Il faut lessi-ver ces terres, faire cristalliser les sels. On obtient ainsi des carbonates de soude naturels, qui font concurrence aux sels sodiques qu'on fabrique artificiellement avec le calcaire, le sel marin et le charbon, ou qu'on retire des cendres des végétaux marins. On sait que les sels de soude sont indispensables à la production du savon.

Quant au borax ou borate de soude, on le sépare des eaux, des boues de quelques lacs. On cite le borax du Thibet, et depuis quelques années celui de Californie, re-

tiré du célèbre lac de Borax du comté de Lake. Le borax
de Californie a fait à celui de l'Inde une concurrence victorieuse.

Il faut terminer cette revue rapide des terres et des sels
par quelques produits dont il n'a pas été question, tels que
les terres colorantes, employées surtout dans la peinture et
la teinture. La plupart sont à base métallique et rentrent
dans la famille des minerais proprement dits. Les terres
de Sienne et de Cologne ne sont autres que des minerais
de fer oxydé, de même composition que celui représenté
planche I, figure 1, et les cendres bleue et verte, des minerais de cuivre carbonatés, azurite, malachite (pl. I, 4
et 5); le vermillon n'est que du sulfure de mercure
(pl. I, 8); le minium, appelé par les peintres rouge de
brique ou de saturne, n'est qu'un oxyde de plomb.

N'oublions pas non plus, avant de clore cette nomenclature, le soufre, soit qu'il se présente à l'état cristallisé
(pl. VI, 7) ou à l'état terreux, pulvérulent, comme
dans la plupart des solfatares, notamment celles de
Sicile, du Napolitain, de la Romagne, et celles de
Californie, de la Guadeloupe, etc., soit qu'il s'offre à
l'état métallique, comme dans la pyrite de fer. Nos fabriques de produits chimiques ont eu l'heureuse idée
d'utiliser ce dernier minerai, à une époque assez rapprochée de nous, où les soufrières de Sicile paraissaient devoir
nous être fermées. Depuis lors l'emploi des pyrites s'est
de plus en plus répandu; des gîtes que l'on regardait
comme inexploitables ont révélé tous leurs trésors; et
dans ce fait, comme en beaucoup d'autres, on a vu le
progrès surmonter tous les obstacles, et l'esprit de recherche créer à l'industrie des ressources nouvelles, inat-
tendues, inépuisables, quand la ruine paraissait certaine.
Témoins les succès obtenus par tous ceux de nos fabricants

de produits chimiques qui consomment aujourd'hui des
pyrites. Ne jamais désespérer, tel devrait être, à notre
époque, l'adage des industriels, au milieu des transformations incessantes que les nécessités du temps leur im-
posent.

Les produits que nous venons de passer en revue ont
fait en partie la chimie et surtout la fabrication chimique
moderne. La plupart de nos manufacturiers leur doivent
la fortune qu'ils ont acquise, et c'est en même temps dans
l'étude attentive de ces produits que les savants de laboratoire ont puisé la plus grande partie de leurs connaissances. C'est ici surtout qu'ils ont appris à refaire de
toutes pièces, et souvent avec avantage, les productions
de la nature. Nous venons d'en donner des exemples à
propos de la fabrication de la soude artificielle et du soufre
qu'on extrait des pyrites. Le sel qu'on retire des eaux de
la mer, l'alun artificiel, le sulfate d'alumine, qu'on dégage
des terres alumineuses, la soude, la potasse, qu'on lessive
dans les cendres des végétaux, sont autant d'autres preuves
qui viennent à l'appui de notre théorie. Tout se tient donc
ici-bas, et le manteau qui recouvre notre planète offre
dans les terres et les sels, dans ce que nous prendrions volontiers pour les scories, les impuretés du globe, tout aussi
bien que dans le charbon, les minerais métalliques, les
pierres précieuses et les pierres usuelles, les éléments les
plus variés au travail et à l'activité industrielle. N'est-ce
pas d'ailleurs de ces terres et de ces sels qu'est en majeure partie composée la terre végétale, cette grande nourricière du genre humain, comme on l'a si souvent appelée?

VI

L'HUILE DE PIERRE ET LES EAUX SOUTERRAINES.

Les huiles américaines. — La Pétrolie. — Un char triomphal. — Les huiles de schiste. — Les pétroles d'Europe et d'Asie. — Les eaux minérales. — Analogie avec les veines métallifères. — Sources célèbres. — Les *soffioni* boraciques. — Appel aux chercheurs.

Il nous reste, pour terminer le tableau de la richesse minérale du globe, à parler des liquides et des gaz souterrains.

Parmi ces substances se présentent au premier rang les huiles minérales.

Ces huiles, sous le nom de pétroles (huiles de pierre), jouent depuis quelques années un rôle des plus intéressants dans l'éclairage économique.

Elles existent dans nombre de localités, mais aucun des gisements exploités ne saurait entrer en lutte avec ceux de l'Amérique du Nord.

L'exploitation de l'huile de pierre a été cause aux États-Unis d'un de ces *excitements*, d'une de ces fièvres populaires comme cette contrée seule en présente, et le mouvement tumultueux de la Pétrolie pensylvanienne a pu se comparer un moment à celui des premiers temps de la Californie.

En outre, comme il arrive encore dans ce pays ayant toutes les audaces d'un pays jeune, dans ce pays où chacun ne semble poursuivre qu'une idée, faire fortune par les moyens les plus prompts, des méthodes d'exploitation

nouvelles, qui ont confondu d'étonnement les ingénieurs
les plus habiles de l'Europe, ont été inventées et tout
aussitôt perfectionnées.

C'est ainsi qu'au fond des trous de sonde creusés pour
aller rejoindre le fleuve ou le lac souterrain de pétrole, on
a jeté des bombes explosibles pour faire éclater la roche et
agrandir le diamètre du trou.

La géologie spéculative, — qui marche toujours de
front dans cette contrée avec la géologie appliquée, à laquelle elle vient si heureusement en aide, — la géologie
spéculative s'est mise à son tour en campagne, et les savants de Boston, de New-York, de Philadelphie ont essayé
de se rendre compte de ces gisements étranges où les
sources salines, les gaz explosibles et les huiles minérales
se trouvaient si intimement confondus.

Quelques-uns ont expliqué la formation de ces substances
par la décomposition de plantes et d'animaux marins qui
vivaient aux temps primitifs du globe; à l'époque où ces
terrains se déposaient; d'autres ont aligné les gîtes suivant
certaines fissures du sol, et n'y ont vu que des émanations
parties du foyer central de la terre, de ce laboratoire de la
nature où le feu est toujours allumé; d'autres enfin, et nous
partageons entièrement leur avis, car des faits récents
semblent leur donner raison, ont démontré que la formation du pétrole et celle du charbon de terre avaient obéi
aux mêmes lois, que le pétrole n'était que de la houille
liquide, et provenait comme la houille de la fossilisation
des plantes antédiluviennes.

La nature des plantes était seulement différente dans
l'un ou l'autre cas, celluleuse pour le cas du pétrole,
fibreuse pour le cas de la houille. Un savant, M. Lesquereux, que nous avons rencontré au collége d'Harvard, à
Cambridge près Boston, en 1868, a fait à ce sujet des

observations, des expériences concluantes, et il nous semble qu'on ne peut plus rien objecter à ses démonstrations [1].

Comme il était déjà arrivé pour les gîtes californiens, les discussions soutenues avec acharnement par un camp et par l'autre dans la question de la formation du pétrole, ont fait faire un pas de plus à la science, tandis que les moyens hardis d'exploitation mis en usage par les travailleurs ont singulièrement agrandi le champ de l'art des mines.

Des pays nouveaux ont surgi; le flot des émigrants s'est porté vers des points auparavant déserts, et l'huile des Senecas, jusque-là réservée aux Indiens de ce nom ou à quelques pratiques médicales, est intervenue utilement dans l'éclairage d'abord, puis dans le graissage des pièces mécaniques et dans la fabrication de quelques produits industriels, enfin dans la combustion elle-même, où le pétrole semble, dès maintenant, devoir lutter avec la houille, au moins dans quelques cas particuliers.

Il faudrait pouvoir raconter ici les commencements de la Pétrolie et le désordre sans nom qui fut la suite des premières recherches : la terre partout imprégnée de l'huile extraite et où l'on s'enfonçait jusqu'aux genoux, les cris des charretiers embourbés portant les fûts au chemin de fer, les incendies allumés par l'explosion du pétrole, les puits et les ruisseaux en feu, les millions perdus et gagnés en un jour; des terrains jusque-là sans valeur atteignant

---

1. M. Lesquereux est Suisse. Avec le naturaliste Agassiz, le géographe Guyot et l'archéologue Matile, il a quitté Neufchâtel en 1847 pour émigrer en Amérique. Tous les quatre ont concouru pour une très-large part à l'avancement de la science américaine. Les travaux de M. Lesquereux en botanique fossile sont restés classiques.

Parmi les savants suisses émigrés aux États-Unis, il convient de citer encore M. de Pourtalès, attaché à l'hydrographie côtière (le *Coast-Survey*), pour la partie concernant l'histoire naturelle.

des prix inabordables ; l'huile, le gaz et l'eau salée jaillissant à la fois des sondages ; enfin, la fièvre du jeu, le vol et l'assassinat venant, comme en Californie et par une similitude de plus, compléter un tableau à la fois plaisant et dramatique, tel qu'on n'en voit qu'aux États-Unis.

Cela se passait de 1860 à 1862. Dès le premier moment, les Américains comprirent tout le parti qu'on pouvait tirer de ces richesses naturelles dont leur sol était si abondamment pourvu, et les exploitèrent avec acharnement.

Pendant la guerre de sécession, les propriétaires du fameux gîte de Tar-Farm (Pensylvanie) parcoururent un jour la longue rue de Broadway (qui est pour New-York ce que sont les Boulevards à Paris), avec une façon de locomotive traînée par six chevaux. Sur la plate-forme de ce char triomphal était installé l'appareil de sondage qui avait servi à creuser le puits de Tar-Farm ; à côté, les pompes qui puisaient le pétrole, les tonneaux qui le recevaient, et tout cela couronné de fleurs et de guirlandes, de drapeaux, de dessins et d'inscriptions. Sur le devant et sur les côtés du véhicule se tenaient debout les propriétaires et les ingénieurs de la source de pétrole. Parmi les inscriptions dont le char était entouré, les unes rappelaient le débit de la source, les autres la quantité d'huile fournie évaluée en millions de dollars. Enfin on lisait en grosses lettres sur une pancarte spéciale : « *Petroleum is king, not cotton!* ce n'est plus le coton qui est roi, c'est le pétrole ! » Et le peuple applaudissait, fou de joie, émerveillé, tandis qu'un photographe prenait une vue instantanée de cette marche de triomphateurs, afin que les races futures n'en ignorassent aucun détail. Ainsi procède en Amérique la nation yankee, à la fois si austère et si jeune, si naïve et si sensée.

J'aurais voulu voir, à l'Exposition de 1867, le char de

Tar-Farm, et les dessins qui l'embellissaient et les engins dont il était porteur. C'est ainsi que les Américains auraient dû nous initier à l'exploitation de leur huile de pierre dont ils sont si justement fiers.

On distingue, en Amérique, trois qualités de pétrole : le pétrole brut, d'un noir verdâtre, à la couleur, à l'odeur goudronneuse, tel qu'il sort du puits ; puis le pétrole distillé, au ton jaune et mielleux ; enfin le pétrole raffiné, purifié, au ton opalin, à l'odeur éthérée, et qui donne, quand on le brûle, une lumière éblouissante.

Les pétroles de Pensylvanie ont la palme ; puis viennent ceux de la Virginie, du Maryland et d'autres États.

Dans l'Amérique anglaise, le Canada est riche aussi en huiles minérales, mais elles sont de qualité inférieure.

Toutes ces huiles américaines, pour lesquelles la nature a presque tout fait, si bien que l'homme n'a plus qu'à puiser sous le sol le produit liquide, font à nos huiles de pierre européennes une concurrence mortelle. L'abondance et le bas prix des pétroles des États-Unis ont réduit chez nous aux abois l'industrie si intéressante des huiles de schiste. La plupart de nos mines françaises, celles de Saône-et-Loire, du Var, de l'Ardèche, de l'Allier, du Puy-de-Dôme ont été admirées et la plupart primées au concours du Champ de Mars en 1867 (elles méritaient ces deux distinctions) ; mais toutes luttent avec peine contre les huiles américaines. Il en est de même en Angleterre pour les fameux *bog-heads* d'Écosse, d'où l'on retire une huile renommée, et pour les huiles de schiste allemandes exploitées tout le long du Rhin. Ces différentes huiles sont extraites, par la distillation, de combustibles bitumineux, et méritent ainsi doublement le nom d'huiles de pierre, que les Américains donnent volontiers à leurs pétroles.

Dans cette rapide nomenclature, nous ne devons pas ou-

blier les sources bitumineuses de la Gallicie (Autriche), ni
celles de la Moldavie et de la Valachie, sortant des flancs des
Carpathes, non plus que celles de l'Italie, reconnues le long
de la chaîne des Apennins, à Parme, Modène, etc. Il nous
faut citer aussi les fameuses sources de Bakou, sur les bords
de la mer Caspienne, où des puits de pétrole et de gaz carbonés sont allumés de temps immémorial, à la grande joie
des disciples modernes de Zoroastre, les Parsis, qui ont
trouvé là un feu naturel, qu'ils n'ont jamais eu besoin d'entretenir.

Nous ne saurions non plus passer sous silence les bitumes
de Judée, surtout ceux de la mer Morte, que les Égyptiens employaient dans la conservation des cadavres, ce
qui a valu au liquide du lac Asphaltique le nom de gomme
des momies.

Autour de Babylone, il y avait également des sources
de bitume et de pétrole; et l'on connaît l'emploi que les
Assyriens ont su faire du naphte (c'est le nom qu'on donne
aussi à la résine minérale) dans les constructions et les
dallages. Les pétroles de Birmanie sont certainement en
relation géologique avec ceux de l'Assyrie, si bien que
certains savants alignent, sur une même fracture de la
sphère terrestre, les émanations bitumineuses de l'Asie
orientale et centrale et jusqu'à celles des monts Carpathes.

Cette revue rapide des produits bitumineux exploités sur
le globe nous ramène au côté économique de la question,
au chiffre de la production d'abord, ensuite au prix de revient et au prix de vente. C'est ici que les Américains dominent tout le marché. Le chiffre de leur production est
tel, que tous les autres pays s'effacent devant eux.

On estime à 100 millions de gallons ou 4 millions et
demi d'hectolitres la quantité de pétrole exportée des
États-Unis en 1868, et le prix de ces pétroles, en France,

Fig. 66. — Source intermittente d'eau bouillante dite le Grand-Geyser, en Islande. — Vue prise
pendant une éruption (Voyage du prince Napoléon en 1856), d'après Ch. Giraud.

s'est toujours maintenu pendant cette même année, au-
dessous de 50 francs l'hectolitre. A ce taux, nos exploitations ne peuvent faire que des bénéfices très-restreints, ce
prix de vente égalant presque pour elles le prix de fabrication. Au reste, le monde entier ne produit pas le cinquième des États-Unis, et au prix où les pétroles américains
sont vendus en Europe, aucun pays ne saurait lutter avec
avantage.

Des huiles liquides aux eaux minérales la transition
est toute ménagée, au moins pour le géologue. Dans les
deux cas nous avons affaire à des produits naturels fluides,
engendrés par des réactions souterraines. L'analogie est
même à peu près complète, s'il est vrai que quelquefois
les sources de pétrole sont produites par des émanations intérieures, et sont jalonnées sur des lignes de
soulèvement ou de fracture du sol, géométriquement
orientées. La ressemblance des eaux minérales avec certains gîtes métallifères est encore plus saisissante, et l'on
dirait qu'il y a des filons et des veines d'eaux thermales,
comme des filons et des veines de métaux. Voyez plutôt
dans les Pyrénées, dans les Alpes, le long du Rhin, s'aligner les sources minérales à côté des dépôts métalliques.
Les mêmes fractures ont donné asile aux uns et aux autres; et dans le sol entr'ouvert, sont montés du centre à
la surface, tantôt des émanations métallifères, tantôt des
eaux chargées de principes salins.

Les eaux minérales sont dites chaudes ou thermales
quand leur température, à peu près constante, en été
comme en hiver, dépasse la température moyenne du lieu
où elles surgissent.

Cette température, qui se tient volontiers entre 30 et
40 degrés du thermomètre centigrade (c'est précisément

alors celle des bains), peut aller au delà, et atteindre
même le point de l'ébullition de l'eau ou 100 degrés. On
peut dire que plus une source est chaude, et plus elle vient
d'un point qui est profond. Différentes observations faites
depuis le commencement de ce siècle, dans des mines et
dans des forages artésiens, ont appris que le thermomètre
monte en moyenne de 3 degrés, à mesure qu'on descend
de 100 mètres sous le sol. Une source qui présentera la
température constante de 40 degrés, viendra donc de
1000 mètres de profondeur, si la température moyenne
du lieu où elle émerge est, par exemple, comme sous nos
climats, de 10 à 12 degrés. Il est vrai que les réactions chimiques qui se passent au contact des terrains que les eaux
traversent sont à leur tour la cause d'un grand dégagement de chaleur. A notre avis, les physiciens et les géologues n'ont pas tenu assez compte de ce fait pour expliquer
l'échauffement des eaux minérales.

Quant à l'émergence des eaux au dehors, elle se conçoit
aisément, en ce que les fissures qu'elles remplissent forment
comme une espèce de siphon naturel, par une des branches duquel le liquide s'écoule. On explique aussi de la
sorte le dégagement intermittent des sources siliceuses
bouillantes de l'Islande, ce qu'on nomme les geysers
(fig. 66). Ces sources se dégagent en divers points de l'île
volcanique, dont le paysage affecte partout un relief si
saisissant (fig. 67).

Les éléments chimiques dont les eaux se chargent le
plus souvent dans leur parcours souterrain sont des gaz,
des alcalis, des sels, du fer, du soufre, de l'iode, et dans ces
cas, les eaux sont respectivement nommées gazeuses, alcalines, salines, ferrugineuses, sulfureuses, iodurées. Il est
rare que la composition d'une eau soit simple; presque
toujours elle est complexe, c'est-à-dire qu'une eau peut

Fig. 67. — Paysage dans les roches volcaniques d'Islande, d'après Morel-Fatio.

être, par exemple, gazeuse et alcaline à la fois : telles sont les eaux de Vichy.

Parmi les éléments si variés dont s'enrichissent les eaux minérales, il faut ranger quelques substances végétales et animales, ces produits mystérieux, qu'on a nommés la barégine, la glairine, la sulfuraire, etc., qui végètent et se développent dans l'eau abandonnée à elle-même, comme ces dépôts qui s'engendrent dans le vinaigre. C'est une sorte de vie répandue dans l'eau thermale et encore inexpliquée. Quelques-uns des effets des eaux sur l'organisme viennent sans doute de l'ingestion de ces produits.

Il ne nous appartient pas d'entrer ici dans le domaine de la médecine et de dire à quelles maladies telles ou telles eaux sont applicables. Saluons seulement, en passant, la plupart de nos eaux minérales : celles des Pyrénées, dont les noms sont connus de tous, celles de nos montagnes du centre, au nombre desquelles sont Néris et Vichy ; puis celles des Vosges, où trône Contrexéville, et celles des Alpes, où brillent les noms d'Aix et d'Allevard.

Tous ces précieux liquides s'exportent en bouteilles soigneusement cachetées ; mais c'est à la source même qu'on devrait toujours les boire. Le transport leur fait perdre la majeure partie de leurs qualités, et de ce qu'on pourrait nommer leur vie. Comme disait un grand chimiste, Chaptal : « Faire l'analyse d'une eau minérale, c'est disséquer un cadavre. »

Nous ne nous étendrons pas davantage sur d'autres eaux non moins connues que les nôtres, telles que celles qui sont disséminées le long du Rhin, ni sur celles de l'Autriche, de la Hongrie, de la Bohême. Tous les touristes, tous les malades ou ceux qui, n'ayant rien de mieux à faire, croient l'être, connaissent les noms de Bade, de Spa, d'Ems, de Carlsbad, etc. Encore moins parlerons-nous des eaux minérales de l'Amérique, de l'Afrique et de l'Asie, bien que toutes ces régions aient cependant, depuis des années, des stations thermales célèbres.

Mais si nous passons si rapidement sur les eaux minérales proprement dites, disons un mot des sources boraciques que l'on ne rencontre qu'en Toscane et en Californie, et qui forment un gîte à la fois des plus utiles et des plus singuliers. C'est par là que nous terminerons ces études générales des produits souterrains du globe.

On connaissait de tout temps, dans l'Étrurie centrale, des dégagements de vapeur d'eau, sortant du sol avec un certain fracas. Ces *soffioni* ou soufflards renfermaient quelques centièmes d'acide borique, isolés pour la première fois par un chimiste italien, vers le milieu du siècle dernier. Au commencement de ce siècle, une compagnie se forma pour l'exploitation de cet acide, qui concourt à la production du borax et qui est lui-même un fondant énergique.

Un Français, M. de Larderel, donna bientôt un grand essor à l'extraction, en utilisant pour l'évaporisation des eaux boracifères, la vapeur des soffioni. Il réalisa dans ces essais une immense fortune, et transforma en même temps, de la façon la plus heureuse, la partie déserte et désolée de la Maremme toscane où se rencontrent ces fumées minérales (fig. 68 et 69).

Cette industrie, toujours des plus prospères, est restée un des monopoles de l'Italie. L'Angleterre achète presque tout l'acide produit, et s'en sert, soit directement pour la couverte des porcelaines, soit pour fabriquer le borax qu'on emploie comme fondant dans la petite métallurgie, par exemple pour souder les pièces de fer, raffiner l'or et l'argent, etc.

L'acide borique est solide, en forme de paillettes étince-

lantes rappelant celles de mica. Il jouit d'une propriété
caractéristique, celle de colorer en vert la flamme de l'al-
cool.

Un des fils de M. de Larderel est resté à la tête de la
fabrication paternelle. Il est juste de dire qu'à côté de lui
se sont distingués en Toscane, dans des entreprises rivales,

Fig. 68. — La localité de Monte-Cerboli, avant la création de l'industrie boracique,
d'après un dessin original.

quelques chercheurs italiens ou d'autres de nos compatriotes, par exemple M. Durval. A celui-ci est due l'idée
ingénieuse d'aller rechercher avec la sonde des jets de
vapeur courant sous le sol. M. Bechi, chimiste bien connu
à Florence, nous a communiqué le dessin d'un de ces curieux sondages, qu'il a fait exécuter pour une compagnie
italienne (carte I).

Ici s'arrête la tâche que nous nous étions imposée dans
cette étude, celle de faire connaître quelques-uns des pro-

duits souterrains les plus remarquables que l'on utilise à
notre époque. L'exploitation de ces produits a contribué
pour la plus grande part, non-seulement au progrès matériel, mais encore au développement intellectuel et même
moral de l'humanité. En outre, comme on l'a vu par
quelques exploitations très-récentes, celle des pétroles

Fig. 69. — La localité de Monte-Cerboli (aujourd'hui Larderello), après la création
de l'industrie boracique, d'après un dessin original.

d'Amérique, celle de l'acide borique de Toscane, les
réserves de substances utiles qui gisent sous le sol sont
loin d'être toutes connues, et encore moins toutes vidées.
C'est donc aux chercheurs entreprenants, désireux d'arriver à la richesse, à se mettre résolûment à l'œuvre. En faisant leur fortune ils contribueront aussi au bien-être de
tous.

DEUXIÈME PARTIE

HISTOIRE DE QUELQUES PIERRES

CHAPITRE I.

L'OR ET L'ARGENT DES MONTAGNES-ROCHEUSES.

Les mines du Colorado. — Lutte des pionniers. — Première découverte
de l'or. — Arrivée des émigrants. — L'origine d'une ville. — Le mineur Gregory. — Découverte des filons aurifères — Conférences au
club des ouvriers. — Le parc des Monuments et le Jardin des Dieux.
— Les Montagnes-Rocheuses. — Placers et filons. — Mesures libérales. — Fièvres et déboires. — Difficulté du traitement métallurgique.
— Production des États-Unis en métaux précieux. - M. Colfax et Lincoln. — Importance de la bonne exploitation des mines.

Après avoir fait connaître dans son ensemble la grande
famille des minéraux, je voudrais raconter en détail l'histoire de quelques pierres, et commencer par exemple par
les minerais d'or et d'argent du Colorado, dans les Montagnes-Rocheuses. Comment d'ailleurs ne pas parler dans
ce livre des *Monts de Roche*, comme les ont les premiers
appelés les anciens trappeurs canadiens, restés encore aujourd'hui les Français de l'Amérique du Nord ?

Les filons d'or et d'argent du Colorado sont les dignes
rivaux de ceux de la Californie et de la Nevada. Par leur
exploitation, ils ont donné naissance, en très-peu de
temps, à un territoire prospère. Là où naguère errait l'Indien du désert, le terrible Chayenne et l'indomptable Ar-
rapahoe, ou le Yute soumis des Montagnes-Rocheuses,

l'homme civilisé, le blanc, a surgi tout à coup; il a établi des villes florissantes, des routes, des canaux, des usines; il a fécondé le sol par le labour; il a exploité les forêts, les prairies; il a extrait des entrailles de la terre les trésors qu'elles recélaient par millions. Et tout cela ne s'est pas fait sans peine. Il a fallu conquérir sa place sur l'Indien nomade, et lui disputer sa vie. La victoire est restée enfin à l'intrépide pionnier, de sorte que l'Union a bientôt compté un territoire de plus, qui sera demain un grand État [1].

Les pionniers du Colorado, qui ont eu à lutter, dès le début, contre de si terribles obstacles, et qui, malgré toutes ces difficultés, ont si brillamment colonisé ce lointain territoire, ont donné à tous une leçon des plus salutaires. Ici nous ne rencontrons pas, comme aux premiers jours de la Californie, en grande partie l'écume de toutes les nations, purifiée, il est vrai, régénérée peu à peu par le travail. Tous les peuples, dans ce nouvel Eldorado, n'ont pas été conviés à la curée de l'or. Ce sont seulement les enfants perdus de la civilisation, les résidents des derniers États de l'Ouest, qui sont arrivés avec leurs femmes, leurs enfants, dès le premier moment de la découverte de l'or, au pied du pic de Pike. Sans jeter de regard en arrière, chacun est venu pour toujours, et pour établir à jamais, dans ce pays inconnu hier, et sa famille et son foyer. Il y a bien eu au début quelques troubles dans la Cité des Plaines (c'est ainsi que s'est d'abord appelée Denver, aujourd'hui la principale ville du Colorado); mais grâce aux comités de vigilance, grâce à la loi de Lynch, qui avaient si rigoureusement fonctionné en Californie, et qui ne sont pas, cette fois encore, restés inactifs, le pays a été bien

---

1. Voir, pour tous les détails de notre voyage au Colorado, le *Tour du Monde*, année 1868.

vite purgé de tous les désespérés, de tous les gens sans
aveu. Ceux-ci, rejetés des États paisibles, s'étaient précipités sur le naissant territoire, comme sur une proie facile
à dévorer.

On ignore peut-être en France les détails qui ont amené
la découverte de l'or au pied des Montagnes-Rocheuses.
Ici, comme dans tous les Eldorados, cette découverte a été
due au hasard. Des savants, des explorateurs, des géologues avaient traversé ces montagnes, à plusieurs reprises,
et ils n'avaient jamais signalé de terrain aurifère. Seuls, les
rares traitants et trappeurs qui fréquentaient par intervalles ces lointains parages, avaient toujours parlé de l'existence de l'or au pied des Montagnes-Rocheuses, mais jamais ils n'avaient indiqué de place certaine, et s'étaient
contentés de montrer quelques paillettes ou quelques
pépites.

Dans le courant de 1858, des émigrants qui se ren-
daient à pied du Mississipi au Pacifique, d'autres disent qui
venaient pour découvrir les placers soupçonnés au fond du
Kansas, s'arrêtèrent non loin du pic de Pike (fig. 70), sur
le Cherry-Creek (le ruisseau du Cerisier), à quelques milles
en aval du lieu où est aujourd'hui Denver. Un d'eux, ancien orpailleur de la Géorgie, eut l'idée de laver les sables
du ruisseau, et, à son grand contentement, y découvrit
des paillettes d'or. Quand la nouvelle de ce fait ines-
péré arriva dans les États, personne n'y voulut croire, et
les pépites qu'on montra furent traitées de pépites californiennes. Cependant, à la longue, il fallut bien se rendre
à l'évidence, et un grand exode commença du Mississipi et
du Missouri aux Montagnes-Rocheuses. La nouvelle terre
de l'or offrait sur la Californie l'avantage d'être à une distance moitié moindre des États de l'Est, à proximité de
ceux de l'Ouest, et enfin de pouvoir, dans tous les cas, être

rejointe par terre, ce qui est toujours un avantage pour les émigrants.

Ceux-ci arrivèrent, ainsi qu'on l'a dit, avec leurs familles, et campèrent les premiers jours sous la tente ou dans les fourgons mêmes qui les avaient amenés. Bientôt des maisons de bois s'élevèrent ou des cahutes bâties de terre et de troncs d'arbres (*log-houses*). On donna à cette cité embryonnaire le nom heureux d'Auraria (la Mine d'or), qui plus tard fut changé en celui de Denver, en souvenir du gouverneur du Kansas, territoire dont ces placers faisaient alors partie. Denver ne garda pas même le nom de Cité des Plaines, dont on s'était plu aussi à la baptiser. Sa voisine Golden-City, ou la Ville d'or, — devenue depuis la capitale du Colorado, et située dans une position des plus favorables, au pied même des Montagnes-Rocheuses, — est au moins restée fidèle à son nom primitif.

Les commencements d'Auraria ressemblèrent à ceux de toute ville naissante aux États-Unis. La ville était à peine tracée, qu'un journal, un hôtel orné d'une buvette, et une église, ces trois choses qui suivent partout l'Américain, étaient immédiatement installés. Les magasins, parmi lesquels l'indispensable boutique du barbier, s'édifièrent avec la même rapidité, et en un clin d'œil une ville sortit de terre, tout organisée. Il n'y manqua pas même un conseil municipal, qui fut nommé par le peuple assemblé, à la majorité des voix. Heureux peuple que celui qui sait se gouverner lui-même, et qui, du fond d'une lointaine colonie, n'a pas besoin d'écrire à la métropole pour demander comment il doit agir !

Auraria et Golden-City ne furent pas les seules villes fondées dans le Colorado, dès les premiers temps de la découverte de l'or. Le précieux métal a le don particulier,

Fig. 70. — Pike's-Peak ou le pic de Pike (Montagnes-Rocheuses), d'après un croquis original.

entre tous ceux qu'il possède déjà, de hâter singulièrement
la colonisation des pays où on le découvre.

Pendant que sur beaucoup de points on doutait encore
de l'existence de l'or au pied du pic de Pike, et qu'on appelait du nom dérisoire, à double sens, de *Pike's pickers*[1],
les mineurs qui partaient pour ce pays, la merveilleuse découverte s'étendait, se complétait. J'étais alors en Californie
(1859), où nul ne croyait aux résultats qu'on annonçait,
ne voyant là que des fables de journaux, tandis qu'une
immense région aurifère était tout à la fois reconnue, exploitée, colonisée.

« Si les placers au pied des Montagnes-Rocheuses renferment de l'or, s'était dit un mineur expérimenté, Gregory,
celles-ci doivent également en renfermer. Aux plaines, le
long des ruisseaux, les pépites, les paillettes, provenant
de la désagrégation des têtes de filons et du lavage des
terres métalliques par les eaux pluviales; aux montagnes,
les filons en place, inaltérés, vierges de toute atteinte. »
Et Gregory était parti, seul, remontant le torrent de
Clear-Creek ou le ruisseau Limpide, qui n'était pas encore
baptisé, et qui, descendu du sommet des montagnes, passe
à Golden-City, d'où il va se jeter dans la branche sud de
la rivière Plate.

Ces montagnes sont d'un accès fort difficile, aujourd'hui
même qu'il y a partout des routes; on peut donc aisément
se figurer quelles fatigues dut endurer Gregory qui, man-
quant de guide, s'aventura au milieu de ces amas de rocs
sans issue, ou coupés de mille vallées profondes n'ayant
aucune relation apparente les unes avec les autres. Il por-

---

1. *Pike's peak* veut dire en anglais le pic de Pike. *Pike's pickers* (ce
dernier mot se prononce comme *peakers*) signifierait donc, au besoin, les
hommes du pic de Pike; mais *picker* veut dire chercheur, glaneur; on
comprend le jeu de mots.

tait sur son dos ses provisions, ses outils de mineur. Au lieu de l'or qu'il rêvait, allait-il rencontrer dans ces parages des Indiens hostiles, ou des ours, des loups affamés, qui lui livreraient bataille?

Au bout de quelques jours, tant de peines reçurent leur récompense, et Gregory, au lieu même où est aujourd'hui Central-City, découvrit un filon d'une richesse exceptionnelle. Avec son pic, il démolit la roche, la cassa. Il n'eut pas besoin de la laver [1]; les pépites se montraient à l'œil nu, d'une grosseur, d'une abondance à faire tourner la tête à tous les orpailleurs. Mais Gregory n'avait plus un morceau de pain, et faillit en outre se trouver pris dans un ouragan de neige. Il dut abandonner la place au milieu même de son triomphe, et repartir pour Auraria où il renouvela ses provisions.

N'osant plus revenir seul cette fois, il fit à un ami la confidence de sa découverte, regagna les montagnes avec lui, retrouva son filon, et tous deux, au bout de peu de jours, s'en allèrent de là chargés d'or.

Comme on le pense, cette nouvelle ne tarda pas à se répandre. Les chercheurs affluèrent, et en moins d'un an trois villes, Black-Hawk, Central-City et Nevada, s'édifièrent le long de la vallée où Gregory avait trouvé son filon. J'ai vu cette veine; elle porte le nom de son découvreur, et elle est toujours d'une remarquable richesse, bien que n'offrant plus les concentrations aurifères des premiers temps [2].

---

1. Ceux qui désirent avoir sur le travail des mines d'or des renseignements complets, pourront consulter la *Vie souterraine*, par L. Simonin, deuxième édition, Paris, Hachette, 1867.

2. Le titre moyen de la roche métallifère, exploitée sur le filon de Gregory, varie aujourd'hui de cent à deux cents dollars ou de cinq cents à mille francs d'or par tonne de mille kilogrammes. La moyenne de tous les filons de quartz en Californie n'est guère que de vingt dollars. On peut, par ces deux exemples, juger de la richesse exceptionnelle du filon de Gregory.

Fig. 74. — Vue des placers et de la ville basse d'Empire (Colorado), d'après une photographie.

Nevada doit le nom qu'elle porte aux neiges qui la couvrent pendant la fin de l'automne et l'hiver, et Central-City à sa position intermédiaire entre les deux villes qui l'enserrent. Au pied de la vallée est Black-Hawk, au milieu la Ville du centre, au sommet Nevada. Ces trois villes se suivent et n'en font qu'une pour ainsi dire. Resserrées dans le ravin de Clear-Creek, fouillé, bouleversé dès le premier jour par les chercheurs d'or, elles n'ont qu'une seule rue et étagent leurs maisons de part et d'autre des flancs des deux montagnes qui limitent la vallée.

Ces montagnes étaient jadis couvertes de conifères et de peupliers, qui vivaient là en bonne compagnie. A l'automne, les peupliers mariaient leur feuillage jaune d'or au vert sombre des sapins et des cèdres. Tous ces arbres s'élevaient gracieusement au milieu du quartz, du granit et des schistes du terrain métallifère. Aujourd'hui il n'y a plus d'arbres que là où il n'y a pas de filons. Ailleurs le mineur a tout dévasté pour satisfaire à ses besoins, pour édifier sa cabane ou bâtir son usine.

Les altitudes de ces lieux habités sont considérables. D'après mes propres mensurations, obtenues par des méthodes qu'il est inutile de décrire ici, l'élévation moyenne de Central-City est de 2600 mètres au-dessus du niveau de la mer [1]. A ces altitudes qui seraient complétement inhabitables sous nos climats (Paris est par le quarante-neuvième parallèle, Central par le quarantième), l'air est d'une légèreté dont les organes se ressentent, sans toutefois en souffrir [2]; mais il est aussi d'une pureté, d'une limpidité telle, que les mois d'été et d'automne sont, dans tout le Colorado, même dans les lieux montagneux dont il est question, d'une beauté sans égale. Le ciel n'est jamais cou-

1. Denver n'est qu'à 1600 mètres.
2. Ainsi l'on saigne très-facilement du nez, etc.

vert, reste d'un bleu transparent. Il fait beau tous les jours, sans exception : c'est un climat de paradis terrestre, comme d'ailleurs dans tout l'Ouest américain, du Missouri au Pacifique.

L'hiver, ces conditions changent. Il tombe beaucoup de neige, surtout dans les pays de montagnes, et le froid est souvent très-rigoureux. C'est ici qu'est vrai le proverbe que les deux extrêmes se touchent : l'été on a quelquefois les températures du Sénégal, l'hiver celles de la Sibérie.

Au delà de Nevada on trouve, en descendant sur l'autre versant de la montagne dont cette ville occupe presque la ligne faîtière, un camp (centre minier) où l'on a exploité naguère de très-riches placers : c'est la petite ville d'Idaho, dont les eaux minérales gazeuses et alcalines sont aujourd'hui fort recherchées des baigneurs. Après viennent les deux Empire, aux mines fameuses : Empire-le-Bas, au fond d'une délicieuse vallée, où sont encore exploités des placers fort riches (fig. 71); Empire-le-Haut, perché à plus de 3000 mètres, et dont les filons sont très-productifs. D'un autre côté est Georgetown, la cité principale des mines d'argent, comme Central-City est celle des mines d'or.

Ces différentes villes forment les véritables centres miniers ; mais Denver est resté, par l'élégance de ses édifices, de ses maisons, de ses magasins, par la largeur, par le mouvement de ses rues, par le chiffre de sa population, par les mœurs douces, polies de ses habitants, la première ville du Colorado. Elle a une population de près de 8000 âmes [1]; elle en compterait le double si les luttes continuelles avec les Indiens et la terreur que ceux-

---

1. Le Colorado tout entier ne doit guère renfermer plus de 35 à 40 000 âmes, y compris 5 à 6000 Indiens : Yutes, Arrapahoes et Chayennes.

Fig. 72.— Roches déchiquetées de Monument-Park, Colorado, États-Unis de l'Amérique du Nord.
d'après une photographie

ci avaient répandue sur les routes n'avaient pas, dès le principe, éloigné la plupart des émigrants. Les mines aussi, il faut le reconnaître, n'ont pas toujours satisfait aux espérances, souvent exagérées, des exploitants. De là des déboires qui ont fini par éloigner du Colorado beaucoup de capitalistes et de colons.

Denver a plusieurs journaux, plusieurs églises, des maisons de banque, des salles de théâtre, de concert, de conférences ; elle a des écoles, une université ; elle a de beaux hôtels, et des cafés, des restaurants, que ne désavouerait pas une ville de premier ordre.

Parmi ces derniers brille le *Café Français*, tenu par notre compatriote le Bourguignon Frédéric Charpiot, qui fait tous ses efforts pour que la cuisine française reste, même dans ces parages, la première cuisine du monde, et qui n'a pas de peine à y parvenir.

Malgré la supériorité qui distingue Denver, il ne faudrait pas croire que les autres villes du Colorado n'ont d'une ville que le nom. Dans la plupart d'entre elles, notamment à Central-City, il y a aussi des journaux, des églises, des hôtels bien tenus, des maisons de banque, de beaux magasins, enfin, une société savante, le *Mechanic's Institute*, ou l'Institut des ouvriers. C'est une espèce de club de mineurs où l'on trouve une bibliothèque, une belle collection de minerais et la réunion des principaux recueils scientifiques des États-Unis et d'Angleterre. Les membres se réunissent plusieurs fois par mois en assemblées générales pour discuter les diverses questions qui ont trait à l'art des mines. On fait aussi, dans cet Institut, des conférences ou lectures.

Mes compagnons et moi y fûmes plusieurs fois conviés à prendre la parole, ainsi qu'à Georgetown, et j'ose dire, après avoir pendant plusieurs années fait des conférences publiques à Paris, que j'ai rarement rencontré un auditoire plus digne, plus sympathique, plus intelligent que celui de Central-City. Les dames étaient en aussi grand nombre que les hommes, et tout le monde prêtait l'attention la plus soutenue au pauvre conférencier, obligé de parler pendant une heure dans une langue qui n'était pas la sienne. Il est vrai que j'entretenais ce public d'un sujet qui ne lui était pas indifférent, je veux dire l'Or et l'Argent. Mes compagnons parlèrent, le colonel (aujourd'hui général) Heine, du Chemin de fer du Pacifique, et M. Whitney, de l'Exposition universelle de 1867, où il avait représenté en qualité de commissaire le Colorado, auquel avait été accordée une médaille d'or pour sa belle exposition de minerais.

Il n'y a pas, au Colorado, que des villes minières et commerciales. Au sud sont surtout les districts agricoles. Diverses vallées du territoire, comme celle de Boulder, quand elles sont bien arrosées, offrent aussi au cultivateur des champs de terre vierge qui le récompensent avec usure de ses sueurs. Le blé, le maïs, l'avoine, toutes les céréales, toutes les graminées utiles, toutes les plantes potagères ont donné au Colorado des récoltes inespérées, des produits d'une grosseur et d'une qualité exceptionnelles. Cette terre féconde, comme la Californie, peut être à bon droit nommée la terre promise. Seuls les arbres fruitiers, y compris la vigne, font défaut dans ce pays encore trop jeune, à peine sorti des premières luttes de l'exploitation de l'or, et âgé au plus de dix ans.

Par le côté du sud, le territoire de Colorado donne la main au Nouveau-Mexique et à sa capitale Santa-Fé, bien connue des traitants et des explorateurs. Sur ces points se déroulent des paysages d'un genre différent de ceux qui ont été décrits. Au parc des Monuments (*Monument-*

Fig. 73. — Pyramide naturelle en grès siliceux, vue prise à Monument-Park, Colorado, États-Unis de l'Amérique du Nord, d'après une photographie.

Park), des grès d'un âge géologique relativement récent (ils appartiennent à la période tertiaire) ont pris, par l'effet des agents physiques, des formes étranges, bizarres (fig. 72 et 73), qui se retrouvent d'ailleurs sur presque toute l'étendue des prairies, mais avec des apparences diverses. Au Jardin des Dieux (*Garden of Gods*), non loin de *Monument-Park*, le même phénomène se retrouve, et l'entrée du jardin, comme le jardin lui-même, offrent au géologue et à l'artiste plus d'un point de vue original (fig. 74).

Entre la plaine et le sommet le plus élevé des montagnes, au centre et à l'est du Colorado, se trouve une série de plateaux boisés et gazonnés, toujours verts, qu'on appelle aussi les Parcs. C'est là qu'habitent les Yutes. Ceux-ci vivent, comme tous les Peaux-Rouges, de chasse, de pêche, et ne souffrent pas d'autres Indiens autour d'eux. Frémont nous dit, dans ses voyages, que campant au milieu du Parc du sud, il dut fortifier son camp pour le mettre à l'abri de l'attaque des Yutes, en guerre alors avec les Arrapahoes.

Fidèles aux relations qu'ils ont de tout temps entretenues avec les Hispano-Américains, les Yutes vont volontiers jusque dans le Nouveau-Mexique, possédé aujourd'hui par les États-Unis, mais toujours peuplé d'Espagnols.

Quelques pionniers, véritables montagnards perdus dans ces plateaux déserts, vivent à côté des Yutes. Le lavage de l'or, l'exploitation de sources salines, la culture du sol, l'élève du bétail, occupent leurs journées avec la chasse et la pêche ; mais l'hiver, ces sites élevés, dont quelques-uns atteignent l'altitude de 3500 mètres, sont presque inhabitables pour les blancs.

Le profil des Montagnes-Rocheuses, tel qu'on l'aperçoit de Denver, offre un coup d'œil des plus féeriques. Au sud, le pic de Pike (fig. 70) porte jusqu'aux nues sa cime neigeuse, haute de plus de 4200 mètres, et garde le nom du célèbre explorateur, le capitaine Pike, qui l'a le premier mesuré en 1806.

Au nord, le pic de Long, baptisé en 1820 par un autre hardi voyageur, le colonel Long, élève à la même hauteur sa cime non moins pittoresque.

Les deux pics sont séparés par un intervalle de 170 milles, et cependant l'œil les embrasse à la fois.

Vu sous un certain angle, le pic de Long présente deux pointes isolées (fig. 75) : de là le nom de *Pic des deux Oreilles*, que lui avaient donné les anciens coureurs des prairies, les trappeurs et les traitants canadiens. Dès le dix-septième siècle, ceux-ci fréquentaient ces parages et avaient certainement découvert, avant le capitaine Pike et le colonel Long, les pics qui devaient immortaliser ces derniers. De quelque côté du Missouri ou du Mississipi que l'on vienne, quand on s'est avancé de quelques centaines de milles dans les prairies, on ne tarde pas en effet à découvrir l'un ou l'autre de ces pics, et souvent tous les deux à la fois. On s'oriente même sur ces montagnes comme le marin sur l'étoile polaire.

Entre les deux pics est le mont Lincoln, plus élevé encore que les précédents et plus haut que notre mont Blanc, puisqu'il dépasse, dit-on, 5000 mètres.

Le mont Lincoln a été ainsi nommé en l'honneur du président martyr, qui n'avait pas besoin de ce baptême pour que son nom, pur entre tous, passât jusqu'à la plus lointaine postérité.

Cette magnifique ligne de montagnes est la plus belle de l'Amérique du Nord. Dans le Colorado, qu'elle recoupe le long d'un méridien, elle apparaît, à travers l'atmosphère transparente et limpide, comme une masse ondoyante aux

Fig. 74. — Vue des piliers naturels du Jardin des Dieux, Colorado, États-Unis de l'Amérique du Nord, d'après une photographie.

tons bleus et violets, qui rappellent ceux de l'Apennin. Toutefois les découpures de la chaîne péninsulaire, bien qu'ayant été chantées par Horace et tant d'autres poëtes, n'ont pas les vives allures de cette partie des Montagnes-Rocheuses, toute composée de granits aigus, ou de schistes aux lits contournés. Le ciel du Colorado rappelle aussi le ciel de l'Italie. Chacun fait ces rapprochements, et le voyageur venu d'Europe croit être près de son pays, tandis que trois mille lieues l'en séparent.

C'est au milieu de cette chaîne de montagnes que sont situées les mines d'or et d'argent qui ont fait et qui font encore la fortune du Colorado. Les placers aurifères gisent le long des cours d'eau. Les mines proprement dites, d'or ou d'argent, sont situées aux flancs des montagnes, et se retrouvent à de très-grandes hauteurs, jusque dans les Parcs où il y a aussi des placers, et même sur les cimes les plus élevées.

Central-City, nous le savons, est le plus riche district des mines d'or, surtout en y comprenant Black-Hawk et Nevada; Empire est aussi un centre métallifère renommé. Enfin, à Georgetown sont rassemblées les mines d'argent. Les filons de ce dernier district ont été découverts par quelques courageux pionniers, qui ont renouvelé sur le *Snake-Range* ou chaîne du Serpent les actes de courage, de patience dont Gregory avait le premier donné l'exemple dans les montagnes de Clear-Creek.

Dans les placers, l'or se retrouve en pépites, en paillettes, et le métal est toujours à l'état pur ou, comme on dit, à l'état natif ou de métal naturel. Dans les filons il existe soit à l'état natif, soit à l'état de combinaison intime avec des sulfures de fer, de plomb, de cuivre, de zinc, d'où il est très-difficile de l'extraire entièrement.

L'argent accompagne très-souvent l'or. Seul ou allié à

ce dernier, il n'est jamais à l'état natif, mais toujours à l'état de sulfure, soit simple, soit multiple, ou à l'état de chlorure, iodure, bromure, etc. On le retire de ces minerais complexes par des procédés particuliers.

Les premiers placers aurifères ont été bien vite épuisés; mais tous les jours on en découvre de nouveaux. Lorsque je quittai le Colorado, à la fin d'octobre 1867, il y avait une grande agitation à Denver au sujet de la découverte de terres aurifères très-riches que l'on venait de faire vers les sources de l'Arkansas. C'était au pied des montagnes, non loin des lacs Jumeaux, *Twin-Lakes*, qui forment en cet endroit un site des plus ravissants (fig. 76). Les mineurs, la figure hâlée, les grosses bottes aux jambes, les vêtements en lambeaux, étaient venus à Denver, la ville des affaires par excellence, et là ils avaient fait voir aux essayeurs, aux banquiers, aux exploitants de mines, et à tous les curieux, les merveilleux échantillons qu'ils avaient enfin trouvés, après plusieurs mois de recherches vaines. C'était une terre argileuse, un peu jaunâtre, qui tombait en poussière sous la pression du doigt. En la lavant dans une assiette, le propriétaire de *Tremont-House*, l'hôtel où j'étais logé, en avait tiré le quart en poids de poudre d'or, qu'il avait montrée à ses clients ébahis. La poudre étincelait au soleil sur le blanc de la porcelaine, et cette vue provoquait chez plus d'un l'ardent désir d'aller de nouveau tenter la fortune.

Ainsi vont les choses dans le Colorado et dans tous les territoires métallifères de l'Union. Jamais de découragement, de lassitude, et des recherches incessantes pour retrouver le lendemain ce que l'on a perdu la veille. Les lois les plus libérales viennent en aide aux mineurs, aux colons. Celui qui découvre un gîte métallifère, en est immédiatement propriétaire sur une certaine étendue. Il avise le

Fig. 75. — Long's-Peak ou le pic de Long (Montagnes-Rocheuses), d'après un croquis original.

recorder ou greffier de son district, paye la taxe, et tout est
dit. De même pour la culture du sol. Chacun peut occuper
un nombre donné d'acres (cent soixante acres ou soixante-
quatre hectares) des terres vierges d'un territoire ; il paye
une certaine somme au *land-office* ou bureau des terrains,
et le voilà constitué à jamais propriétaire foncier. Ce sont
ces mesures libérales qui ont fait la prospérité des lointains
erritoires des États-Unis.

Je ne m'appesantirai pas ici sur les systèmes d'exploitation en usage dans les placers ou sur les filons, je les
ai déjà décrits ailleurs avec beaucoup de détails [1]. Je
ne parlerai pas non plus de ces énergiques mineurs,
anglais, irlandais, américains, canadiens, mexicains,
français, qui ont importé dans le Colorado les traditions du travail souterrain ou du lavage des alluvions
aurifères. Tels je les ai dépeints dans le temps, surtout à
propos de la Californie, tels je les ai retrouvés dans le Colorado. Ici toutefois deux phénomènes nouveaux se présentent, qu'on n'a jamais observés ailleurs avec le même
degré d'intensité : d'une part, l'ardeur exceptionnelle que
les exploitants ont apportée à la recherche et à la mise en
valeur des gîtes ; d'autre part, des difficultés de tous genres
que la nature particulière des minerais, surtout des minerais d'or, est venue inopinément apporter dans les procédés
métallurgiques.

La recherche des filons s'est poursuivie dans le Colorado
avec une véritable fièvre. Chacun a couvert les districts
métallifères de lignes, réelles ou imaginaires, indiquant
la prétendue direction des veines. Dans ce monde inconnu
et nouveau, chaque chercheur, aidé ou non de la boussole et des principes de la géologie, s'est tout à coup trans-

1. Voir la *Vie souterraine* et les années 1863 et 1865 du *Tour du Monde*.

formé en Colomb. Les capitalistes des États de l'Est, de New-York, de Boston, de Philadelphie, émerveillés de ces prétendues découvertes, ont prêté leur argent aux mineurs. Souvent, à très-grands frais, ils ont envoyé des commis incapables, des machines lourdes, coûteuses, inutiles, dans ce lointain pays, et ils ont vu, pour la plupart, leurs efforts échouer et tout leur capital perdu. De là de nombreux déboires, qui arrêtent en ce moment l'essor du Colorado, si merveilleux dès le début.

La seconde cause du malaise auquel est aujourd'hui sujet le Colorado ne mérite pas moins d'être notée ; c'est précisément la nature complexe des minerais d'or et d'argent qui paraît n'exister que pour les gîtes de l'Amérique du Nord ; elle est à son maximum dans le Colorado, et elle enraye singulièrement l'exploitation des richesses souterraines de ce pays. Dans les sulfures métalliques, l'or n'est pas libre. Il est à l'état de combinaison chimique avec le soufre, et les procédés les plus délicats de pulvérisation, de calcination ou grillage, d'amalgamation ou dissolution dans le mercure qui a tant d'avidité pour l'or, de chloruration ou attaque par le sel marin, le chlore, l'acide chlorhydrique qui décomposent les sulfures, tous ces procédés permettent à peine de retirer la moitié, et quelquefois seulement le tiers ou le quart de l'or ou de l'argent combinés dans les minerais. Ce fait s'était déjà présenté en Californie pour ce qu'on nomme là-bas les *sulfurets* ou sulfures d'or, mais nulle part, comme dans le Colorado , toutes les mines à la fois n'avaient eu à lutter contre la même difficulté, si grave et presque insurmontable. Ici le problème à résoudre est plus que jamais sérieux. De sa solution, en effet, dépend en partie l'avenir de ce territoire. Bien que tout le monde, dès le premier jour, se soit mis à l'œuvre, chimistes, métallurgistes, ingénieurs, savants

Fig. 76. — Vue des placers aurifères des sources de l'Arkansas, territoire de Colorado, d'après une photographie.

(je ne parle pas des chevaliers d'industrie ou des contre-
facteurs), et que chacun, dans cette espèce de course au
clocher, ait apporté son procédé qu'il croyait le meilleur,
aucun procédé n'a encore réussi, et le prix est toujours à
donner à l'heureux inventeur du traitement des sulfures
auro-argentifères. Celui qui trouvera le moyen de retirer
par des systèmes pratiques, et non par des méthodes de laboratoire, des minerais du Colorado, et subsidiairement
de ceux du Montana, de l'Idaho, de la Nevada, de la Californie, toute la quantité d'or et d'argent qu'ils renferment
et que l'analyse dévoile, celui-là aura fait sa fortune. Il
sera du jour au lendemain riche à millions, et du même
coup il aura donné à la colonisation des États et des territoires de tout l'Ouest américain l'impulsion la plus féconde. Ce sera là une fortune bien acquise ; voilà les vrais
inventeurs et non ceux qui cherchent péniblement la con-
trefaçon des procédés déjà connus. Celui qui apportera au
Colorado le mode de traitement métallurgique qu'il réclame depuis plusieurs années, celui-là sera non-seulement
le bienfaiteur de ce territoire et de tous ceux du *far-west*,
il faudra aussi, tant la nouvelle invention sera fertile en
résultats, le proclamer solennellement un des bienfai-
teurs du genre humain. Allons, métallurgistes, à l'œuvre !
qui de vous va devenir le grand homme que l'on at-
tend ?

C'est une curieuse destinée que celle de l'Amérique
du Nord d'être non–seulement le pays de l'avenir, celui vers lequel gravitent aujourd'hui tous les émigrants,
tous les colons, celui qui dans peu de temps va changer
les lois du monde politique et commercial, mais d'être
aussi le pays qui produit à cette heure la plus grande
quantité d'or et d'argent sur tout le globe. D'un océan à
l'autre, soit qu'on suive la chaîne littorale atlantique, les

monts Apalaches, Alléghanys, etc..., soit qu'on parcoure la
chaîne centrale du grand continent, les Montagnes-Rocheuses, ou la chaîne qui regarde le Pacifique, la Sierra-
Nevada, l'or et l'argent sont partout. Quand on croit les
gîtes épuisés, de nouvelles mines apparaissent. Aux gîtes
d'or de la Californie, les plus féconds, les plus étendus
dont l'histoire fasse mention, ont succédé les mines argentifères de la Nevada, plus riches à elles seules que toutes
celles que l'Espagne avait naguère exploitées dans le Nouveau-Monde. Puis sont venues les mines d'or et d'argent
du Colorado, de l'Idaho, du Montana, de l'Arizona, du
Wyoming, dont quelques-unes le disputent aux précédentes pour l'abondance de la production.

C'est là un fait nouveau dans l'histoire de l'Amérique
du Nord de fournir aujourd'hui près de la moitié du
milliard de francs en or et en argent que produit annuellement le globe[1]. Ce fait ne s'est révélé que depuis
peu d'années, mais il n'a pas échappé aux hommes d'État
qui gouvernent l'Union.

Chaque année, dans son message, le président fait connaître les détails statistiques de la production de l'or et de
l'argent, et d'année en année, il a généralement lieu de
féliciter le pays des résultats et des progrès obtenus.

1. Voici, d'après les renseignements officiels, quelle a dû être la production d'or et d'argent aux États-Unis en 1867, une année des moins
favorisées :

Californie	125 000 000 francs.
Nevada.	100 000 000
Montana	60 000 000
Idaho	30 000 000
Colorado	25 000 000
Orégon	10 000 000
Autres États ou territoires.	25 000 000
Total de la production d'or et d'argent aux États-Unis, en 1867	375 000 000 francs.

Aux États-Unis, on ne se contente pas de savoir, on veut voir. Aussi ces mines du *far-west*, dont tout le monde s'entretient, sont-elles l'objet de nombreuses visites, non-seulement de la part des ingénieurs, mais aussi des journalistes, des économistes, des hommes d'État de l'Union.

Un des politiques les plus connus aux États-Unis et des plus modérés, le même que la voix politique a désigné aux élections dernières pour la vice-présidence, quand le général Grant a été nommé président, M. Colfax, a raconté dans un de ses nombreux *speeches* ses visites aux mines d'or et d'argent de l'extrême Ouest en 1865. Il était alors *speaker* ou président de la Chambre des représentants à Washington; et il profita, en 1865, des vacances de la session pour aller voir, disait-il, de vrais mineurs, de vrais Indiens, de vrais Mormons.

Il partit dans la diligence transcontinentale, accompagné de quelques amis, entre autres d'un journaliste de Springfield (Massachusetts), M. Bowles, qui a laissé de ce voyage une intéressante description.

La veille de son départ, le 14 avril, M. Colfax alla prendre congé du président. « Je veux, lui dit Lincoln, que vous soyez mon interprète auprès des mineurs que vous allez visiter. J'ai la plus large idée de la richesse minérale de notre pays. Je la crois inépuisable. Elle abonde dans tout l'Ouest, des Montagnes-Rocheuses au Pacifique, et l'exploitation en est à peine commencée. Pendant la guerre, alors que nous ajoutions chaque jour une couple de millions de dollars à notre dette nationale, je n'avais pas le loisir d'encourager chez nous la production des métaux précieux; nous avions d'abord la nation à sauver. Mais à présent que la rébellion est vaincue, et que nous connaissons le montant de notre dette, plus nos mines extrairont d'or et d'argent, et plus nous effectuerons facilement le payement de ce que nous devons. Je veux désormais, ajouta-t-il avec une grande animation, favoriser nos exploitations souterraines par tous les moyens qui sont en mon pouvoir. Nous comptons par centaines de mille les soldats congédiés, et l'on craint que le retour dans leurs foyers d'un si grand nombre d'hommes ne paralyse l'industrie en lui fournissant tout à coup un plus grand nombre de bras que celui dont elle a besoin. Je veux essayer d'attirer ces hommes vers les richesses cachées de nos montagnes, où il y a assez de place pour tous. L'immigration, même pendant la guerre, ne s'est pas arrêtée, et nous recevons sur nos rivages un chiffre toujours plus imposant chaque année du trop-plein des habitants de l'Europe. J'ai l'intention de diriger ces immigrants sur les mines d'or et d'argent qui gisent pour eux dans l'Ouest. Dites aux mineurs de ma part que je prendrai leurs intérêts autant qu'il sera en moi de le faire, parce que de leur prospérité dépend celle du pays. Oui, s'écria-t-il en finissant, tandis que ses yeux brillaient d'enthousiasme, nous prouverons en très-peu d'années que nous sommes le *trésor du globe*[1] ! »

Le soir du même jour, M. Colfax retourna de nouveau vers le président, et le trouva partant pour le théâtre. Lincoln l'invita à l'accompagner. Ayant pris d'autres engagements pour la soirée, et devant d'ailleurs quitter Washington le lendemain matin, M. Colfax ne put accepter cette invitation. Comme le président franchissait la porte de la Maison-Blanche et serrait la main au voyageur : « N'oubliez pas, Colfax, lui dit-il, notre conversation

---

1. J'ai traduit textuellement les paroles de Lincoln. Elles sont extraites d'un discours que M. Colfax prononça devant les mineurs du Colorado à Central-City, le 27 mai 1865.

d'aujourd'hui, rapportez à ces mineurs ce que je vous ai dit pour eux. Bon voyage! Je vous enverrai un télégramme à San-Francisco. Adieu! » Ce furent les derniers adieux de Lincoln, et les dernières paroles qu'il prononça sur les affaires du pays. C'est peut-être moins d'une heure après que l'ancien comédien, John Booth, le tuait à bout portant d'un coup de pistolet, dans une loge d'avant-scène au théâtre Ford.

Le successeur de Lincoln, M. Johnson, n'a pas continué vis-à-vis des mineurs de l'Ouest les traditions de son glorieux prédécesseur. Peut-être que les nécessités de la politique ont appelé son attention ailleurs, et détourné son esprit des questions minières et coloniales, si importantes cependant aux États-Unis.

Espérons que le général Grant, auquel M. Johnson a cédé depuis peu la place, comprendra que la bonne exploitation des mines (les divers exemples que nous avons cités le prouvent) importe également à la société tout entière. Elle intéresse par ses produits, comme l'a très-bien fait remarquer un publiciste, l'industrie et la défense nationale, tous les arts de la paix et de la guerre que l'on ne compromettrait pas sans périls [1].

1. Hello, *Du Régime constitutionnel.*

CHAPITRE II.

LES MARBRES D'ITALIE.

I

SERAVEZZA ET L'ALTISSIMO.

Départ de Pise. — La vallée de Seravezza. — Diverses qualités de marbres. — Marbre-brèche. — La carrière du Rondone. — L *ispettore* Niccolino. — Les terrassiers modénais. — Le paradis des chiens. — La
carrière de Giardino. — Chute des blocs. — Filons de marbre statuaire.
— Antonio et le *capocava* Falconi. — La cime de l'Altissimo. — Vue
sur la mer. — La carrière de Falcovaja. — Michel-Ange à Seravezza.
— MM. Henraux. — La statue de Dante. — La plage des marbres.

Le voyageur parti de Livourne sur la voie ferrée qui
relie le port principal de la Toscane à sa vieille capitale
Florence est bientôt arrivé à Pise, première station du parcours. Là, si, au lieu de continuer sa route vers l'ouest, il
suit l'embranchement nord de la voie qui atteindra pro-
chainement Gênes, unissant ainsi deux villes autrefois rivales, il peut d'abord admirer tout à son aise, sans descendre
de wagon, les quatre monuments qui font la gloire de Pise.
Réunis sur la même place, comme pour épargner au touriste la peine de les chercher les uns après les autres, le

Dôme, la Tour penchée, le Baptistère et le Campo-Santo
sont presque effleurés par la locomotive. Les travaux d'art
de la voie et les vieux remparts crénelés de Pise la gibeline,
trop étendus pour la ville moderne, tant elle a perdu de
son ancienne importance, se touchent pour ainsi dire, et
l'on peut embrasser du même regard les merveilles de notre
siècle et celles des âges passés. La campagne est riante ;
l'olivier y croît au milieu des blés, la vigne s'y enlace à
l'ormeau comme au temps de Virgile. A gauche est la mer,
qui reçoit les eaux paresseuses de l'Arno. L'embouchure du
fleuve est presque barrée par les sables, et une tour en
ruine, qui servait jadis de phare, indique l'emplacement
de l'ancien port de Pise. Parallèlement à l'Arno court le
fleuve Serchio, dont l'embouchure est également marquée par une tour. A droite se profilent de hautes montagnes aux tons bleuâtres, celles dont parle Ugolin dans le
poëme de Dante, et qui *empêchent les Pisans de voir
Lucques*.

C'est à travers cette contrée, si belle dans sa végétation
naissante, si riche en souvenirs, que m'entraînait la vapeur
par une magnifique journée d'hiver. On était au mois de
décembre 1863. Parti de Livourne le matin, j'avais franchi
la station de Pise, puis, tournant au nord, celle de Viareggio, caressée par les flots de la mer Tyrrhénienne, et
j'arrivais à Pietra-Santa, terme de mon voyage par la voie
ferrée. Un ami, M. F. Blanchard, que j'avais rencontré
quelques années auparavant dans la Maremme toscane, et
qui depuis avait pris la direction d'une mine d'argent dans
les Alpes-Apuanes, au nord du grand-duché, était venu
m'attendre à la station ; il me disputa aux nombreux *vettu-
rini* qui s'emparaient déjà de mes bagages. Montés sur un
léger *calessino* attelé d'un cheval fringant, nous dépas-
sâmes bientôt tous les voiturins de louage qui nous avaient

suivis à la course en vociférant, et en moins de trois quarts d'heure nous atteignîmes la jolie petite ville de Seravezza[1]. J'allai aussitôt frapper à une maison hospitalière qu'un Français, M. S. Henraux, propriétaire des plus belles exploitations de marbre du pays, avait mise gracieusement à ma disposition, et je trouvai dans cette maison, au pied des Alpes toscanes, des hôtes aimables qui me rappelèrent la France.

Seravezza était un point de départ des mieux choisis pour quelques tournées qui devaient me conduire vers les sites les plus curieux de la Toscane, si riche en mines et en carrières, et surtout vers deux centres d'exploitation justement célèbres, l'Altissimo et Carrare, — l'Altissimo, où le génie de Michel-Ange, obéissant à la volonté patriotique d'un Médicis, Léon X, découvrit, il y a plus de trois siècles, des gisements de marbres qui, retrouvés il y a quarante ans, n'ont pas cessé depuis d'être exploités; — Carrare, où tous les habitants tiennent le ciseau comme sculpteurs ou comme carriers, et dont les marbres, connus bien avant ceux de Seravezza, ont depuis deux mille ans fourni tant de précieux matériaux à l'architecture et aux arts d'ornement comme à la statuaire.

La ville de Seravezza, d'où j'allais commencer mes explorations dans les montagnes de marbre de la Toscane et du Modénais, est pour les modernes Tyrrhéniens la ville du marbre par excellence. Elle est située au confluent de deux ruisseaux, la Serra et la Vezza. A partir de Seravezza,

---

1. Il est d'usage en Toscane d'écrire Seravezza avec un seul *r*, contrairement à l'étymologie. On a évité ainsi le concours de deux syllabes longues dans le même mot, et obéi à la règle qui ne veut qu'un seul accent tonique. La prosodie italienne, digne fille de la prosodie latine, est pleine de ces délicatesses. Il est juste de dire cependant que la Poste et le chemin de fer, rigides observateurs de l'étymologie et la préférant à l'élégance, écrivent Serravezza.

ces deux ruisseaux n'en forment plus qu'un, connu sous le nom de la Versilia, qui va mourir à la mer après avoir fertilisé la plaine de Pietra-Santa. Que l'on remonte le cours de la Serra ou celui de la Vezza, ce ne sont partout, aux flancs des montagnes, qu'exploitations de marbre étagées à diverses hauteurs, et reconnaissables à la longue traînée de déblais qui descend du seuil de la carrière jusqu'au niveau de la vallée. A la couleur que revêt d'habitude la pierre extraite, on dirait de loin un vaste ossuaire ou encore un amas de neige.

Le long du cours d'eau, la scène change; on n'entend que le bruit monotone et continu des scieries, où le marbre est débité en planches par des lames d'acier disposées sur un châssis, et le grincement des *frulloni*, sortes de meules horizontales, où les carreaux, dégrossis à la carrière, reçoivent sur une de leurs faces le poli exigé pour la vente. Les scies sont sans dents; du sable siliceux, versé autour d'elles avec de l'eau, entame seul le marbre. Ce même sable, jeté sur les meules, use et polit aussi les carreaux. Ce sont ceux-ci qui tournent, la meule reste fixe, dormante. Des roues hydrauliques, mues par les eaux des deux torrents, donnent la vie à tous les appareils, et le travail ne cesse ni le jour ni la nuit.

Parfois des usines d'une autre espèce, comme les forges où l'on étire le fer, les moulins où l'on fabrique la poudre, les établissements du Bottino, où l'on traite les minerais de plomb et d'argent du pays, viennent prouver au voyageur que le travail du marbre n'est pas le seul dont les habitants tirent profit. Ils exploitent même, concurremment avec le marbre, les ardoises de Cardoso, dont on se sert pour couvrir les toitures, et les schistes lustrés de la même localité, qui, réfractaires à l'action du feu, ont été employés de tout temps en Toscane pour le revêtement intérieur des foyers métallurgiques, entre autres des hauts fourneaux à fondre le minerai de fer. Les usines de Cecina, de Follonica, de Valpiana font un usage exclusif de cette pierre. Les chars à bœufs qui descendent de la montagne de Cardoso, chargés d'ardoises et de blocs de schistes, se croisent avec ceux qui portent le marbre, et le long du chemin on rencontre les bouviers des diverses carrières, allant fraternellement de compagnie.

Les deux vallées de la Serra et de la Vezza sont étroites, rarement visitées du soleil. L'horizon est partout limité. Aux pentes et jusqu'aux cimes des hautes montagnes sont attachés quelques pauvres villages qu'habitent les mineurs et les carriers. Des champs de vignes, quelques prairies, dès bois de chênes et de châtaigniers, plus haut les hêtres, enfin les bruyères, composent toute la végétation. L'oranger et l'olivier, le blé et le maïs sont réservés à la plaine, et ce n'est qu'entre Seravezza et la mer que la terre déploie toutes ses richesses. Là s'étend une vaste campagne qui, sous le ciel clément de l'Italie, est un véritable jardin. Des fleurs de toute espèce, aux couleurs vives et variées, s'épanouissent autour des gracieuses villas; le long des murs l'oranger s'étale en espalier, et marie le ton doré de ses fruits au vert sombre de son feuillage. Des deux côtés de la route qui conduit de Seravezza à Pietra-Santa ou à la station de Querceta, et de là au port d'embarquement des marbres, ce ne sont que bois d'oliviers. L'arbre chéri des Grecs, qui l'ont transplanté sur ces rivages, empiète, tant le terrain lui est favorable, sur les fossés et jusque sur les accotements de la route.

Si l'on revient sur ses pas, si l'on remonte la Vezza aux eaux vives et poissonneuses, on trouve à droite les carrières de la *Costa*, où le marbre prend toutes les couleurs, depuis le blanc clair ou ordinaire (le blanc par excellence, le marbre statuaire seul manque) jusqu'au bleu commun ou fleuri : *bianco chiaro, bianco ordinario, bardiglio comune, bardiglio fiorito*, disent les praticiens de l'endroit. Tous ces marbres doivent leur origine à des calcaires ou carbonates de chaux qui se sont déposés dans les mers qui couvraient cette partie du globe au temps des révolutions géologiques. Dans les marbres statuaires, le calcaire est chimiquement pur; dans les marbres de couleur, il est mêlé de matières bitumineuses qui donnent à ces roches la teinte qui les distingue. Les matières sont répandues dans la masse, par taches sombres ou uniformément dans les marbres communs, en filaments déliés et d'un noir très-vif dans les marbres fleuris. Le bitume qui a pénétré toutes ces couches est dû soit à des matières végétales mêlées aux calcaires et qui se sont déposées avec eux, soit à des émanations souterraines. Les marbres de Seravezza et de Carrare ne renferment aucune empreinte de coquilles ou de plantes, nul fossile, nulle pétrification. Les géologues en rattachent la date de formation à l'époque jurassique.

A partir de la carrière de la Costa que nous visitions tout à l'heure, la route, déjà fort étroite et montante, se resserre et devient plus roide. On traverse le petit village de Ruosina, puis on aperçoit à gauche, perchés à mi-hauteur, Retignano et Stazzema, et l'on arrive au Rondone, où sont les dernières carrières. Des deux côtés du chemin, d'immenses ouvertures béantes annoncent d'importantes exploitations. A la surface moussue des déblais, aux tas volumineux qu'ils forment, on peut juger à la fois de l'ancienneté et de l'étendue des travaux. La pierre, dans sa cassure fraîche, indique une autre nature de marbre; c'est le *marbre-brèche*, formé d'assemblages divers, — galets de calcaire blanc ou violacé, débris de roches éruptives verdâtres, réunis et comme soudés entre eux par un ciment ferrugineux de couleur jaune ou rouge.

Tous ces éléments d'origines si différentes, produits à des époques géologiques éloignées les unes des autres, se sont un jour trouvés ensemble, roulés par un de ces torrents antédiluviens dont les plus furieux parmi les torrents de l'époque actuelle peuvent à peine donner une idée. Puis toutes ces roches, broyées, pulvérisées, réduites à des échantillons de grosseurs variables, se sont rassemblées dans un milieu aqueux plus tranquille; elles se sont déposées au fond d'un lac, d'un estuaire, ou sur les bords d'un golfe d'une de ces mers préhistoriques. Un ciment d'argile et de fer, mêlé d'oxyde noir de manganèse, a rapproché, agglutiné ensemble toutes les parties; il a lié toutes ces matières hétérogènes comme par une espèce d'affinité chimique, à l'instar de nos mortiers modernes dans la fabrication du béton. Ainsi s'est formé et déposé le marbre-brèche, qui de toute antiquité a été recherché par l'architecture. Celui du Rondone, ou, pour le désigner par le nom sous lequel on le connaît dans les arts et le commerce, celui de Seravezza, est le plus estimé. Il prend un beau poli et affecte une infinité de tons où dominent toutefois le blanc, le rouge, le violet. La variété la plus recherchée est celle dite *fleur de pécher*, à cause de sa couleur dominante (planche II, 3).

La brèche de Seravezza est connue plus particulièrement en Toscane sous le nom de *mischio*, qui lui vient du mélange des éléments variés qui la composent, ou d'*affricano* par analogie avec une brèche pareille fort célèbre que les Romains avaient exploitée en Afrique en même temps que celle de Seravezza, et qu'ils employaient surtout pour leurs colonnes. Le mischio de Seravezza a été aussi fort recherché au moyen âge et à l'époque de la Renaissance.

Dans la plupart des vieilles églises d'Italie, les piliers, les frontons et les colonnettes des chapelles, les revêtements et les placages intérieurs sont faits avec cette brèche précieuse. Depuis; le goût a changé, et ces marbres ont injustement perdu la faveur dont ils jouissaient. Des deux carrières du Rondone, une seule est en ce moment exploitée.

C'est là que sont sorties les colonnes monolithes qui ornent la façade du nouvel Opéra de Paris : on était en train de les extraire à l'époque où je visitai le Rondone. La brèche de Seravezza a été aussi fort employée dans les embellissements de Versailles en placages, colonnes intérieures, dessus de table, etc. On la rencontre également au Louvre. A Florence, outre un grand nombre d'églises, elle orne le palais Pitti, et a servi à tailler les deux obélisques de la place de Sainte-Marie-Nouvelle aujourd'hui si dégradés. Par suite de sa structure même, c'est une pierre d'intérieur. Exposée à l'air, elle ne résiste pas longtemps aux intempéries. Sous ce rapport on doit considérer comme une faute l'emploi qui en a été fait pour les colonnes extérieures du nouvel Opéra de Paris.

Quand on entre dans la vaste excavation du Rondone, le bruit particulier de la scie d'acier sans dents glissant à travers le marbre sur un lit de sable arrosé par un filet d'eau, l'éclat fumeux des lampes, les coups de marteau des mineurs tombant répétés sur la pointerolle et le ciseau, ou frappant en cadence sur la tête des fleurets; par moments, l'explosion d'une mine retentissant dans la caverne et en ébranlant les parois, puis les cris des ouvriers, ceux-ci pressant sur les leviers, ceux-là chassant les coins de fer, ou disposant les rouleaux de bois sous les blocs de marbre, tout cela produit une vive impression sur le visiteur. Au moment où je pénétrai dans la carrière, de jeunes filles au teint frais en sortaient pieds nus, la robe retroussée, un foulard noué autour des cheveux, portant dans un panier sur leur tête les déblais provenant des travaux. Elles se suivaient à la file, et arrivées au dehors jetaient nonchalamment le contenu de leur *canestre* sur le tas commun où s'amoncelaient les éclats de marbre formant talus de chaque côté. Sans doute la brouette eût été un moyen de transport plus expéditif, mais comment circulerait-elle au milieu des blocs de marbre amoncelés çà et là dans un lieu éclairé à peine? *Così fan tutte*, ainsi font toutes, me dit l'un des mineurs auquel je témoignai mon étonnement sur ce système primitif.

Attentif, donnant ses ordres d'une voix brève et quelquefois sévère, un vieux surveillant, petit de taille, mais vigoureux, l'*ispettore* Niccolino, allait et venait, coiffé d'un bonnet phrygien qui annonçait un ancien marin. Il était vêtu de cette veste aux larges et nombreuses poches particulière à la Toscane, et qu'on appelle *cacciatora* ou veste de chasseur. Niccolino y entassait les paquets de cartouches destinés aux mineurs et tous les échantillons de marbre qu'il voulait montrer à son chef, le *padrone* ou directeur des travaux. C'est avec ce digne Génois, qui avait passé toute sa vie au milieu des marbres, que je visitai le Rondone. Marin avant d'être carrier, Niccolino avait porté des marbres de la *rivière* de Gênes[1] en France et remonté le Rhône jusqu'à Arles. Aussi me parlait-il avec orgueil une espèce de langue franque que je ne comprenais guère mieux que son affreux patois de Gênes; mais c'était là le moindre de ses soucis. Son père avait « servi dans les marbres, » comme

---

1. Le golfe au fond duquel est situé Gênes s'appelle en Italie la *riviera* ou la côte. On distingue la *rivière du Levant*, au levant de Gênes, et la *rivière du Ponent*, au couchant.

il disait; lui-même servait comme son père, et avait aussi poussé son fils dans le rude métier des carrières. Depuis 1806, cette triple génération de braves ouvriers était ainsi attachée au même établissement, et donnait raison à l'adage que « les bons maîtres font les bons serviteurs. »

Les marbres blancs, clairs ou ordinaires, dont on fait des chambranles de cheminée, des baignoires, des vasques de fontaine, des colonnes, des dessus de meubles; les marbres bleus communs, dont on fabrique surtout des dalles et des carreaux pour parquets, des vases et des balustrades de jardins; les marbres bleus fleuris, qu'on emploie de préférence pour l'ornementation, urnes, colonnettes, consoles; enfin les marbres brèches, dont on fait essentiellement des colonnes ou des placages, — tels sont ceux que l'on exploite communément à Seravezza. Est-ce à dire que le marbre statuaire y manque? Non sans doute, et Carrare, qui avait eu jusqu'ici le privilége de fournir des blocs irréprochables pour statues, bustes ou bas-reliefs, n'est plus sans rivale; les qualités jadis si vantées de ses marbres statuaires ne sont plus hors ligne dans l'estime des connaisseurs. Le premier rang semble désormais appartenir à Seravezza, et c'est aux flancs de l'Altissimo, à plus de mille mètres de hauteur, qu'il faut aller chercher maintenant le marbre blanc pur de tout défaut et de toute tache.

Le statuaire de Seravezza est plus beau encore que celui de Carrare. Le grain est serré, homogène, cristallin, rappelant la cassure du sucre, d'où l'épithète de saccharoïde donnée en minéralogie au marbre statuaire. La couleur est d'un blanc mat, prenant sous le poli un ton de cire vierge, sans aucune ligne jaune ou bleuâtre. Le ciseau se promène facilement sur le bloc et enlève des éclats réguliers.

Guidé par Niccolino, je visitai d'abord les carrières du Giardino, situées sur le penchant méridional du mont Altissimo, dont la cime atteint dix-huit cents mètres de hauteur. A partir du village de Ruosina, on quitte la Vezza pour prendre une vallée transversale remontant au nord. Le chemin s'élève avec le torrent. Construit pour la descente des marbres par le propriétaire de Giardino, il mesure six kilomètres de longueur, et rachète une différence de niveau de trois cent cinquante mètres.

Les pentes raides des montagnes latérales sont plantées de pins, de châtaigniers, de hêtres, et recouvertes d'un gazon toujours vert. Quelques cascades, descendues des plus hautes cimes, tombent en lames argentées, éparpillant au soleil une poussière blanchâtre où étincellent, sous le jeu capricieux de la lumière, toutes les nuances du prisme. La route, resserrée entre les deux montagnes, dispute la place au torrent. Çà et là sont quelques cahutes, refuge des bergers qui mènent paître leurs chèvres sur ces sommets ardus, quelques vieilles masures abandonnées où l'on fait griller les châtaignes destinées au moulin, à l'époque de la cueillette, en octobre. Sur le chemin, une escouade de terrassiers modénais, désignés ironiquement sous le nom de *lombardi* (synonyme ici de lourdauds) par les ouvriers toscans plus policés, répare la voie, comble les ornières de sable ou de cailloutis. Ces terrassiers sont restés fidèles, comme les jeunes filles du Rondone, à l'usage du panier, qu'ils préfèrent à la brouette.

Le terrain, formé de micaschistes noirâtres, a une teinte sombre qui va bien au tableau, et tout l'ensemble du paysage revêt un caractère d'austère majesté. Les Modénais, que les beautés de la nature inquiètent peu, ne suspendent un moment leur travail que pour surveiller la confection de la *polenta,* pâtée de farine de maïs ou de châtaignes qu'on fait bouillir avec un peu de graisse dans une immense marmite en fonte. Sur un coin du chemin, dans le fond du fossé, l'un des ouvriers, auxquels le suffrage de ses camarades a délégué les fonctions de maître coq, agite la pâte fumante avec une latte de bois qui rappelle l'arme d'Arlequin. Quelques branchages secs font tous les frais du combustible, et deux pierres sur lesquelles est placée la marmite composent tout le fourneau. La cuisson terminée, on découpe le gâteau en tranches où chacun mord à belles dents.

Assis sur une borne du chemin, je contemplais le groupe des *lombards* dévorant leur frugal repas, quand Niccolino me montra devant nous, de l'autre côté du torrent, un précipice escarpé que couronnait un bouquet de pins. « *Questo è il paradiso de' cani,* c'est là le paradis des chiens, me dit-il. — Et d'où vient ce nom? » Alors il me raconta que les chiens, quand ils étaient sur le plateau supérieur, à la poursuite du gibier, se précipitaient quelquefois tête baissée dans l'abîme que leur masquait le bouquet de pins. « *E cosi se ne vanno al paradiso de' cani,* et c'est ainsi qu'ils s'en vont au paradis des chiens, » termina-t-il avec un sourire en manière de péroraison.

Au pied de la carrière du Giardino est la cabane du forgeron où l'on affûte les fleurets des mineurs, et où l'on retrempe les têtes des marteaux. Un plan incliné, dont le seuil est formé de larges dalles de marbre, conduit à la place où l'on charge les blocs.

Des chars aux roues basses et massives, serrées par les mâchoires des freins que commandent deux fortes vis à l'arrière, étaient prêts pour le chargement lors de ma visite au Giardino. Cinq ou six paires de bœufs, encore suants de la montée, soufflaient avec bruit en attendant le signal du départ. La vapeur de leurs naseaux, se dissipant avec lenteur au soleil, formait une traînée transparente. Quelques-uns, moins fatigués, broyaient une poignée de foin que leur présentait un des bouviers, et fixaient sur lui leurs gros yeux ronds avec un air calme et débonnaire. Autour du char étaient disséminés les manœuvres, qui allaient mettre en mouvement leviers, crics et rouleaux.

C'est à cet endroit où les bœufs s'arrêtent que commence réellement l'ascension du voyageur. Je levai la tête et regardai mon guide. Il semblait me dire comme la sibylle à Énée : *Nunc animis opus*, c'est maintenant qu'il faut du courage! Une différence de niveau de deux cents mètres en verticale séparait le point où nous étions de celui que nous devions atteindre. Le sentier suivait d'abord une pente rapide, inclinée de trente à quarante degrés; puis c'étaient des marches comme celles d'un escalier avec la montagne d'un côté, l'abîme de l'autre. Enfin aux marches succédaient des encoches taillées à pic dans le roc. Il y avait tout juste place pour le pied, et le long de cette échelle d'un nouveau genre tombait en guise d'appui une chaîne aux anneaux de fer, sur laquelle il fallait s'élever par la seule force des poignets. On mettait les pieds l'un après l'autre dans les entailles du rocher, à peu près comme sur les barreaux d'une échelle toute droite, mais avec infiniment moins de commodité.

Dans ce passage dangereux, que je gravis tant bien que mal, un ouvrier pris tout à coup de vertige, ou perdant la chaîne des mains, s'était laissé choir un samedi du mois de juin 1861. Son corps, qui avait roulé dans l'abîme, fut ramassé en lambeaux au pied de la montagne et rapporté dans un sac. Le lundi suivant, il fut bien malaisé de ramener à la carrière les camarades de la victime, qui ne voulaient plus revoir le théâtre de ce lamentable accident.

Sur ces escarpements où l'homme arrive avec tant de
peine, on conçoit qu'il n'y ait pas d'autres moyens de
transport pour les blocs extraits des carrières que de les
précipiter dans le vide. De distance en distance règnent
des murs énormes, des bastions, comme les appellent si
bien les carriers italiens. Ils sont dressés en talus, et de
loin en loin sont ménagées des plates-formes horizontales
qui permettent aux ouvriers de travailler, et où s'amortit
la vitesse des blocs tombés des plus hautes cimes.

La descente de ces monolithes, qui atteignent parfois jusqu'à trente mètres cubes de volume et pèsent plus de quatre-
vingt mille kilogrammes (ce sont alors des bancs entiers
détachés de leur lit de carrière), est vraiment magnifique
à voir. Le géant de pierre roule avec fracas sur les débris
de marbre rejetés de l'exploitation et formant talus; il
franchit dans une immense parabole les corniches des bastions et se remet à descendre. Le bruit ressemble au gron-
dement du tonnerre répété par tous les échos des vallons.
L'énorme masse est emportée par une vitesse qui va s'accé-
lérant de plus en plus, selon les lois de la pesanteur. Si un
arbre, si un autre bloc se rencontre sur sa route, alors un
choc terrible a lieu : l'arbre est déraciné, tordu, broyé; ses
débris sont projetés au loin. Si ce sont deux blocs de
marbre qui se choquent, le plus volumineux brise l'autre
et le fait voler en éclats. Pour prévenir ces accidents, on
accumule parfois devant les masses arrêtées à mi-chemin,
et qui peuvent gêner la descente d'un bloc supérieur, des
monticules de débris de marbre qui forment une espèce
de matelas protecteur. Souvent la descente seule suffit, sur
le cailloutis de la montagne, à mettre un bloc en pièces
pour peu qu'il ait quelque défaut. Il se divise avec un tel
fracas qu'on dirait un coup de mine, et l'analogie est d'autant plus frappante que du milieu de ces débris se dégage

une poussière fumante que l'on prendrait pour la vapeur produite par l'ignition de la poudre. Après toutes ces péripéties de la chute. le bloc s'arrête enfin, comme épuisé, non sans tracer un profond sillon dans le sol, où il s'enfonce quelquefois d'un mètre. C'est alors qu'arrivent les ouvriers munis de pinces et de rouleaux.

Cependant j'étais parvenu au point culminant où se développent les magnifiques *filons* de marbre statuaire, capables d'alimenter une exploitation de plusieurs siècles. Ici le marbre ne se rencontre plus en bancs stratifiés régulièrement; il est au contraire disséminé en amas limités au milieu des autres couches calcaires, où il prend toutes les allures des véritables filons. Des plans de séparation dus à des infiltrations talqueuses ou à des dépôts ferrugineux, et que les carriers appellent les *madri-machie,* les taches mères, forment comme les lits de pose, le *toit* et le *mur* des filons. Ces filons se renflent, diminuent, disparaissent, varient de qualité d'un point à un autre, comme ceux des gîtes métallifères; et voilà pourquoi l'expression dont se servent tous les carriers italiens mérite d'être relevée par la géologie.

Je m'arrêtai à la cabane des ouvriers; elle est toute construite en beau marbre blanc saccharoïde, la seule pierre qu'on trouve en cet endroit. De l'éminence où j'étais placé, je contemplais avec un certain plaisir la pente que j'avais gravie. Le retour ne m'effrayait guère, car la descente, même par les étranges échelons dont j'ai parlé, est plus facile que la montée. Çà et là se dressaient les cimes neigeuses des points culminants de la contrée, entre autres la Pania et la Corchia, dont les pics isolés s'élevaient comme d'immenses pains de sucre. Quelques prairies se déroulaient en tapis de verdure aux flancs des montagnes, et trois lignes de végétation bien apparentes, en quelque sorte trois courbes horizontales, se dessinaient franchement, de quelque côté qu'on portât les yeux, comme si on les avait tracées avec le niveau. Chacune de ces lignes marquait une région botanique distincte : la région des châtaigniers, celle des hêtres, enfin celle des bruyères et des graminées naturelles.

Au pied de la carrière du Giardino, exposée au midi et défendue contre toute brise, poussaient à l'aise quelques plantes aux feuilles vertes, des choux sauvages montés déjà en graines, des violettes et des fraisiers qui n'attendaient que le printemps pour étaler leurs fleurs ou leurs fruits, et mériter à la carrière le nom dont on l'a décorée. Çà et là, on voyait quelques villages bâtis sur d'étroits plateaux, entre autres celui de Basati, d'où les ouvriers du Giardino pouvaient à leur tour être aperçus de leur famille; partout ailleurs un horizon restreint, des vallées taillées en précipices, véritables déchirures du sol, s'entrecoupant en divers sens; partout des roches abruptes de couleur sombre, soulevées à d'énormes hauteurs, aux époques des bouleversements géologiques, par des agents ignés qui n'ont pas trouvé d'issue au dehors. Ces agents sont sans doute les mêmes qui, calcinant sur place les argiles anciennes de ces localités, les ont transformées en schistes micacés ou talqueux, en stéaschistes et en ardoises, les mêmes qui ont ouvert ces fissures profondes, où ont été injectés de bas en haut la galène argentifère, le cuivre gris, le sulfure d'antimoine, le fer oxydulé magnétique, le vermillon natif ou sulfure de mercure, enfin le quartz aurifère, car tous ces minerais ont été découverts et exploités sur différents gîtes de la contrée. Dirai-je de plus que ces agents restés cachés, granites, porphyres ou serpentines, roches ignées bouillonnant dans le laboratoire central toujours en travail sous la faible croûte de notre globe, sont les mêmes qui, grâce à un excès de chaleur et de pression, ont transformé en marbres, c'est-à-dire en calcaires cristallins, les calcaires primitifs du pays[1]? C'est là une pure hypothèse; mais quel maître possède à fond la science de la formation de la terre? La vérité de la veille ne devient-elle pas trop souvent l'erreur du lendemain? La vérité même, sur ce point comme sur tant d'autres, sera-t-elle jamais dévoilée? Et un penseur, qu'on est tenté de citer sans cesse quand on aborde la philosophie des sciences naturelles, n'a-t-il pas dit avec raison : « Le chaos ne lâchera pas sa proie, et le mot mystère est écrit sur le berceau de la vie terrestre[2]? »

Après avoir parcouru le Giardino, je devais une visite aux carrières de l'Altissimo, à ces gisements que découvrit et exploita un moment Michel-Ange, heureux de voir sa patrie fournir le marbre du tombeau de Jules II et de la façade de l'église Saint-Laurent de Florence. Mon guide ordinaire, Niccolino, qui connaissait si bien toutes les traditions et légendes locales, ayant été appelé à Carrare le jour même où je voulais tenter cette nouvelle ascension, me présenta comme ciceroni, pour le remplacer, son fils Antonio et le *capocava* (chef de carrière) Agostino Falconi. « Ce sont

1. La plupart des géologues supposent aujourd'hui que les calcaires, pour passer à l'état de marbres, ont dû être soumis à un excès de pression et de chaleur, et ils citent à l'appui de leur opinion, la fameuse expérience des physiciens anglais Hutton et Hall, qui, ayant fait chauffer de la craie dans un canon de fusil hermétiquement fermé, la transformèrent en marbre. Faut-il passer ainsi du particulier au général? Les marbres n'ont-ils pas pu se déposer à l'état cristallin dans les eaux qui les renfermaient en dissolution? La célèbre fontaine de Saint-Allyre, à Clermont, donne des dépôts calcaires rappelant parfaitement la cristallisation du marbre statuaire. Il n'est donc pas forcément besoin de recourir au métamorphisme par la chaleur et la pression pour expliquer en géologie la formation des marbres.

2. George Sand, *Voyage dans le cristal.*

mes lieutenants, dit-il, vous pouvez avoir en eux toute con-
fiance. »

Antonio était un vigoureux garçon, à la jambe alerte,
au regard vif, à la figure franche, et habitué dès son
enfance aux carrières. Agostino, plus solidement bâti encore, était moins allègre. Une surdité précoce, contrac-
tée dans son état de marin, lui donnait un certain air de
mélancolie. Il avait fait jusqu'à six voyages au Havre et à
Rouen, toujours pour porter des marbres, ceux entre autres
destinés au tombeau de l'empereur. Sa surdité l'avait forcé
de renoncer à la mer, et alors il était entré dans les carrières, afin, disait-il, de ne pas déroger, et de continuer à
servir dans les marbres.

C'est en compagnie de ces deux guides que je partis le
matin dès l'aube de Seravezza. Remontant le cours de la
Serra, nous traversâmes d'abord le village de Rimagno, où
les scieries de marbre et les *frulloni* faisaient entendre
leur bruit habituel. Malgré l'heure matinale, les actives
ménagères se montraient déjà aux fenêtres, et de petits
gamins en haillons préludaient à leurs jeux bruyants
dans l'unique rue du hameau. « *È un Francese*, c'est un
Français, » disaient quelques-uns en me regardant avec
cette curiosité inquiète et pleine d'intuition particulière à
l'enfance. « *Dove andate*, demandaient d'autres plus
hardis à mes guides, où allez-vous? »

Bientôt nous nous croisâmes avec les femmes des villages environnants, qui, pendant que leurs maris se ren-
daient aux chantiers, allaient au marché voisin faire leurs
provisions de la semaine ou porter des fruits, du lait, des
légumes. Un panier sur la tête, les mains occupées à tri-
coter des bas, elles marchaient nu-pieds sur les pavés
froids et glissants du chemin, et charmaient la longueur
de la route en récitant le rosaire. L'une d'elles entonnait

les versets d'une voix monotone, et les autres répondaient machinalement sur le même rhythme, tout en faisant courir l'aiguille agile entre leurs doigts. A la manière dont elles débitaient l'*Ave Maria*, on devinait que c'était affaire d'habitude, de pratique superstitieuse, plutôt que de vraie dévotion. Quelques-unes de ces femmes avaient des traits accentués, caractéristiques, de ces figures de médailles romaines, comme en présentent encore les femmes de la rivière de Gênes et du Bolognais.

Après avoir tourné à droite, nous gravîmes une pente raide, pavée, une de ces vieilles routes qui reliaient jadis la Toscane au duché de Modène, et nous atteignîmes le village d'Azzano, au delà duquel il fallut prendre un sentier à mi-côte. A nos pieds s'étendait la vallée étroite de la Serra. Le bruit du torrent, roulant sur les galets de son lit, montait vaguement jusqu'à nous. Sur le versant qui nous faisait face se développaient presque à pic les carrières de la Capella, celles de Trambiserra, où avait travaillé Michel-Ange, puis celle de Vasajone, ouverte en 1821 par M. A. Henraux (fig. 77). Celle-ci était abandonnée; mais des chantiers étaient ouverts sur d'autres points, et déjà l'écho était troublé par le bruit des coups de mine ébranlant les vallons, par le son métallique du ciseau d'acier sur le marbre, ou le roulement des blocs à la descente. A gauche le mont Foudroyé (*il monte Fulgorito*), à droite l'Altissimo, deux immenses murs parallèles de calcaire, s'unissant par un col d'une dépression à peine sensible, fermaient la vallée. Sur ce col, des schistes mêlés de noyaux siliceux venaient buter contre les couches de marbre, qui, violemment soulevées à cette hauteur, s'étaient inclinées sur elles-mêmes. Les schistes, plus flexibles, s'étaient simplement contournés sans se rompre. On voyait là une coupe de terrain naturelle, et une division bien tranchée entre deux dépôts

Fig. 77. — Carrière de Vasajone (*Monte Altissimo*), ouverte en 1821 par M. A. Henraux; vue de l'exploitation,
d'après une aquarelle inédite du temps, par Ch. Muller.

d'âges différents. C'était un de ces points de repère auxquels se rattache volontiers le géologue dans l'étude d'une
localité.

Antonio me montra vers la droite un passage étroit, un
défilé portant le nom caractéristique de Serr'Alta, où il y
avait place à peine pour un homme, et c'est par là que
nous quittâmes le versant tributaire de la Serra pour entrer
dans celui de la Vezza. Nous avions atteint à cette altitude
le niveau de la carrière du Giardino, située derrière nous,
et qu'un pan de montagne, qui se déroulait comme un
gigantesque rideau, masquait entièrement à nos regards.
Il y avait quatre heures que nous montions; le sentier,
de plus en plus raide et étroit, pendait sur l'abîme, et nous
avions hâte d'arriver. Le temps, fort beau le matin, s'était
couvert à cette hauteur, comme il arrive quelquefois. Des
vapeurs, d'abord presque invisibles, s'étaient formées au
bas des montagnes, et, s'élevant, n'avaient pas tardé à devenir plus denses. Un brouillard épais, puis de véritables
nuages nous environnèrent, masquant tout à coup à nos
yeux et la cime de l'Altissimo, à laquelle nous touchions
presque, et celle de la Pania et de la Corchia, qui se dressait à droite. On voyait venir l'orage du côté de la Corchia, sombre, menaçant; c'était comme une immense
nappe qui apportait l'eau dans ses plis. Enfin la nuée se
déchire. « Vite! vite! crie Antonio, courons à la caverne. » Nous y entrons, non sans avoir été fortement
atteints par l'ondée. Cette caverne, délaissée l'hiver, est
le refuge habituel des carriers pendant la tempête, quand
ils travaillent l'été à cette hauteur; elle est tapissée d'une
mousse verte et moelleuse : une source d'eau fraîche,
s'échappant goutte à goutte entre deux lits du rocher,
tombe par un bec de canne dans un petit bassin creusé
dans le marbre. A terre sont des siéges naturels, de

grosses pierres en forme de dés. Sur le pourtour de la salle sont des inscriptions, des dates, quelques-unes fort récentes. Le *W* traditionnel (*Viva Vittorio!*), le cri de ralliement patriotique à double sens, *Viva Verdi!* dessinés sur le marbre en lettres rouges ou gravés au ciseau, rappellent au voyageur qui franchit ces montagnes que l'unité italienne compte des partisans jusqu'en ces endroits presque inaccessibles.

Pendant que je déchiffrais toutes ces inscriptions lapidaires, l'orage avait cessé. A cette hauteur, la grêle s'était mêlée à l'eau, et sur les cimes la neige avait remplacé la pluie et les grêlons; mais nous étions presque parvenus au terme de notre excursion : encore quelques efforts, et le sommet de l'Altissimo était atteint. Antonio était triste. Comme je lui en fis la remarque : « Ah! monsieur, ne m'en parlez pas! être monté si haut pour ne rien voir! D'ici, quand il fait beau temps, nous apercevons la Corse et la Sardaigne, toutes les montagnes qui nous séparent d'avec le Pape, toutes les îles de l'archipel toscan : Monte-Cristo, la Pianosa, l'île d'Elbe, la Gorgone, la Capraia; nous voyons la mer de Massa et de Carrare, le golfe de la Spezzia, le golfe de Gênes, celui du Lion, les îles d'Hyères, les ports de Toulon, de Marseille, enfin la silhouette du cap Creus, qui annonce les côtes d'Espagne. »

Antonio disait vrai, mais j'avais heureusement, en tentant cette ascension, un autre but que celui de jouir du spectacle magique que présente la mer infinie, vue de haut et de loin, et baignant une longue ligne de côtes : j'étais venu pour voir des carrières de marbre statuaire, et je fus amplement satisfait.

A notre droite s'étendait Falcovaja, d'où est sortie toute la pierre destinée à Saint-Isaac, la nouvelle cathédrale de Saint-Pétersbourg. Dans le concours ouvert à ce sujet par

l'empereur de Russie, en 1842, les marbres de l'Altissimo
obtinrent la préférence sur ceux de Carrare. En trois ans,
les carrières réunies de Falcovaja, la Polla et la Vincarella livrèrent près de deux mille mètres cubes de
marbre des plus belles qualités, blanc clair ou statuaire.
A Falcovaja, les filons sont fort beaux; seulement, comme
disait Antonio dans son gros bon sens de carrier, *la madre
natura li ha portato troppo alto*, la mère nature les
a portés trop haut.

Après notre visite à Falcovaja et un coup d'œil jeté
sur les énormes bastions en contre-bas, nous entrâmes
dans la cabane des carriers. Là, tout en me chauffant à
un feu de broussailles, je regardai par la fenêtre la végétation rabougrie qui couvrait le plateau : c'étaient de
petits hêtres souffreteux, aux feuilles jaunies, desséchées
par les frimas. Non loin étaient les carrières abandonnées,
entourées de déblais de marbre dont la blancheur se con-
fondait avec celle de la neige. Les faucons, les corneilles
et les aigles, ces oiseaux des abîmes, planaient au—dessus
de nous avec des cris rauques et sauvages.

Le déjeuner fut arrosé de libations abondantes que jus-
tifiaient le froid, la fatigue et la hauteur. Il fallut ensuite
songer à la descente. Nous prîmes un sentier différent de
celui du matin, et passant devant la carrière qui porte le
nom caractéristique de *Cava del Saltetto*, à cause du saut
que l'on fait faire aux blocs de marbre par-dessus la corniche de son énorme bastion, nous quittâmes bientôt les
eaux de la Vezza pour celles de la Serra.

Nous suivions, aux flancs de la montagne, un chemin
encore plus dangereux que celui qui conduit aux plus
hauts chantiers du Giardino. Nous nous engageâmes à la
file sur un cordon horizontal taillé dans le marbre, et si
étroit qu'il y avait à peine de quoi poser un pied devant

l'autre. La main n'eût pu un instant abandonner la chaîne de fer fixée par ses deux bouts le long de cette corniche à pic. Au-dessus de nos têtes surplombait le calcaire, sous nos pieds s'ouvrait l'abîme vertigineux. La corniche encore mouillée de la pluie, polie d'ailleurs par le passage fréquent des ouvriers, était glissante comme si elle eût été recouverte d'une couche de verglas. Nous la franchîmes toutefois sans encombre, et je fus récompensé de n'avoir pas reculé devant ce mauvais pas, car j'entendis Antonio, déjà arrivé à la nouvelle carrière vers laquelle nous nous dirigions, me crier de toute la force de ses poumons, en agitant les bras : *la Cava del Buonarotti!*

J'étais donc enfin parvenu au principal but de cette pénible excursion, à l'une des carrières jadis fouillées par Michel-Ange. C'était là le champ d'exploration où le grand homme, pour complaire à son protecteur Léon X, avait, à force de fatigue et de courage, découvert des marbres statuaires qui devaient faire concurrence à ceux de Carrare. En 1518 et 1519, Michel-Ange put à grand'peine extraire de ce chantier cinq colonnes et quelques blocs qui ne furent pas même employés. Une partie fut toutefois transportée jusqu'à la mer par la route qu'on avait ouverte sur les flancs de l'Altissimo, et l'une des colonnes arriva brute à Florence ; mais ni la façade de l'église Saint-Laurent, où sont les tombeaux des Médicis, ni la tombe même de Jules II, ne furent jamais achevées. Léon X d'ailleurs n'avait pas tardé à mourir. Tout ce que gagna Michel-Ange à l'extraction des marbres de l'Altissimo fut de se brouiller à mort avec son ami le marquis Albéric, seigneur de Carrare, auquel appartenaient les carrières de cette dernière localité, et qui ne pardonna jamais à Michel-Ange d'avoir ouvert celles de l'Altissimo.

Environ une quarantaine d'années s'étaient écoulées depuis ces événements, quand Cosme Ier de Médicis, appelé à régner sur la Toscane, reprit heureusement les traditions de Léon X. On conserve encore dans les archives grandducales à Florence une lettre où Cosme exige que, pour les ouvrages dont il embellit sa capitale, les marbres de Seravezza soient seuls employés à l'exclusion de ceux de Carrare. La direction des travaux fut confiée aux plus célèbres artistes du temps, et Vasari, l'Ammanati, Mosca, Jean de Bologne, qui ont orné Florence de leurs chefs-d'œuvre sous le long règne de Cosme Ier, se succédèrent dans la surveillance et l'administration des carrières de Seravezza. Les lettres échangées à ce sujet entre ces vaillants artistes et leur royal protecteur ont toutes été conservées et sont curieuses à plus d'un titre. On y voit Cosme suivre d'un œil attentif les progrès de l'extraction des marbres. Jour par jour sont notés les frais de l'exploitation, et il les acquitte de sa bourse. Lui-même venait quelquefois à Seravezza : il aimait à y séjourner dans une villa qu'il avait fait construire et qui existe encore; il occupait ses loisirs à visiter l'exploitation des carrières de marbre, et les travaux des mines de plomb et d'argent qu'il avait fait également ment rouvrir.

Au règne de Cosme Ier succédèrent des règnes moins glorieux, moins favorables aux beaux-arts et aux carrières de l'Altissimo. Ces gîtes avaient d'ailleurs à lutter contre des difficultés d'extraction et de transport presque insurmontables à cette époque; aussi tombèrent-ils pour la seconde fois dans l'oubli. Les choses en étaient là, quand, vers le milieu du siècle dernier, puis vers le commencement de celui-ci, on songea derechef à l'Altissimo. M. Borrini de Seravezza et MM. Henraux, soutenus du reste et encouragés par la protection éclairée du grand-duc Léopold, et

indirectement favorisés par les entraves que le gouvernement voisin de Modène apportait à l'industrie des marbres
de Carrare, tentèrent une épreuve qui fut décisive. En 1840,
une société anonyme réussit enfin à se constituer, avec
des ressources assurées, pour la mise en valeur des marbres de l'Altissimo. Cette exploitation, dont la marche n'a
cessé d'être progressive, est aujourd'hui si prospère qu'on
peut prévoir le moment peu éloigné où les marbres statuaires de l'Altissimo auront le pas sur ceux naguère si
vantés de Carrare.

De la carrière de Michel-Ange, connue sous le nom
de la Vincarella, nous passâmes à celle de la Piastra, puis
nous visitâmes celle de la Polla.

Cette dernière a pris son nom d'une source d'eau vive
fort abondante, qui sort d'une petite grotte voisine. La
nappe s'échappe en bouillonnant entre deux lits de calcaire, comme dans la fameuse fontaine de Vaucluse. A
chaque pas, dans ces montagnes, des phénomènes naturels
du plus gracieux effet viennent ainsi embellir le paysage.

On a déjà dit que c'est de la Vincarella et de la Polla
qu'ont été tirés, en même temps que de Falcovaja, les deux
mille mètres cubes de marbre commandés par la Russie
pour la cathédrale de Saint-Pétersbourg.

C'est aussi de la Polla qu'a été extrait récemment le
bloc réclamé par Florence pour la statue de Dante, hommage tardif que cette cité a rendu au grand poëte. Ce bloc,
au sortir de la carrière, ne cubait pas moins de deux mille
palmes et pesait par conséquent quatre-vingt mille kilogrammes[1]. Grâce à la pente du chemin, il fut amené sur
un traîneau jusqu'à Seravezza.

1. Le palme est une ancienne mesure d'Italie dont on se sert exclusivement aujourd'hui dans le commerce des marbres. Le palme linéaire de
Gênes, le seul adopté, vaut environ 0ᵐ,25 ou un quart de mètre; il faut

Fig. 78. — Carrière du Vasajone (*Monte Altissimo*). Vue du plan incliné établi en 1821 pour la descente des blocs, d'après une aquarelle inédite du temps par Ch. Muller.

On retient ces énormes blocs par des câbles enroulés sur
des poteaux de distance en distance. La corde se déroule
peu à peu à mesure que le bloc descend (fig. 78). Les
ouvriers gouvernent avec des pinces la lourde masse, et
une armée d'auxiliaires les accompagne, mettant la main
où besoin est. Le chemin est pavé de bois savonnés cou-
chés à plat et sur lesquels s'avance le colosse de marbre.
En plaine, les bœufs viennent s'atteler au traîneau.

Ce spectacle de la descente des blocs, toujours fort animé, prend, lorsqu'il s'agit de grandes masses, un caractère
vraiment majestueux (fig. 79). Au départ, les ouvriers
se découvrent et font leur prière, puis les signaux sont
donnés comme dans la manœuvre d'un navire.

Parvenu à destination, le monolithe extrait pour la statue de Dante mesurait encore huit cents palmes, et pesait
par conséquent près de trente-trois tonnes ou trente-trois
mille kilogrammes.

Comme je contemplais avec admiration ces masses énormes, que les carriers de l'Altissimo manœuvrent si habilement, Agostino me rappela avec orgueil que le bloc
amené en 1824 par son oncle Domenico, de Carrare à
Paris, pour la statue équestre de Louis XIII sur la
Place-Royale, pesait cinquante-cinq mille kilogrammes[1].
Quoi qu'il en soit, le bloc d'où est sortie la statue de Dante
n'en représente pas moins un des monolithes les plus imposants extraits jusqu'ici des carrières de marbre. Chargé sur
le chemin de fer à Seravezza, on l'a transporté à Florence
sans transbordement ; il a été amené enfin dans l'atelier
de l'artiste, où on l'a dégrossi et définitivement sculpté.

donc 64 palmes cubes pour faire un mètre de volume. Le mètre cube de
marbre est estimé en moyenne à 2650 kilogrammes, soit un peu plus de
41 kilogrammes au palme.

1. Ce bloc est celui même qui est représenté figure 81.

Pour aller de Seravezza à la mer, à *Forte de' Marmi*,
le port d'embarquement des marbres, on suit une route
des plus animées : elle longe d'abord le cours de la Versilia, qui reçoit les eaux des deux torrents de la Serra et
de la Vezza. Les berges sont plantées de peupliers, et
ce rideau de verdure borde agréablement la rivière.

La vallée est étroite au début; à gauche se montrent
encore des marbres, à droite s'élèvent à de grandes hauteurs les schistes, dont la cime déchiquetée, fendillée, revêt
des formes bizarres : on dirait de vieux châteaux en ruine,
de ces nids d'aigle comme les seigneurs du moyen âge
en bâtissaient volontiers sur les sommets les plus ardus.
La fiction côtoie ici la réalité, et non loin de là existent
des restes de vieux manoirs, d'antiques tours, à Corvaja,
à Vallechia. On dit que les seigneurs de ces contrées sou-
tinrent même des siéges en règle contre la république de
Lucques, qui leur disputa longtemps la possession des
mines d'argent de Val-di-Castello et du Bottino vers le
milieu du quatorzième siècle [1]. Les fiers barons durent
avoir d'autant moins de peine à résister que le pays, par
sa disposition, se prête à une défense facile. On voit encore sur la route, près de Seravezza, au point où la Versilia se resserre, un vieux pan de muraille où devait exister
une porte avec ses mâchicoulis et ses ponts-levis, pour
fermer complétement le passage en cet endroit. Et sans
vouloir faire ici de l'étymologie, Vallechia ne nous paraît
être que la contraction de *Valle chiusa* (Vaucluse) ou vallée
fermée. C'était assez l'habitude, on le sait, au moyen âge
de barrer ainsi les routes pour obtenir des péages et faire

---

1. De ces deux mines, la première, reprise à diverses époques, est
maintenant abandonnée; la seconde, réexploitée avec fruit d'abord sous
les Médicis, puis de nos jours, est à cette heure une des plus productives de la Toscane, qui renferme tant de riches gisements.

Fig. 79. — Carrière du Vasajene (*Monte Altissimo*). Vue de la descente d'un bloc de statuaire, extrait en 1821 par M. A. Henraux ; d'après une aquarelle inédite du temps par Ch. Muller.

composer les passants. Louis IX lui-même, partant pour la croisade, fut plusieurs fois arrêté le long du Rhône par les seigneurs riverains, qui le mirent à contribution, ce à quoi le saint roi se prêta d'assez bonne grâce malgré les récriminations de Joinville, qui eût préféré payer d'autre monnaie, et guerroyer un peu en chemin avant d'aller s'embarquer à Aigues-Mortes.

En se dirigeant de Seravezza vers *Forte de' Marmi*, on quitte bientôt la Versilia, et on laisse à droite la mine de mercure de Ripa, dont une des galeries débouche sur le chemin. La plaine alors s'élargit et présente de beaux bois d'oliviers ou des prairies bien arrosées. On traverse la route de Lucques à Massa et à Carrare, et immédiatement après, à la station de Querceta, le chemin de fer, qui a détrôné la route de terre, qu'il côtoie sur tout son parcours. On rencontre ensuite les vestiges de la voie Émilienne (*via Emilia Scaura*), plus tard connue sous le nom de voie Aurélienne : c'était la grande route qui de Rome menait dans les Gaules en suivant le littoral tyrrhénien. Enfin on arrive à la mer.

La plage est basse, sablonneuse. Une immense quantité de blocs, dont la couleur blanche et l'éclat cristallin, reluisant au soleil, éblouissent les yeux, gît sur le rivage. Chaque propriétaire reconnaît son lot à sa marque. Çà et là sont des tas de planches de marbre sciées : placages, dessus de table, etc., des *marmetti* ou carreaux en paquets. Quelques blocs de couleur insolite se détachent vigoureusement sur l'ensemble. C'est le *portor* aux veines jaunes, dorées, sur fond noir (pl. II, 7), venu du golfe de la Spezzia, le *vert* de Gênes ou vert de mer (pl. III, 7), le *levanto* ou brèche sombre, rouge et vert, de la rivière au levant de Gênes (pl. III, 8), enfin la *griotte* du Languedoc au ton rouge cerise, ce qui lui a valu son nom.

Ces marbres étrangers ont été portés jusque-là pour être amenés aux scieries de Seravezza et débités en tables. Les carrières d'où ils ont été tirés ne donnent pas lieu à une extraction assez importante pour qu'on y ait établi des appareils de sciage, ou peut-être manquent-elles de chutes d'eau, force toujours plus économique que la vapeur et souvent la seule possible dans les pays accidentés. La griotte a d'ailleurs l'avantage d'être revendue en France sous le nom de rouge antique ou rouge italien. On veut chez nous des marbres d'Italie à tout prix, quand nous en avons de si beaux dans nos propres montagnes.

La manière dont on embarque les marbres est primitive, mais originale. La balancelle ou *lancia* est tirée à sec. Avec des grues et des palans, on élève les blocs et on les fait descendre à fond de cale, puis le navire est lâché à la mer, glissant sur des bois savonnés comme si l'on procédait au premier lancement. Cette méthode date des Romains, et les Grecs eux-mêmes n'opéraient pas autrement quand ils chargeaient le marbre de Paros.

Les balancelles portant les marbres jaugent de vingt à cinquante tonneaux ; elles s'en vont ainsi à Gênes, à Livourne, où l'on transborde les blocs sur de plus grands bâtiments. Quelquefois des navires de cent cinquante à deux cents tonneaux sont expédiés directement de Marseille à la *marine* de Seravezza. En ce cas, les balancelles prennent toujours les blocs au rivage, et les portent aux navires qui attendent en rade. Si le mauvais temps survient dans l'intervalle, ceux-ci sont obligés de s'éloigner sans compléter leur chargement.

La vue dont on jouit de la plage de *Forte de' Marmi* est des plus pittoresques. Quand le temps est clair, on découvre toute la mer de Toscane depuis le Montenero de Livourne jusqu'à la pointe de Porto-Venere, qui ferme au

couchant le beau golfe de la Spezzia. Sur le rivage, au
delà du depôt des marbres, présentant un amas de blocs
disséminés dans un désordre qu'on pourrait prendre pour
un effet de l'art, s'étend une rangée de maisons proprettes
où sont établis les marins et les carriers.

Deux édifices plus imposants, situés orgueilleusement à
l'écart, attirent les yeux. C'est d'un côté l'inévitable douane,
bâtisse sans art, n'appartenant à aucun ordre d'architecture, et d'autre part le fort (d'où le nom de *Forte de'
Marmi* donné à la localité). Le style à la fois élégant et
sévère de la forteresse révèle le siècle des Médicis, l'époque
où Michel-Ange, précurseur de Vauban, dessinait des citadelles de la même main qui peignait la chapelle Sixtine
ou sculptait le David. Sur la façade qui regarde la mer,
l'écusson grand-ducal aux six boules s'est effacé devant la
croix de Savoie. Des artilleurs piémontais, à la tenue mâle
et irréprochable, ont également remplacé les carabiniers
peu redoutables du vieux Léopold. Par l'une des embra-
sures du fort, un respectable canon de fonte et un antique
fusil de rempart, faisant ensemble bon ménage, sont toujours dirigés sur la mer, menaçant les forbans sarrasins,
contre lesquels la citadelle a été bâtie.

Il y a des forts de cette espèce tout le long du rivage
toscan, et bien que les pirates barbaresques ne se montrent
plus pour faire comme autrefois des razzias jusque dans les
grandes villes maritimes, l'autorité militaire continue à
occuper les forts. L'artillerie tient à ses priviléges. Une des
premières mesures du Piémont devenu le royaume d'Italie
a été de garnir les citadelles du littoral de canonniers bien
disciplinés.

II

MASSA ET CARRARE.

Le *vetturino* Galibardi. — Les anciennes douanes. — Massa ducale. — Le Frigido et les *études*. — L'*Albergo nazionale*. — Aspect de Carrare. — Maîtres artistes. — L'Académie de sculpture. — Autel votif. — Le passé et le présent des carrières. — Vallée de Ravaccione. — Carrière romaine. — Mines à la française. — Production du marbre à Carrare. — Seravezza et Massa. — Scierie de M. Walton. — Embarquement des marbres. — La plage d'Avenza. — L'antique Luna. — Riant point de vue. — L'unité italienne et l'industrie marbrière.

En quittant Seravezza, je me dirigeai vers Carrare par la route de terre, plus courte que la voie ferrée, qui, par raison d'économie et pour éviter les tunnels, a longé le bord de la mer; elle eût mieux fait de se rapprocher des grands centres d'industrie et de population, Seravezza, Massa et Carrare, groupés autour des carrières.

Je partis aux premières lueurs du jour avec le *vetturino* Galibardi, tout fier d'être désigné par un sobriquet qui n'est autre que le nom sous lequel les gens du peuple connaissent Garibaldi en Italie. Les chevaux et le conducteur étaient pleins d'entrain, et nous ne tardâmes pas d'arriver sur la voie Émilienne. La route moderne a conservé ici, comme dans le centre et le sud de la Toscane, le nom de son aînée, la voie romaine, qu'elle côtoie ou dont elle suit le parcours en se superposant à elle.

Le chemin est large et bien tracé, sans montée ni descente. Fouettant vigoureusement les chevaux, Galibardi les mena d'un train de poste, voulant sans doute faire concurrence à la locomotive qui passa un moment près de nous, puis disparut bientôt avec son blanc panache de vapeur derrière un rideau de peupliers.

Assis familièrement à côté de mon voiturin, qui parlait le toscan comme un académicien de la Crusca, je l'interrogeai sur les habitudes et les mœurs du pays, sur les progrès qu'y faisait l'idée unitaire.

« *Illustrissimo*, me dit-il, l'unité, il y en a qui la veulent, il y en a qui ne la veulent point. Pour moi, je suis Italien avant tout, et j'abhorre le *Tedesco;* mais les impôts ont augmenté, la conscription ne fait grâce à personne. Sous les ducs, on payait peu, et il n'y avait de soldats que les Autrichiens.

— On payait peu, répliquai-je, mais l'industrie était souffrante, et avec elle le commerce et l'agriculture; puis vous n'aviez presque pas de routes, pas de chemins de fer, pas de ports, presque aucune école, aucun lien surtout entre vous, et ceci s'applique trait pour trait à ce duché de Modène où nous touchons, naguère isolé de toute l'Italie, renfermé obstinément dans des idées d'un autre âge.

— Oh! pour cela, oui! et j'aime mieux Victor que François ou Léopold; mais je voudrais qu'on mît la Toscane à la tête de la péninsule. *Di Toscana non cen'è che una*, il n'y a qu'une Toscane, » ajouta mon conducteur en faisant allusion à la gloire artistique et littéraire du pays des anciens Étrusques.

J'interrompis la conversation pour mieux admirer le paysage. D'un côté s'étendait la mer calme et azurée, de l'autre on découvrait un rideau de montagnes calcaires couvertes de pins. La plupart des variétés de l'essence résineuse s'y trouvaient représentées, pin maritime, sylvestre, laricio, pin d'Alep; par bouquets isolés se montrait le pin parasol, au port original, et qui se

rencontre partout en Toscane. Sur les hauteurs se dressaient les murs d'un vieux donjon démantelé, celui de
Montignoso, datant de l'époque lombarde, et jusqu'à ces
derniers temps refuge de hardis contrebandiers.

Au niveau de la route, la cernant de chaque côté, on
voyait également une espèce de château fort. Comme à
Montignoso, les soldats avaient disparu, les fenêtres étaient
démontées, les portes défaites : c'était la ruine, l'abandon.

« Qu'est cela ? demandai-je à mon cicerone.

— C'est l'ancienne douane, *il forte di porta ;* voyez
si l'on est joyeux qu'elle ait disparu ! les murs sont couverts d'inscriptions chantant la gloire de Victor. »

C'était là en effet une de ces douanes maudites où le
voyageur qui parcourait l'Italie entre Gênes et Livourne,
par la route maritime ou la Corniche du levant, était
obligé de s'arrêter, de descendre pour montrer son passe-
port, ses malles, son visage. C'était perte de temps et
d'argent, car il fallait donner le pourboire, la *mancia,*
à tous ces importuns. Sous le moindre prétexte, on vous
renvoyait en arrière. Celui-ci portait des moustaches ! ce
devait être un *carbonaro,* et il lui était défendu de passer
outre. Cet autre couvrait son chef d'un chapeau pointu :
carbonaro ! il n'allait pas plus loin. Toute discussion était
inutile ; la douane rendait ses décrets sans appel, il fallait
rebrousser chemin.

Pour éviter toutes ces tracasseries, les voyageurs avaient
l'habitude de descendre de diligence avant l'arrivée aux limites douanières, et rejoignaient la voiture au delà, à travers champs. Le Piémont, Modènes, Lucques, la Toscane
exerçaient tour à tour leur droit de visite, et souvent à
plusieurs reprises, car les limites, les enclaves allaient
s'enchevêtrant. Le Piémont avant 1848, et Modène de tout

temps, se sont distingués par le zèle que mettaient douaniers et gendarmes à molester les voyageurs. On ne pouvait leur opposer en ce sens que Rome et Naples.

Aujourd'hui plus de douane, plus de gendarmes
tracassiers, plus de passe-ports, plus de ces bonne-
mains honteuses qui déshonorent autant ceux qui les
donnent que ceux qui les reçoivent, plus d'exploitation
d'aucune sorte. Le pays a changé d'aspect depuis la formation de l'unité italienne, depuis le jour où les habitants
étonnés ont entendu le sifflet strident de la vapeur et vu
la locomotive rouler sur un chemin de fer.

Cependant nous étions entrés sur le territoire de Massa,
autrefois *Massa-Ducale*, maintenant *Massa-di-Carrara*.
Nous gravîmes une côte partout couverte d'oliviers et de
vignes. La ville, cachée au milieu de ses bois d'orangers,
qui poussent ici en pleine terre, laissait seulement apercevoir les campaniles et les rotondes de quelques-unes de ses
églises. Sur un monticule élevé se dessinait la forteresse,
le *Castello*, comme on le nomme, et sur le rivage on
entrevoyait la *marine* (rade foraine) de Saint-Joseph,
où Massa va charger ses marbres. Parallèlement à la
côte, et protégeant la ville, se dressaient les hautes
montagnes modénaises, le Monte-Sagro, le Monte-Bru-
giano, la Tambura, la Penna-di-Sumbra, se rattachant à
l'Altissimo. C'est des contre-forts de ces alpes littorales
que Massa tire ces marbres blancs et veinés qui font concurrence à ceux de Carrare et de Seravezza.

'La ville est bien bâtie. Ce sont partout de belles
maisons aux vastes fenêtres, aux balcons de fer s'ou-
vrant sur la rue. La grande place, plantée d'orangers,
est ornée d'une pyramide de marbre blanc où on lit
qu'en 1859, comme en 1848, Massa a été la première à
adopter les idées nouvelles. Les citoyens du pays, sous ces

ombrages odorants, devisent des affaires publiques comme
des bourgeois du moyen âge.

De la grande place, on peut aller jeter un coup d'œil sur
le Frigido, qui arrose la partie nord de la ville. Descendu
des hautes montagnes aux flancs desquelles sont attachées
les carrières de marbre, le Frigido, dont le nom latin a
été si bien conservé, promène au-dessous de Massa ses
eaux toujours vives et claires. Il s'est glissé dans une vaste
anfractuosité qu'on dirait ouverte pour lui, et, resserré
entre ses berges de calcaire, il prend quelquefois les allures
d'un vrai torrent. Alors ce sont d'énormes blocs de rochers
qu'il roule, ce sont des ponts qu'il emporte. Il a ainsi violemment abattu l'ancien pont qui reliait Massa à ses fau--
bourgs et promené jusqu'à la mer une partie de ses débris.
Les plus gros blocs sont restés en place, et l'eau, dans les
moments de crue subite, s'y abat à la façon d'un bélier,
comme si la lutte était ouverte entre la pierre et l'élément
liquide, et qu'il s'agît de décider lequel des deux l'em-
portera.

Le Frigido, au sortir de Massa, se déroule dans une verdoyante plaine, et se jette paisible à la mer, après avoir
fait dans la montagne un vacarme d'enfant terrible. La
route de Massa à Carrare le traverse sur un beau pont
de marbre. A l'une des extrémités de ce pont est un château d'eau, où un canal déverse dans un vaste siphon de
fonte l'eau d'arrosage pour les jardins environnants. Le
siphon traverse le pont sur un de ses tympans, et reparaît
à l'autre extrémité, où le canal coule de nouveau à découvert. Une cascade venue d'un autre point se déverse
au même endroit dans le Frigido ; elle tombe à pic d'une
hauteur de près de vingt mètres, et cette abondance de
l'eau explique la beauté, la richesse de la nature en ces
lieux favorisés. Le coup d'œil sur la mer est magique.

Massa est véritablement la Nice de cette partie de l'Italie,
plus agréable, mieux située, et d'un climat bien plus doux
que celui de la Nice provençale.

A Massa, je remarquai des scieries peut-être plus belles
encore que celles que je venais de visiter, et je pus voir
aussi des ateliers presque inconnus à Seravezza, et que
j'allais retrouver en grand nombre à Carrare : je veux
parler des *études* de sculpteurs[1]. Je m'arrêtai un moment
à celle du professeur Isola, qui, le ciseau à la main, la
figure blanchie par le marbre, la blouse de l'artiste sur le
dos, me convia gracieusement à entrer. Des muses, des
Vénus, presque toutes du style de l'empire inauguré en
Italie par Canova, c'est-à-dire coquettement coiffées et
retroussant galamment leurs tuniques pour mieux montrer
leurs jambes nues, semblaient joindre leurs sollicitations
à celles du *chiarissimo professore*. J'entrai donc et don-
nai partout un coup d'œil. Les élèves, les ébaucheurs
étaient çà et là occupés, qui autour d'une colonne, qui devant un bas-relief. Celui-ci dégrossissait une statue dont
on voyait encore le réseau des points de repère, comme
sur l'esclave de Michel-Ange qui est au Louvre ; celui-là
traçait un dessin pour préparer la pierre d'un tombeau.

Je remerciai le maître de m'avoir si poliment ouvert son
étude, et je hélai Galibardi impatient, qui était venu me
rejoindre, et dont les chevaux, excités par l'avoine, n'attendaient que le signal du départ sur le pont de marbre
du Frigido. L'art importait peu au voiturin ; il avait hâte
d'arriver. Pour lui, le but était Carrare, — Carrare avec
son théâtre, ses jolies filles et ses cafés. Je me livrai à lui,
et d'un trait il me porta à destination. J'avais à peine ré-
fléchi à tout ce que je venais de voir, que déjà il s'arrêtait

---

1. A Carrare, à Massa, on dit une étude de sculpteur, comme en
France une étude de notaire.

devant la porte de M. Th. Robson, un Anglais, l'un des premiers exploitants de Carrare, pour lequel j'avais une lettre et qui me reçut en ami. Dès qu'il me vit en présence du maître du logis, Galibardi remonta sur son siége, et, faisant claquer son fouet, prit triomphalement le chemin de l'*Albergo nazionale* : c'est le grand hôtel de Carrare, qui étale dans la principale rue sa façade bariolée peinte aux trois couleurs de Savoie.

Un des plaisirs les plus vifs qu'éprouve le voyageur, quand il arrive dans une ville qu'il voit pour la première fois, c'est d'aller seul à la découverte. A Carrare, ce plaisir est encore augmenté par l'intérêt qui s'attache à l'industrie même des habitants ; tous sont carriers, marbriers ou sculpteurs. Les études vous arrêtent à chaque pas, portant sur une plaque de marbre, au-dessus de la large porte d'entrée qui donne sur la rue, le nom du *professeur*.

A côté des études sont les ateliers plus modestes des simples marbriers, ébauchant, dans le marbre blanc bleuâtre que le pays produit en si grande abondance, les baignoires, les mortiers, les vases, les balustrades et les statues de jardin. Les vibrations du ciseau d'acier résonnant sur la pierre frappent l'oreille à chaque pas, et parfois on entend aussi le grincement monotone de la scie glissant à travers un bloc qui interrompt le passage au détour d'une rue. La lame de fer, montée sur un châssis vertical que retiennent des cordes latérales, va et vient, manœuvrée par le scieur nonchalant. Bien que payé suivant la besogne faite, c'est-à-dire à tant le palme d'avancement, l'ouvrier ne se hâte guère. Il sait d'ailleurs que la scie descend lentement, de quelques centimètres par jour au plus. Avant tout il aime ses aises. Si la pluie ou le soleil l'incommode, il dispose au-dessus de sa tête soit une tente, soit l'*ombrello* traditionnel, qui font dès lors partie intégrante du mécanisme fixé autour du bloc.

Aux environs de la ville, le spectacle n'est pas moins curieux pour l'étranger. A chaque moment, il rencontre des chars traînés par plusieurs paires de bœufs, souvent cinq et six à la fois. Ces lourds véhicules qui servent au transport des cubes de marbre sont construits sans doute sur le même modèle que les chars étrusques de l'ancienne Luna, dont les habitants exploitèrent les premiers les carrières de ces localités. Les roues sont basses, massives, pesantes, à six rayons. Elles ressemblent à celles que Carrare porte sur son écusson, autour duquel se lit le vieux nom latin de la cité, *civitas Carrariæ*, ou la ville des Carrières. Les couples attelés, *d'un pas tranquille et lent*, promènent le bloc sur la route. Les bouviers vont et viennent, criant, piquant violemment de l'aiguillon les pauvres bœufs, qui n'en peuvent mais. Cependant la lourde masse continue à s'avancer péniblement, ballottée dans les profondes ornières. La route de ceinture que traversent ces chars, et qui relie la ville aux carrières, porte le nom caractéristique de *via Carrareccia*.

Quelques-unes des études de Carrare méritent de fixer l'attention, et les professeurs Lazzerini, Franchi, Pelliccia, Bonanni sont cités parmi les plus connus; tous les quatre du reste sont professeurs de nom et de fait, puisque, outre les leçons données à l'atelier, ils font un cours à l'École des beaux-arts de Carrare, qui relève de l'Académie de sculpture de la ville. Cette Académie, dont Carrare s'enorgueillit à juste titre, a formé des maîtres célèbres. Canova le Vénitien, le célèbre Danois Thorwaldsen, ont été au nombre de ses associés étrangers. Depuis l'époque de la Renaissance, il est du reste peu de sculpteurs qui ne soient venus à Carrare pour choisir des marbres, et les habi-

tants montrent avec fierté la maison où descendait Michel-
Ange. La ville elle-même a produit des sculpteurs célèbres :
Pietro Tacca élève, puis émule de Buonarotti, comme le
dit l'inscription placée sur la façade de la maison où il est
né ; Carlo Finelli, qu'une autre inscription plus orgueil-
leuse, à peine excusable même chez des compatriotes, appelle un sculpteur à nul autre second ; Franzoni, qui sous
Pie VI travailla au Vatican, enfin Tenerani, encore aujour-
d'hui à Rome. Au reste, Carrare ne s'est pas seulement
illustrée dans les arts ; elle a encore donné à la politique et aux sciences des hommes justement célèbres,
comme l'économiste Rossi et le géographe Repetti.

Les maîtres contemporains fixés à Carrare, bien que
n'ayant pas le renom de leurs prédécesseurs, n'en tiennent
pas moins fort dignement le ciseau. M. Bonanni est dans la
sculpture d'ornement d'une habileté rare, et nul mieux
que lui ne sait détacher du marbre un bouquet ou une
couronne de fleurs. MM. Pellicia, Lazzerini, Franchi et
d'autres sculpteurs carrarais réussissent également bien
dans la statuaire, et de leur ciseau sont sorties des œuvres
de mérite.

Au-dessous des maîtres vient le cortége nombreux des
faiseurs. Ceux-ci réduisent les statues connues, antiques
ou modernes, et les vendent aux touristes de passage à
des prix généralement très-modérés. On trouve chez eux
des Vénus de Milo, de Médicis ou du Capitole, des Dianes
de Gabies ou des Dianes à la biche, des Hercules, des An-
tinoüs, des Bacchus, des Gladiateurs mourants, des Mer-
cures, puis tout l'œuvre de Canova ou de Pradier. Tout
cela se vend, s'expédie, s'exporte pour ainsi dire au poids
ou au mètre cube. C'est tant pour une réduction de moitié,
tant pour une réduction d'un quart, tant pour un groupe,
tant pour une statue détachée. Tout l'Olympe antique est

coté, et il y a peu de différence entre les copies de deux concurrents.

Dans le Nouveau-Monde, les deux Amériques sans exception ; en Europe, l'Angleterre, la Russie et l'Espagne sont surtout friandes de ces produits, et les marbres ouvrés de Carrare font concurrence aux albâtres de Volterra. Cependant, depuis que le chemin de fer, passant assez loin de la ville, a détourné les voyageurs, on se plaint d'une diminution dans la vente. Autrefois le commerce allait mieux. Au sortir de la table d'hôte où la diligence s'arrêtait, on entrait chez le sculpteur, on y trouvait tous les chefs-d'œuvre étalés, et l'on achetait une statue tout comme on eût fait à Montélimart pour une boîte de nougats, ou pour une caisse de pruneaux à Tours. Outre les statues, les réductions, les bustes-portraits, Carrare se charge encore de l'ornement : panneaux, trumeaux, chambranles de cheminées de luxe ; enfin le style funéraire lui-même n'est pas dédaigné, et plus d'un tombeau de prix, commandé par le Chili, le Pérou, la Russie ou l'Espagne, est dessiné, puis ciselé dans les ateliers carrarais.

L'Académie de Carrare renferme la copie de tous les modèles antiques ou modernes de quelque renom. C'est là que la jeunesse du pays vient se former dans l'art délicat de l'imitation du relief par le dessin et le moulage. Il y a aussi une école de nu, où l'on travaille d'après le modèle vivant. Enfin ceux que la statuaire n'attire pas étudient l'ornement et demandent à la feuille d'acanthe, aux griffons ailés ou aux arabesques le secret de leurs capricieux contours. Les élèves couronnés chaque année sont envoyés à Rome. La municipalité carraraise et quelquefois le gouvernement italien acquittent une partie de leur pension.

On remarque à l'Académie de Carrare un bas-relief antique fort curieux au point de vue de l'archéologie et de l'histoire. Ce bas-relief, transporté depuis quelques années seulement à l'Académie, a été sculpté, au temps de l'exploitation romaine, sur un bloc de marbre tenant à la montagne. La carrière d'où ce bloc a été tiré a pris au moyen âge et a conservé le nom de *Fantiscritti* (mot à mot, soldats sculptés), à cause du sujet même que représente le bas-relief, ou plutôt de l'explication qu'en donnaient les gens du peuple. Voici maintenant comment les artistes et les archéologues italiens interprètent généralement ce sujet. Jupiter, Hercule et Bacchus se présentent ensemble, de face. *Le père des dieux et des hommes*, reconnaissable à sa barbe et à ses cheveux olympiens, tient le milieu ; il appuie paternellement ses bras sur les épaules de ses compagnons. A gauche est Bacchus, que l'on devine au thyrse qu'il tient dans sa main [1] ; à droite est Hercule portant la massue, couvert de la dépouille du lion. Tous les carriers, tous les artistes de passage à Carrare sont allés visiter ce bas-relief. Bien des sculpteurs ont inscrit leurs noms sur la pierre ; ceux de Pietro Tacca, Gian Bologna, Canova semblent être d'hier. A l'élégance, à la profondeur des entailles, on voit que ces noms ont été gravés par des mains habituées à tenir le ciseau. Il paraît que le nom de Buonarotti se lisait également sur ce marbre, et qu'il a disparu, soit dans un éclat qui a tronqué l'un des angles, soit emporté par quelque fanatique.

Dans une autre carrière romaine près de Carrare, à Colonnata [2], l'attention des visiteurs était également attirée par les restes d'un autel votif, dont l'inscription témoigne

----

1. D'autres y voient Mercure. Le thyrse deviendrait alors un caducée, supposition bien permise, vu l'état de dégradation du bas-relief. Dans ce cas, on aurait les trois dieux protecteurs des chemins.

2. De *colonia*, colonie, à cause de la colonie d'esclaves qui avait été établie sur ce point.

qu'il a été dressé par Villicus, décurion des esclaves attachés aux carrières. Cet autel a depuis été transporté
aussi à l'Académie de Carrare; il certifie le renom dont
jouissait le marbre du pays chez les Romains. Avant eux
les Étrusques ont excavé les montagnes de Carrare, et la
ville de Luna, qu'ils avaient construite sur ces rivages, vivait surtout du commerce des marbres. Ce ne fut qu'à
partir du temps de César et d'Auguste, quand les carrières
de la Grèce commencèrent à s'épuiser, quand le Penté-
lique et Paros refusèrent aux maîtres du monde ce qu'ils
avaient si abondamment donné à Ictinus, à Phidias et à
leurs élèves, que les Romains s'adressèrent à Carrare[1].
Les marbres blancs cristallins de Luna reprirent leur premier renom, et pendant plusieurs siècles, jusqu'à la chute
de l'empire, fournirent à tous les artistes de Rome, sculpteurs ou architectes, la matière indispensable à leurs travaux.

A l'époque de l'invasion des Barbares, l'exploitation
des carrières cesse ou demeure fort languissante. Luna,
qui a essayé de revivre et qui de païenne s'est faite chrétienne, est ruinée une seconde fois par le passage des hordes du nord. Malheur aux villes que traverse la voie Aurélienne sur le littoral de la péninsule! C'est par là que les
Goths, les Lombards, et plus tard les Normands et les Allemands, font successivement irruption. Les Sarrasins eux-
mêmes viennent à plusieurs reprises porter le fer et le
feu sur ces rivages. Luna, de nouveau dévastée, disparaît
cette fois pour toujours, et les hommes sont sur le point de
perdre jusqu'au souvenir du marbre de Carrare; mais c'est
alors que Pise, avec ses valeureux enfants, commence la
première la renaissance des arts en Italie. Dès le onzième

1. Pline, *Hist. nat.*, lib. XXXVI.

siècle, il faut du marbre aux architectes pour édifier le Dôme, le Baptistère, la Tour penchée et le Campo-Santo : c'est vers Carrare qu'on se tourne. Depuis lors, les carrières n'ont plus cessé d'être exploitées. Les belles églises de Lucques, modèles d'architecture lombarde, les palais de Gênes, de Pise, sont faits du marbre de Carrare. Quand les arts ont été à leur apogée, en quelque lieu de l'Europe que ce fût, l'exploitation des carrières a atteint sa période la plus brillante, comme elle a déchu dans les moments de décadence. Le siècle de Léon X, le siècle de Louis XIV ont ainsi marqué pour Carrare, comme déjà le siècle d'Auguste, et avant lui la période étrusque, les plus célèbres époques de l'exploitation et du commerce des marbres. La prospérité des carrières a, comme de raison, marché de pair avec celle de l'architecture et de la statuaire. Louis XIV surtout a demandé à Carrare ses masses les plus belles pour orner Versailles. Le marbre pur et sans tache n'a pas été seulement réservé aux statues, on l'a prodigué dans les vasques des fontaines, dans les balustrades des jardins, jusque dans les parquets.

A cette époque, les marbres de Carrare arrivaient en France par le Rhône. On transbordait les blocs à Arles. A Lyon, on prenait la Saône, puis les canaux, et l'on atteignait Paris et Versailles par la Seine : il fallait quelquefois deux ans pour le voyage. Aujourd'hui, par l'Atlantique et Rouen, c'est l'affaire de deux mois. Quand une voie ferrée continue reliera l'Italie à la France, le même transport ne demandera que quelques jours.

De tout temps la consommation des marbres de Carrare a été énorme, et si quelques-unes des montagnes de cette localité ne produisent plus de statuaire, c'est que les filons sont épuisés après des demandes si répétées, après plus de deux mille ans d'une exploitation presque continue. Cependant la trace laissée par la main de l'homme est à peine visible sur les imposantes masses calcaires dont sont formés les monts carrarais, tant il est vrai que les forces de l'homme se réduisent à bien peu de chose, mises en opposition avec celles de la nature.

Les montagnes voisines de Carrare sont coupées d'anfractuosités profondes, aux pentes desquelles sont attachées les carrières. Les trois principales de ces coupures naturelles portent les noms de *Ravaccione*, *Canal-grande* ou *Fantiscritti* et *Colonnata ;* elles se ramifient derrière Carrare comme les branches d'un éventail.

La vallée de Ravaccione est surtout intéressante à visiter : elle est à trois kilomètres de Carrare, tandis que Fantiscritti et Colonnata partent presque des faubourgs de la ville. On trouve à gauche de la route le gracieux village de Torano, hardiment perché sur une hauteur, et dont la vieille église et les toits de tuile se détachent sur le fond du tableau. Au pied du riant coteau sont des scieries et des *frulloni* d'une construction toute primitive ; les appareils sont mis en mouvement par une roue pendante ou une grossière turbine, qui empruntent leur force à l'eau du torrent. On passe devant une vallée transversale, celle de Pescino, où sont aussi de nombreuses carrières. On les laisse derrière soi, et bientôt on arrive à une première exploitation, *la Mossa*, qui marque la première étape dans le parcours des travaux de Ravaccione. C'est de là, ainsi que de la carrière voisine de la Bettuglia, que l'on tire le marbre statuaire le plus renommé aujourd'hui à Carrare. Il ne se vend pas moins de vingt francs le palme, soit douze cent quatre-vingts francs le mètre cube, sur les lieux, à pied d'œuvre. Le jour où je visitai l'excavation, un beau bloc de huit cents palmes gisait à terre, attendant les bouviers. La valeur du statuaire indique le haut prix que l'on attache à un bloc homogène et cristallin, pur et sans mélange, et les bénéfices élevés qu'en peut procurer l'exploitation. Le marbre blanc clair descend bien vite à·des prix moitié moindres, et cependant le coût de l'extraction et du transport est absolument le même que pour le statuaire.

Si l'on continue à remonter le vallon de Ravaccione, on rencontre à Polvaccio une ancienne carrière romaine qui a fourni jusqu'à ces derniers temps un marbre statuaire très–renommé. C'est de là que les Romains ont tiré le marbre du Panthéon, de la colonne Trajane, de l'arc de triomphe de Titus et de celui de Septime Sévère. L'Apollon du Belvédère est également en marbre de Polvaccio. Les blocs qui ont servi à Michel-Ange pour le David et pour les célèbres statues allégoriques couchées qui ornent les tombeaux de Julien et de Laurent de Médicis ont été aussi extraits de ces carrières. Enfin, on peut citer encore comme sculptés en marbre de Polvaccio le Neptune· de l'Ammanati et le groupe d'Hercule assommant Cacus qui orne la place du Palais-Vieux à Florence. On ne dit pas si c'est à Polvaccio que s'adressa Louis XIV, mais nous savons que les marbres blancs du tombeau de l'Empereur, une des constructions modernes qui en ont consommé le plus, ont été tirés de Colonnata, qui a aussi fourni beaucoup de marbre aux Romains.

A Polvaccio, le roc conserve encore la trace des outils d'extraction; la marque horizontale que le travail a laissée sur la pierre de distance en distance indique bien le mode d'exploitation adopté par les anciens. On dégageait la masse sur cinq de ses faces. La face antérieure, la face supérieure et les deux faces latérales étaient préparées d'ordinaire par la précédente excavation; la face postérieure était ouverte à la pointerolle; enfin, avec le

ciseau, des pinces et des coins, on faisait sauter le bloc,
en dégageant violemment la face inférieure.

Jusqu'au dix-septième siècle, ce mode d'opérer a été
en usage dans l'exploitation du marbre. A cette époque, la poudre a été appliquée aux mines et aux carrières. Les acides qui attaquent et dissolvent les calcaires
sont ensuite venus faciliter l'action de la poudre. En
versant de l'acide sulfurique (vulgairement huile de vitriol) ou encore de l'acide chlorhydrique ou muriatique
dans le canal ménagé par le fleuret du mineur, on en a
singulièrement agrandi le fond : on en a formé ainsi
une véritable poche qui, chargée de quantités considérables de poudre, a détaché des blocs énormes. A Marseille, pour les travaux du nouveau port et le nivelle-
ment de l'ancien lazaret; au Theil, près de Montélimart, dans l'extraction des calcaires à ciment et à chaux
hydraulique, on a disloqué des montagnes entières. La
poudre employée par centaines de kilogrammes dans les
chambres ouvertes par les acides, a fait voler en éclats
des centaines de mètres cubes de rocher dans une seule
explosion. On a procédé par de véritables fourneaux
de mines comme quand il s'agit de faire sauter des citadelles.

A Carrare, à Seravezza, on n'a point à opérer sur une
aussi grande échelle, mais souvent cinq ou six mines profondes y sont allumées du même coup. Le bruit épou-
vantable de l'explosion est répété par tous les échos, e
court de vallons en vallons comme les grondements du
tonnerre. Le bloc soulevé en l'air retombe lourdement et
roule sur les flancs abrupts de la carrière. On charge
jusqu'à plusieurs kilogrammes de poudre à la fois dans
le même trou, et l'on y met le feu au moyen d'une mèche
de sûreté. Ces mines à l'acide sont appelées par les ou-

vriers mines à la française, parce que l'usage en est passé de France en Italie.

Le point supérieur de l'exploitation dans la vallée de Ravaccione est à six cent cinquante mètres au-dessus du niveau de la mer. Les chars à bœufs arrivent jusqu'au pied des dernières carrières par une bonne route, et le long du chemin on les rencontre qui se suivent à la file, se croisent, les uns montant à vide, les autres descendant les blocs.

Pour arriver aux points de chargement, on a ménagé sur les diverses carrières des plans inclinés pavés en marbre, sur lesquels les masses sont descendues. On modère la course de celles-ci au moyen de câbles, et elles glissent sur des rouleaux savonnés (fig. 80), qui fument ou s'enflamment sous le frottement du marbre, comme les supports sur lesquels se meut le navire qu'on lance à la mer. La descente naturelle des blocs n'a lieu que de la carrière aux plans inclinés. Le trajet est court, la différence de niveau assez faible. Le spectacle est donc loin de présenter la même grandeur qu'à Seravezza, sur les flancs de l'Altissimo; mais ce qu'on perd en pittoresque, on le regagne en économie, et les carriers ne s'en plaignent pas.

Le lieu où se trouvent les dernières exploitations de Ravaccione porte le nom caractéristique de *Concha*, parce qu'en cet endroit la vallée, partout fermée, présente la forme d'une conque. Le paysage est d'une désolante aridité : pas un arbre ne pousse sur ces calcaires dénudés; on y distingue à peine quelques herbes, et çà et là quelques mauvaises cahutes en pierres sèches, servant de refuge aux ouvriers. L'agriculture n'a que faire ici. Jusqu'aux points les plus élevés sont étagées des carrières. La qualité partout exploitée est le marbre blanc clair ou ordinaire et le veiné passant au bleu. Il n'y a plus de statuaire. A Carrare, cette qualité se tient volontiers vers le bas des

Fig. 80. — Vue des carrières de avaccione à Carrare. Descente du bloc colossal pour la statue de Louis XIII et fête donnée à cette occasion (1823); d'après une aquarelle inédite de Ch. Muller.

vallées, à l'inverse de Seravezza, où elle semble affection-
ner les hauteurs les plus inaccessibles.

L'aspect que présente la Concha est des plus animés ; il
résume bien le spectacle auquel on a assisté tout le long
du chemin en remontant le Ravaccione. Partout des carrières en exploitation. Une armée d'ouvriers est occupée
autour des blocs pour l'extraction, le sciage, la descente,
le chargement. Quand vient midi, tous se réunissent fraternellement, au soleil en hiver, à l'ombre en été, pour
faire en commun un frugal déjeuner. Il n'y a guère d'ini-
mitié entre les ouvriers de deux carrières rivales, et quand
souvent les patrons se jalousent ou se poursuivent dans
des procès sans fin, les ouvriers, heureusement rebelles à
l'usage, ne croient pas devoir prendre parti dans ces querelles. Aussi bien le dangereux métier de carrier compte
déjà assez de victimes sans qu'on aille encore ensanglanter
les chantiers par des rixes meurtrières.

Au-dessus des ouvriers sont les chefs des travaux, sortes
de tâcherons, qui se chargent d'ordinaire, pour un prix
fixé d'avance, de l'extraction du marbre. Ils traitent ensuite avec les simples carriers, soit à la journée, soit à
la tâche, épargnant ainsi au patron le souci des menus
détails et des discussions interminables avec l'ouvrier. Le
patron, propriétaire ou locataire de l'excavation, ouvre un
compte courant à son entrepreneur. Au crédit passe le
nombre de palmes extraits, au débit figurent les avances
faites en poudre ou autres fournitures et en argent. On
traite généralement à tant le palme rendu au bord de la
mer, à la marine de Carrare ; et l'entrepreneur doit
par conséquent s'occuper encore de l'engagement des
bouviers.

L'exploitation du marbre est de beaucoup plus importante à Carrare qu'à Massa et à Seravezza. A Carrare, le

nombre des ouvriers directement attachés aux carrières est de deux mille cinq cents environ. Un millier d'hommes sont en outre employés au transport, à l'expédition et à la mise en œuvre des marbres : bouviers, portefaix de la marine, scieurs, ouvriers des usines ou des ateliers, tailleurs de pierre, etc. En 1863, on estimait le montant de l'extraction annuelle à Carrare à quinze cent mille palmes ou, en nombre rond, soixante mille tonnes[1]. La production réunie de Massa et de Seravezza était les deux tiers de celle de Carrare, soit quarante mille tonnes, dont vingt-cinq mille pour Seravezza et quinze mille pour Massa. En ne comptant que la part afférente à Carrare, c'était une somme de quatre millions de francs répandue dans le pays. Aussi chacun est satisfait, personne ne se plaint. L'ouvrier est heureux, le patron s'enrichit, et tout le monde vit des marbres. La commune de Carrare compte aujourd'hui vingt mille habitants, et dans ce nombre pas un malheureux. La population augmente encore tous les jours.

Le statuaire, le marbre blanc clair et ordinaire, le blanc bleuâtre, sont les seules qualités qu'on rencontre à Carrare; le turquin commun ou fleuri et la brèche manquent complétement. Il en est de même à Massa. Cette dernière localité est en grand progrès depuis quelques années, et l'on y voit de magnifiques établissements de marbrerie.

La plus belle de toutes les scieries de Carrare appartient à un Américain, M. Walton : elle ne renferme pas moins de douze châssis pouvant marcher à la fois et portant jusqu'à trente lames chacun. Les blocs sont amenés sous les châssis sur des rails. Un filet d'eau, promené au-dessus de chaque scie par un mécanisme automatique, arrose dans son mouvement de va-et-vient la surface supérieure des

---

1. On sait qu'il faut 64 palmes pour faire un mètre cube, et que le mètre cube pèse 2650 kilogrammes ou 2 tonnes 2/3.

blocs, empêchant ainsi l'échauffement du fer contre le marbre. Une roue hydraulique noyée, à réaction, en un mot une turbine du système le plus perfectionné, met toutes les scies en mouvement. Tout cet ensemble est disposé dans un vaste bâtiment, bien dessiné, sous une élégante charpente.

A Massa, à Seravezza, on rencontre également de fort belles scieries, mais les principaux produits de Seravezza sont les *marmetti* ou carreaux de marbre pour parquets. L'ouvrier les prépare bruts à la carrière, en frappant avec la masse sur le petit côté des blocs, de manière à les fendre en longueur. Les blocs ainsi travaillés sont ceux qui présentent déjà des fissures ou des joints naturels, mais il n'en faut pas moins une très-grande habileté pour détacher les tranches. Le coup d'œil pratique du carrier lui fait deviner les plus imperceptibles fissures, dont il sait très-bien profiter. Les carreaux sont ensuite refendus en largeur avec le ciseau, et amenés à la forme voulue. Alors on les porte à l'usine, où commence le travail du *frullone* ou polissoir. Qu'on imagine un axe vertical, un arbre, comme on dit en mécanique, monté directement au centre d'une roue hydraulique. Celle-ci est le plus souvent assez grossièrement installée; l'eau du torrent vient battre contre ses cuillères, et l'appareil se met en mouvement. A l'axe vertical sont attachées deux poutrelles en croix régnant sur toute la largeur d'une auge circulaire. Dans chacun des compartiments ainsi formés, on dispose un certain nombre de *marmetti* reposant par la face à polir sur une meule gisante en pierre. Quand l'arbre se meut, il entraîne ainsi poutrelles et carreaux. On jette du sable sur la meule, qui reste fixe, et le frottement polit le marbre. Cette fabrication et ce polissage des carreaux sont des plus répandus à Seravezza, mais presque nuls à Car-

rare, où l'on ne voit que quelques *frulloni* établis le
plus souvent dans la campagne, tant bien que mal.

Le port d'embarquement des marbres, à Carrare, présente
un aspect encore plus animé que celui de Seravezza (fig. 81).
Partout sur la plage ce ne sont que blocs de marbre, et dans
la rade, quand le temps est beau, navires qui attendent ou
complètent leur chargement. Un magnifique pont-embarcadère, monté sur pilotis, a été construit par M. Walton.
Il s'avance au loin sur la mer, et permet aux plus gros navires de recevoir directement les blocs en se rangeant le
long du pont, qui forme quai. Cela vaut mieux que le
système primitif des balancelles en usage à Seravezza. Le
tablier du pont est d'ailleurs muni d'une voie ferrée sur
laquelle roulent les wagons portant les marbres. Des grues
en fonte, manœuvrées par des roues dentées, prennent les
blocs dans les wagons et les amènent lentement à fond
de cale.

De la plage de Carrare, les navires vont à Gênes, à Livourne, à Marseille, les trois principaux entrepôts des
marbres dans la Méditerranée. Près de la moitié de la
production totale va aux États-Unis, le pays qui consomme
le plus de la pierre de Carrare.

A Marseille, il y a de grandes usines pour le sciage et
le polissage des marbres, puis de nombreux ateliers pour
la mise en œuvre. Les qualités qu'on y travaille sont non-
seulement celles d'Italie, mais encore toutes celles du midi
de la France, notamment le blanc verdâtre ou marbre
campan des Pyrénées, le rouge cerise ou griotte du Languedoc et la brèche de Tholonet près d'Aix (planche II, 4).
On y travaille aussi le beau marbre veiné de l'Algérie,
l'onyx, aujourd'hui si connu à Paris (planche II, 2), enfin
les marbres de Belgique : le noir de Liége (planche II, 8),
la lumachelle, le petit granit de Mons, etc. De tous ces

Fig. 81. — Vue de la plage de Carrare où s'embarquent les marbres, d'après Ch. Muller. — Le bloc qu'on va charger, du poids de 55 000 kilogrammes, est celui de la figure 80. C'est le même qui a servi à l'exécution de la statue équestre de Louis XIII, qui orne la place Royale à Paris.

marbres, on fait surtout des chambranles de cheminées, des socles de pendules, des dessus de tables, des coupes.

Aucun autre pays que Carrare, Massa et Seravezza n'expédie de marbres blancs ou bleus. Les carrières jadis si fameuses des Grecs sont depuis longtemps épuisées, ou du moins n'attirent plus l'attention de l'Occident. Quant aux anciennes carrières que les Romains et avant eux les Étrusques avaient également exploitées en Italie en même temps que celles de Carrare, par exemple à l'île d'Elbe et à Campiglia (dans la Maremme toscane), on a vainement essayé de les reprendre. Plus d'une fois on a voulu rouvrir des travaux à Campiglia, où toutes les variétés de Carrare et de Seravezza se retrouvent. Le marbre statuaire y est aussi beau, plus beau même en certains filons, puisqu'il rappelle, par sa texture lamelleuse et sa translucidité sur les bords, le marbre de Paros, qui donne aux chairs tant de souplesse ; mais ces travaux n'ont pas réussi, bien que les difficultés de transport soient moindres à Campiglia qu'à Carrare. Cosme Iᵉʳ d'abord, puis une société livournaise il y a quelques années, ont successivement échoué. Récemment une nouvelle compagnie s'est formée. A-t-elle été plus heureuse que ses aînées? Pour notre part, nous croyons qu'une industrie comme celle des marbres, assurée à Carrare par une durée de vingt siècles, ne peut être ainsi déplacée tout à coup. Au reste l'eau, si nécessaire au travail du marbre comme on le pratique aujourd'hui, manque presque complétement à Campiglia.

En Afrique, à Filfila, de magnifiques veines de statuaire, jadis largement excavées par les Romains, ont également tenté, mais sans plus de succès, les efforts d'une société d'exploitants. Malgré le droit énorme de près de cinquante francs par tonne qui pesait alors sur l'entrée des marbres en France, droit dont les marbres de Filfila avaient été exonérés, la société africaine n'a pu tenir contre la concurrence de Carrare. Le gouvernement italien fait du reste tous ses efforts pour encourager le commerce et l'exploitation des marbres. Tous les droits plus ou moins onéreux qui avaient été établis sous le dernier gouvernement ont été supprimés. De plus, aucune loi, aucun règlement administratif, aucune surveillance gênante de la part de l'État n'apportent de restriction au libre travail des carrières[1]. Le chemin de fer du littoral est maintenant terminé jusqu'à la Spezzia. Dès qu'un embranchement sur Carrare, qui est à l'étude ou même commencé, aura rejoint la station d'Avenza, le prix des transports diminuera de moitié, et les propriétaires des marbrières échapperont surtout aux exigences des *facchini*, ces insolents portefaix de la plage. Massa et Seravezza pourront voir également les blocs descendre des carrières sur des embranchements ferrés ou de simples *tram-roads*[2], et arriver ainsi jusqu'à la Spezzia traînés par la locomotive. Là, dans ce magnifique golfe, où la nature a tracé d'avance le plus beau port de l'Italie, les marbres s'expédieront à prix réduit, et souvent comme lest, pour tous les ports de la Méditerranée et tous ceux de l'Atlantique.

Le port actuel où Carrare embarque ses blocs est connu sous le nom de Spiaggia d'Avenza, du nom du

---

1. Les droits de douane à la sortie des marbres et les droits de péage pour l'entretien des routes ont été réduits au minimum, à 2 fr. la tonne de 1000 kilogrammes, soit environ 5 fr. le mètre cube. En signant le traité de commerce avec la France, le roi d'Italie a de plus demandé la suppression des droits énormes qui grevaient chez nous, à l'entrée, les marbres statuaires de Carrare, comme si nous avions eu quelques exploitations rivales à protéger. Aujourd'hui ces marbres sont exempts de tous droits, et l'on ne paye plus à Marseille que 10 fr. la tonne pour l'entrée des autres qualités. Le fret de Carrare à Marseille est encore assez élevé : de 16 à 20 francs la tonne, suivant les cas.

2. Chemins à l'américaine; comme celui de Paris à Versailles par le Cours-la-Reine.

village qui se trouve tout près de là. Un large ruisseau, le Carrione, descendu des carrières, vient mourir
à la marine. C'est une remarque à faire que partout,
dans les trois districts marbriers, Seravezza, Massa et Carrare, les conditions topographiques sont les mêmes.
Aux flancs des vallées transversales sont les carrières. Sur
chaque point, ces vallées se réunissent en une seule : la
Versilia à Seravezza, le Frigido à Massa, le Carrione à Carrare; toutes trois sont parallèles, et chacune vient finir à
la mer en y marquant le port d'embarquement. Enfin
toutes les carrières sont contenues dans la même chaîne
de montagnes, vaste contre-fort détaché du massif principal des Alpes-Apuanes et courant parallèlement au
rivage.

La vue dont on jouit de la plage de Carrare, en se tournant vers les montagnes, n'est pas moins belle que celle
qu'on a de *Forte de' Marmi* à Seravezza. Non loin du
dépôt des marbres est Avenza, avec son vieux château fort
aux tourelles massives, aux fenêtres ogivales, aux élégants
créneaux. La pierre a été taillée avec amour par un artiste
du temps. Ce château commandait la voie Émilienne, et
au moyen âge, au commencement des temps modernes, il
arrêta plus d'une fois les armées qui descendaient en Italie.
Le célèbre capitaine lucquois Castruccio Castracani, qui a
mérité d'avoir pour historien Machiavel, et que les Toscans
appellent le Napoléon des temps moyens, fit construire au
quatorzième siècle cette magnifique citadelle.

Les étymologistes font venir le nom d'Avenza de l'italien
avanzi (ruines) : non loin du château de Castruccio sont
en effet les ruines de la fameuse Luna, deux fois détruite,
sous les Romains d'abord, après la soumission des Étrusques, puis à l'aurore du moyen âge, à la suite des incursions des Barbares, dont les hordes indisciplinées arri-

vaient dans l'Italie du centre par la voie Émilienne, qui
traversait Luna.

Du temps de Pline, la ville s'était relevée de ses premiers désastres, et faisait de nouveau le commerce des
marbres. L'écrivain latin, dans la partie géographique
de son *Histoire naturelle*, la désigne ainsi : *primum
Etruriæ oppidum Luna, portu nobile.* Strabon la
cite également sous le nom grec de Σελήνη, que les modernes Hellènes prononceraient Selini. Luna a donc été
pour les Romains le port d'entrepôt des marbres extraits
des montagnes voisines. Ce port était à l'embouchure du
fleuve Magra. Avec le temps, l'embouchure s'est ensablée,
la mer elle-même s'est retirée, ou, si l'on veut, le sol s'est
peu à peu soulevé sur ces rivages, et aujourd'hui la côte
est à un kilomètre plus loin. Peut-être ces phénomènes
physiques expliquent-ils en partie l'état d'abandon où se
trouve de nouveau Luna. Il y a là plusieurs couches de
ruines superposées. La terre végétale a recouvert les débris
du passé, et le laboureur modénais, comme celui de Virgile, voit souvent des casques, des fers de lance, des ossements se dégager sous le soc de la charrue. On a trouvé
aussi beaucoup de monnaies, des vases, des poteries de tout
genre, des mosaïques, des pierres gravées, des statues, des
ornements et ustensiles divers. Dans tout cela, rien de
bien saillant : Luna n'était qu'une ville de marbriers et de
marins. Le travail du marbre, comme aujourd'hui à Carrare, y occupait seul les habitants, et j'ai vu, en parcourant
ces ruines, cinq ou six larges dalles de beau marbre blanc
empilées derrière une haie, et retirées il y a quelque
temps de dessous terre par un *contadino* (paysan) du
voisinage.

Une grosse tour massive, en pierres de petit appareil,
reliées par du ciment, construction peut-être romaine et

qu'on suppose avoir été un phare[1]; des restes de salles
voûtées, qui ont pu être des magasins publics ou des pri-
sons; à côté une des portes de la ville, puis un amphithéâtre elliptique, dont une partie de la galerie couverte, celle
où s'ouvraient les vomitoires, est encore debout; enfin des
pans d'épaisses murailles se profilant çà et là au milieu des
terres, tels sont les seuls restes de la Luna romaine. L'a-
griculture a tout envahi, tout détruit sur ce sol fertile, et
l'arène même de l'amphithéâtre, du Colisée, comme on
l'appelle dans le pays, a été transformée en un champ de
blé. De la Luna des Étrusques il ne reste plus rien, et de
la Luna chrétienne on aperçoit seulement les ruines
d'une église à fleur de sol. Les murs devaient être inté-
rieurement revêtus de bas-reliefs en marbre, s'il faut en
juger par les débris que l'on découvre çà et là.

C'est entre les onzième et douzième siècles, à la suite
des nombreuses dévastations des Barbares, qui ont si
longtemps prolongé leurs incursions sur cette partie du
territoire italien, que Luna aura dû entièrement disparaître. Les Goths, les Lombards, les Sarrasins, les Normands, les Allemands eux-mêmes la pillèrent tour à tour.
Au cinquième siècle, elle était encore très-florissante. Rutilius Numatianus, qui nous a laissé une si élégante description du voyage qu'il entreprit vers l'an 471, allant de
Rome dans la Gaule sa patrie, appelle Luna la ville aux
blanches murailles, et le sol environnant la terre fertile
en marbres, *dives marmoribus tellus*.

Les environs de Luna méritent, aussi bien que cette ville
en ruine, l'attention du voyageur. De vertes montagnes,
véritable ceinture de vignes et d'oliviers, dominent une

---

1. Qui sait si cette tour, de forme un peu conique, n'appartient pas
plutôt à la classe des *noraghe*, si communes en Sardaigne, et qui ont si
fort exercé la sagacité des archéologues?

plaine riante. Traçant une courbe gracieuse, formant comme les anneaux disjoints d'une chaîne, de nombreux villages, perchés sur les hauteurs, semblent sortir du milieu des arbres. San-Niccolo, Ortonovo, Cassano, Castel-Nuovo, San-Lazaro, Ameglia, San-Marcello entourent Luna disparue de sites vivants, et les clochers de leurs églises, leurs vieilles murailles percées de portes, se dessinent heureusement sur le second plan du tableau. Aux flancs d'une haute montagne se déroule comme un large ruban la route de Carrare à Modène, que le duc François V, qui n'aimait guère les Carrarais, mit tant d'années à construire. A droite, à l'horizon, se profilent les monts de Carrare, dont le Sagro, d'où descend la vallée de Colonnata, forme le point culminant. Au pied des montagnes est la ville même de Carrare, disparue dans ses jardins d'orangers et de lauriers-roses. Çà et là se détachent les blanches façades des villas qui l'avoisinent, et quelques vieux bourgs à mi-côte, comme Moneta. A gauche, dans un paysage enchanteur, s'étend la plaine de Sarzana.

En se retournant vers la mer, on découvre l'embouchure de la Magra, barrée par les galets; à côté se dresse le promontoire sévère du Corvo, dont les roches volcaniques d'un noir sombre se découpent vigoureusement sur l'azur de la mer et du ciel, et ont sans doute valu à ce cap le nom dont il a été baptisé. Derrière le Corvo est le golfe de la Spezzia. Là sont encore des exploitations de marbre, parmi lesquels se distinguent ceux de Porto-Venere, si heureusement employés dans l'ornementation. Ils sont connus sous le nom de *portor*, qu'ils ont pris soit, par contraction, du lieu de leur provenance, soit des lignes dorées qui se détachent sur le fond noir de la pierre et qui en font un marbre *porte-or* (planche II, 7).

Tel est ce coin pittoresque de l'Italie qui s'étend entre

Gênes et Pise, ou si l'on veut entre la Spezzia et Pietra–Santa, en passant par Carrare et Massa. Le commerce des marbres a fait de tout temps la fortune de cette partie du littoral de la mer Tyrrhénienne. Aujourd'hui plus que jamais, avec l'établissement de l'unité politique, la prospérité de ces heureuses contrées ira croissant. Les chemins de fer, les ports que l'on y établit seconderont l'industrie locale, qui de plus en plus se développera. Les institutions libérales dont le Piémont a doté la péninsule viennent elles-mêmes favoriser ce progrès matériel, et cet exemple prouve une fois de plus tout ce que peut gagner l'Italie à vivre sous les mêmes lois.

CHAPITRE III.

LES MINES DE L'ILE D'ELBE.

I

LES RICHESSES NATURELLES DE L'ILE.

Autour du rivage. — Le cap de la Vie. — Porto-Ferrajo. — La crique
des Amoureux. — Flore et faune insulaire. — Granit et roches vertes.
— Légendes. — L'antique Faleria. — Coup d'œil sur l'archipel toscan. — Caractère et physionomie des Elbains. — L'Empereur à l'île
d'Elbe. — Principaux minéraux : grenats, tourmalines, émeraudes, kaolin, marbres, cristal de roche. — Castor et Pollux. — Minerais métalliques. — Pietro Pinotti, guide des voyageurs. — Les gîtes ferrugineux. — Rio-Marina. — Physionomie animée du rivage et du port.
— Les brigands calabrais. — Extraction et transport du minerai. —
Ponts-embarcadères. — Répartition de la quantité extraite. — L'exploitation passée et actuelle.

L'Italie n'est pas seulement riche en marbres, elle est
riche aussi en mines métalliques, et parmi ces dernières,
les plus curieuses, les plus connues de toutes sont assuré-
ment celles de l'île d'Elbe, dont nous allons faire la description.

Au milieu de l'archipel toscan, vis-à-vis de la pointe de
Piombino, que la péninsule italique détache sur la mer
comme une sentinelle avancée, le marin reconnaît une

île plus grande que les îles voisines, et dont les montagnes
élevées, aux pentes raides, se dressent au-dessus de l'eau,
semblables à d'énormes pyramides. Du côté qui fait face
à la terre ferme, les flancs dénudés des roches qui composent le sol affectent une teinte de rouille très-caractéri-
sée : le pays n'est là qu'une immense montagne de fer. Sur
d'autres points, la physionomie de l'île, parée de sa végétation à demi tropicale, est toute souriante, et cette terre
douée d'un climat si salubre fait contraste avec la Maremme
qui s'étend sur la côte toscane. Le voyageur qui, profitant
de la voie ferrée littorale, se rend de Livourne à Piombino,
ne peut voir cette île privilégiée, cette reine de la mer
Tyrrhénienne, sans être presque aussitôt entraîné à franchir le bras de mer qui l'en sépare. Ce canal est, à vrai
dire, rarement paisible, et n'a rien à envier au goulet de
la Manche pour l'agitation incessante des eaux et le bruit
des vents presque toujours déchaînés. Il n'importe ; le
premier moment d'émotion une fois passé, on s'embarque
avec joie, et souvent on revient visiter ces parages, dominé comme par un charme secret.

C'est vers cette terre fortunée, dans laquelle on a déjà
reconnu l'île d'Elbe, que je voguais au mois de juillet 1864.
Le désir de continuer des études commencées depuis longtemps sur l'Italie centrale me ramenait vers des bords que
je n'avais point oubliés. Ces études avaient surtout un
intérêt géologique : je venais explorer de nouveau les
mines de fer si abondamment répandues dans l'île. C'est
d'ailleurs par ce côté principalement que, depuis les premiers temps historiques, l'île d'Elbe s'est signalée.

Les Étrusques, les premiers qui l'occupèrent et qui
lui donnèrent le nom qu'elle porte encore aujourd'hui,
y découvrirent l'art de fondre le fer : jusque-là, le
bronze avait tenu lieu d'acier. Des Étrusques, l'île passa

sous la domination romaine, et jusqu'au sixième siècle
de notre ère les maîtres du monde tirèrent de ses inépuisables mines tout le fer dont ils avaient besoin. Les
Barbares du nord la respectèrent, mais ceux de l'orient,
les Arabes, les Turcs, ces hardis écumeurs de mer, y firent
de terribles descentes. Pise et Gênes se la disputèrent avec
ardeur, tant pour en posséder les mines que parce qu'elle
était une des clefs du canal de Piombino, qui avait au
moyen âge, pour ces républiques maritimes, l'importance
politique qu'ont aujourd'hui d'autres détroits. Les Médicis,
l'Espagne, puis, au nom de celle-ci, le royaume de Naples,
y plantèrent leur pavillon concurremment avec les princes
de Piombino, substitués aux droits des Pisans. La petite île
eut ainsi trois maîtres à la fois, tant on attachait de prix
à la posséder, même d'une façon incomplète; mais ses
mines de fer furent toujours l'objet de la plus grande con-
voitise de ceux qui l'occupaient. Les Médicis furent les
plus habiles, et, ne pouvant devenir les propriétaires des
mines, ils s'en firent les fermiers; les Espagnols en furent
les gardiens.

Telle est en peu de mots l'histoire du pays sur lequel je
voudrais rassembler quelques souvenirs, qui auront pour
principal intérêt de montrer les véritables causes d'une
prospérité sans cesse grandissante. Ayant visité l'île d'Elbe
à plusieurs reprises, j'ai toujours vu le chiffre de l'extraction du fer y aller en croissant. Depuis quinze ans, les
mines sont même entrées dans une voie de production des plus remarquables, si l'on tient compte surtout de l'absence d'installations mécaniques, jusqu'ici
repoussées de ces travaux, qui ont gardé leur cachet primitif. Malgré cette condition fâcheuse d'infériorité, l'exportation du minerai a doublé depuis 1858, et ces gîtes
ont fourni en 1863 cent mille tonnes de minerai de mille

kilogrammes chacune. Depuis lors le chiffre de l'extraction a encore beaucoup augmenté. La France consomme
à elle seule les quatre cinquièmes de cette production. Il
convient donc d'étudier sur place ces mines célèbres. C'est
une sorte de grenier à fer auquel iront s'adresser les maîtres de forge, en présence de l'épuisement de plus en plus
grand des autres gîtes de l'Europe. Exploités depuis plus
de deux mille cinq cents ans, ceux de l'île d'Elbe au contraire ont été à peine effleurés, tant l'épaisseur et l'étendue
de ces dépôts métalliques sont également imposants. Virgile, comme il y a dix-neuf siècles, pourrait toujours les
déclarer inépuisables. Mais avant de parler des mines et
de faire connaître les conditions dans lesquelles s'est développée cette exploitation spéciale, il n'est peut-être pas
inutile de donner une idée du pittoresque territoire qui
n'en tire pas son unique source de richesse, et qui doit à
l'agriculture, à la marine et à la pêche d'autres éléments
de prospérité.

De forme sensiblement elliptique, surtout vers la partie
occidentale de son contour, et d'un périmètre qui mesure
environ vingt lieues, l'île d'Elbe s'épanouit subitement à
l'est en deux caps avancés : l'un, qui se porte vers le nord,
est le cap Della-Vita, où les mines de Rio-Albano trouvent
leur extrême limite; l'autre, qui s'étend au sud, est le cap
Calamita, dont le nom, également conservé dans le vieux
français, — la calamite ou pierre d'aimant, — rappelle aux
Italiens les mines voisines d'aimant naturel. Entre ces
deux caps, mais beaucoup plus près du dernier, dans une
anfractuosité profonde, courant de l'est à l'ouest, se des-
sine le golfe de Porto-Longone. C'est un excellent mouillage, protégé par des fortifications savantes élevées par les
Espagnols, et qui ont arrêté les Français en 1799. La ville
de Porto-Longone, la seconde de l'île, mire ses maisons

dans l'eau. C'est dans sa rade que des pirates de Tunis enlevèrent, en 1815, un enfant livournais qui est devenu plus tard le général Yusuf. Tout près de là est la mine de fer de Terra-Nera, ainsi désignée à cause de l'aspect extérieur du gisement qu'on y exploite. La *Cala di Barbarossa* ou crique de Barberousse, qui sert de port à Terra-Nera, rappelle les exploits du fameux forban allié de François Ier, et dont le souvenir s'est perpétué jusqu'à ce jour dans la mémoire des insulaires.

Au sortir du golfe de Longone, en voguant vers le nord et en côtoyant un rivage qui trace une ligne peu sinueuse, presque parallèle à la méridienne, on ne tarde pas à rencontrer la marine de Rio. Là existe le plus grand dépôt géologique de minerai de fer connu dans le monde, ce qui a fait de Rio le point principal et quelquefois unique de l'exploitation de l'île d'Elbe. A côté est la mine de Vigneria, qui se soude à la première, et qui doit son nom aux vignobles qui l'entourent. Un peu plus loin, on rencontre Rio-Albano, dont le gîte, s'enfonçant dans la mer, s'adosse au cap Della-Vita. Si, continuant le périple, et prenant garde aux *sautes de vent* fort périlleuses en cet endroit [1], on double ce cap, on arrive bientôt dans le golfe de Porto-Ferrajo, reconnaissable à sa forme demi-elliptique. La capitale de l'île commande la passe; elle a donné son nom au golfe, et doit elle-même au fer qu'elle fondait ou embarquait jadis son ancien nom latin de *Ferrara* et son nom actuel. Ce mouillage est l'un des plus beaux et des plus sûrs de la Méditerranée; il n'a rien à envier à

---

1. Plusieurs fois le bateau-poste y a fait naufrage avec les dépêches, et moi-même, en 1864, revenant avec la petite barque de Porto-Ferrajo à Piombino, je faillis m'y noyer avec tous mes compagnons de route. C'est sans doute parce que la vie y est en si grand danger que ce point a été nommé *capo Della-Vita* ou cap de la Vie.

la célèbre rade de Toulon, à celle non moins fameuse de
la Spezzia et à l'incomparable baie de Naples.

Une langue de terre qui s'avance assez loin dans la mer
sépare le golfe de Porto-Ferrajo de celui de Procchio, où
la jolie marine de Marciana étale coquettement les blanches façades de ses maisons. Puis le rivage tourne; les granits, s'élevant à pic, tracent une côte tourmentée où se
projette la pointe de Pomonte. Mettant le cap à l'est, on
salue bientôt le golfe et la marine de Campo, derrière
laquelle est une plaine verdoyante, dominée par de riants
villages qui se dessinent sur les hauteurs. Les golfes de
l'Acona et de la Stella viennent ensuite, à peine séparés
par une étroite bande de roches serpentineuses; s'enfonçant profondément dans les terres, ils y déroulent leurs
nombreux replis. On dirait que la mer a voulu prolonger
à dessein son contact avec cette île heureuse, la caresser
le plus longtemps possible. Sur une cime élevée se dresse
Capoliberi ou la Montagne des hommes libres, et ce bourg
fortifié a la juste prétention d'être la ville la plus ancienne de l'île. Au pied est la *Cala degli Inamorati*, la
crique des Amoureux, dont le nom rappelle une légende
datant de l'époque des Barbaresques, et pieusement conservée par les habitants. Une jeune fille et son amant se
noyèrent en cet endroit pour ne pas être séparés par les
pirates. Au delà on rencontre le cap Calamita; enfin, tournant au nord, on revient au golfe de Porto-Longone, notre
point de départ.

L'intérieur du pays n'est pas moins pittoresque que les
rivages. Aux environs de Porto-Ferrajo, de Marciana, de
Campo, de Porto-Longone, de Capoliberi, s'étendent des
plaines bien travaillées où le blé, le maïs et la vigne forment la principale culture. La vigne s'élève aussi sur les
coteaux, et donne partout les produits les plus estimés.

L'olivier et le mûrier, qu'on néglige, trouvent dans l'île
un sol favorable. Dans les jardins croissent en liberté les
orangers, les grenadiers, les lauriers-roses et quelques
plantes tropicales, l'agave ou aloès d'Amérique à la tige
élancée et fleurie, l'opuntia ou figuier de Barbarie (la ra-
quette des colonies de l'Inde), enfin le dattier, dont la brise
de mer découpe les palmes en lanières. Les montagnes sont
couvertes de maquis, comme en Corse, en Sardaigne et sur
le littoral toscan. Le chêne vert, dont le nom latin *ilex*
revit dans l'italien *leccio*; le chêne-liége; l'arbousier aux
fruits rouges; le genévrier et le myrte, dont les baies par-
fumées font les délices des grives et des merles qui viennent s'abattre dans ces fourrés; le lentisque et le téré-
binthe aux feuilles odorantes, résineuses; la bruyère, dont
les fleurs s'étalent en grappes roses le long des étroits
sentiers, composent surtout la végétation des maquis. Le
romarin, la sauge, le genêt d'Espagne, le fenouil de mer
répandent leurs fortes senteurs dans l'atmosphère, déjà
imprégnée des émanations salines. On est là dans une zone
botanique distincte, sous un climat particulier. C'est le
climat si bien nommé méditerranéen, et dont quelques
îles, comme l'île d'Elbe, présentent le type parfait.

La faune des maquis n'est pas aussi variée que la flore.
On ne rencontre guère que des martres, des écureuils, des
lièvres. Autrefois on trouvait aussi des sangliers. Parmi les
animaux malfaisants, on ne cite guère que la vipère et la
tarentule, araignée venimeuse assez commune dans le
centre et le midi de l'Italie, et dont une espèce est particulière à l'île d'Elbe. Les scorpions et les scolopendres sont
peu dangereux. Les oiseaux qui vivent dans l'île sont surtout des oiseaux de passage : les bécasses, qui désertent
aux premières approches de l'hiver les parages glacés du
Caucase pour traverser la Méditerranée; les becfigues,

qui, lorsque la saison des fruits est finie dans le Levant, partent pour des pays moins précoces; les cailles, qui viennent de Syrie et d'Afrique dès le mois de juillet, et qui, fatiguées de leur long voyage, s'arrêtent volontiers dans les îles qu'elles rencontrent sur leur chemin.

Deux roches principales, les granits et les serpentines, se sont partagé le domaine géologique de l'Elbe. Les serpentines, et avec elles les roches vertes congénères : les diorites, etc., ont fait de préférence éruption dans la partie orientale, où elles ont accompagné les dépôts de minerai de fer. Les granits ont apparu dans la partie occidentale, où s'élevant sur le mont Capanne à une hauteur qui dépasse mille mètres, ils forment le point culminant de l'île. Les reliefs de ces montagnes granitiques sont comme partout arides, déchiquetés; la chaîne trace sur l'azur du ciel un diagramme découpé comme des dents de scie; la végétation s'arrête à mi-hauteur, et la roche revêt, sous ce climat si pur et à certaines heures du jour, une teinte d'un rose violacé qui encadre heureusement le paysage. Les serpentines au contraire se détachent en dômes isolés, arrondis, couverts de maquis jusqu'à leur cime. Quand elles se montrent à nu, ce qui est rare, elles affectent une teinte d'un vert sombre, noirâtre, qui donne au tableau un air de grande sévérité. Ayant apparu à l'état igné et plus chaudes que les granits, elles ont fortement rubéfié, quelquefois même agatisé, jaspé les calcaires et les schistes avoisinants, les transformant en *gabbri* rouges ou en *cornéoles*, parents des cornalines, tandis que les granits, sortis à l'état pâteux et presque refroidis, se sont simplement insinués en veinules capricieuses dans les roches qu'ils ont soulevées, disloquées, sans les modifier d'autre façon.

Les dômes formés par l'apparition des serpentines suivent une ligne sensiblement dirigée du nord-nord-est au sud-sud-ouest, parallèle au rivage. Une semblable orientation se retrouve sur la terre ferme en Toscane, où les géologues de Pise ont donné à cette ligne le nom de *chaîne métallifère* à cause du grand nombre de filons qu'elle contient. L'île d'Elbe a dû être détachée de la péninsule à une époque de convulsions géologiques postérieure à la sortie au jour des serpentines. Le point culminant produit par l'éruption de ces roches dans l'île ne dépasse pas cinq cent trente mètres.

Çà et là, sur tous ces pitons d'aspect déjà si sombre, on distingue de vieilles tours, d'antiques forteresses. Celles de Volterrajo, de Monte-Giove méritent d'être visitées. Plusieurs fois, à l'époque des incursions des Barbaresques, les insulaires épouvantés trouvèrent derrière ces remparts un abri assuré. Plusieurs fois aussi, lors des guerres que François Ier et Louis XIV durent soutenir contre l'Europe, les Français, les Allemands, les Espagnols, assiégeants ou assiégés, se rencontrèrent jusqu'au pied de ces murailles. Aujourd'hui ces lieux sont déserts, ces places fortes sont démantelées, le lierre s'enlace autour de la pierre, et les oiseaux amis des hautes cimes fréquentent seuls ces ruines d'un autre âge.

Plus d'un de ces vieux châteaux a sa légende comme les criques du rivage, et l'on dit qu'à Monte-Giove une princesse de Piombino, Isabelle Appiani d'Aragon, digne rivale de Marguerite de Bourgogne, enfermait dans une prison éternelle ses amants d'une nuit. Sur l'emplacement qu'occupe ce fort de sinistre mémoire, et dont les créneaux à la gibeline trahissent l'origine pisane, on prétend qu'il existait autrefois un temple dédié à Jupiter Ammon. Le nom de Giove que porte encore la montagne, celui de *Piè d'Ammone* donné à l'une des collines adjacentes, témoignent, à défaut d'autres preuves, que cette tradition n'est pas sans fondement.

En un autre point, les Romains ont laissé des traces plus vivantes de leur passage, et l'on rencontre à Capo-Castello d'immenses ruines qui semblent avoir appartenu à une villa. J'y ai encore trouvé des restes de mosaïques en marbre blanc, des débris de pavés également en marbre, des amas de briques, enfin de longs pans de murailles. Ceux-ci, en pierres de petit appareil, sont quelquefois recouverts d'un ciment toujours en place ; d'autres fois la construction est sans revêtement, et les parements lisses des blocs, aux joints se croisant en losange, rappellent l'*opus reticulatum* de Vitruve, ouvrage qu'affectionnaient les Romains. Le mortier qui relie les joints est partout de si bonne composition que pour abattre la maçonnerie il faut la mine, et rarement c'est le lit de pose qui cède, la pierre plutôt se fend.

Quand je visitai ces ruines curieuses, que nul antiquaire n'a encore classées, un *contadino* du voisinage vint à moi :

« Ah ! monsieur, me dit-il, du temps de la reine Elbe, il y a des mille et mille ans, il existait là une ville qu'on appelait Faleria.

— Celle où naquit Démétrius ?

— *Può darsi*, peut-être bien, » répondit l'homme sans se troubler.

Et comme je manifestais quelques doutes sur l'existence de la reine Elbe, que les insulaires croient par tradition contemporaine d'Énée et qui aurait donné son nom à l'île :

« Pourquoi alors appellerait-on notre pays l'*Isola dell' Elba ?* » fit en haussant les épaules l'archéologue campagnard.

Quand on fait l'ascension de l'une des cimes qui se dressent sur le plan de l'île, le mont Capanne, le Giove, le Volterrajo, la vue dont on jouit sur la mer, quel que soit le

point de l'horizon vers lequel on se tourne, est des plus
magiques. Toutes les îles de l'archipel tyrrhénien, satel-
lites de l'Elbe, apparaissent au-dessus de l'eau comme autant de terres flottantes. Au nord, c'est la Gorgone et son
roc dénudé, la Capraja avec son volcan éteint; au sud,
c'est Pianosa au relief à peine visible, Monte-Cristo, pointe
de granit hantée naguère des contrebandiers, Giglio avec
ses belles montagnes et son port bâti par les Romains; à
côté de Giglio, Giannutri, le Dianum des Latins; à l'est
enfin, c'est l'îlot de Palmajola, l'ancienne île des Palmes,
avec son phare blanc, et Cerboli avec sa vieille tour.

Quelques-unes de ces îles ont une célébrité historique.
C'est à Pianosa que fut exilé Agrippa sous le règne de Ti-
bère, à Capraja que se réfugièrent au quatrième siècle les
moines partis de Rome.

> Processù pelagi jam se Capraria tollit ;
> Squalet lucifigis insula plena viris,

dit dans son *Itinéraire* Rutilius Numatianus, un des derniers païens de l'empire, et à ce titre ennemi juré des
moines.

Sur la terre ferme, on découvre une longue étendue de
côtes, depuis le Monte-Argentario, limite méridionale de
la Toscane, jusqu'au Monte-Altissimo, qui sépare cette province du Modénais. Le beau golfe de Follonica déroule aux
yeux du spectateur sa courbe demi-circulaire, fermé au
sud par le cap Troja, jadis doublé par le *pieux Énée*, et
limitée au nord par la pointe de Piombino, où s'élève le
vieux château fort des Pisans.

C'est au pied de ce château que stationnait la flotte de
Pise. Les navires qui passaient par le canal payaient le
tribut à la république, pour être convoyés par ses vaisseaux et protégés contre les pirates. Ils recevaient en signe

d'acquit un *plomb* aux armes de Pise : de là le nom de *Piombino* donné à la localité.

Derrière Piombino est Populonia avec ses restes de murs cyclopéens. C'était une des plus vieilles villes de l'Étrurie, *Populonia mater*, comme l'appelle Virgile. Plus loin apparaît Campiglia, qui à cette distance semble adossée au Monte-Calvi ; à droite de Campiglia, tout à fait dans les terres, Massa-Marittima se dresse sur une hauteur. Si l'on se tourne du côté opposé, vers le couchant, on voit la silhouette de la Corse et de la Sardaigne se profiler sur une seule ligne. Un point blanc vers le nord annonce le port de Bastia.

Dans une île comme celle que nous venons de décrire, on pourrait croire que la physionomie des habitants reflète quelque chose du riant paysage qui les entoure. Il n'en est rien, et le caractère des insulaires paraît se ressentir encore des agitations politiques qu'ils ont traversées. N'oublions pas que des luttes incessantes avec les Barbaresques, un manque complet de sécurité, l'incertitude du lendemain, ont été pendant plusieurs siècles comme le lot fatal réservé aux Elbains. A l'intérieur, ils ont dû chaque jour s'étudier à résister à des maîtres avides, également jaloux d'occuper le pays et de le pressurer sous prétexte de le défendre. On dirait que les insulaires ont gardé sur leurs traits l'empreinte de ces préoccupations du passé. Ils ont un aspect austère, parlent peu, semblent défiants. On remarque quelques figures étranges, comme un souvenir effacé du type more. Chez tous, il existe un grand fonds de courage et d'énergie. L'île a donné en tout temps de bons marins ; elle dispute à Modène, où vivent encore les traditions laissées par le rival de Turenne, Montecuculli, la gloire de fournir les meilleurs artilleurs de la péninsule.

La physionomie des habitants change suivant le point

dc l'île où ils sont nés. L'élément italien, le pur toscan, se retrouve à Porto-Ferrajo, fondé par Cosme de Médicis. A Rio, mais surtout à Porto-Longone, c'est le sang espagnol qui domine, et les types seraient là pour le témoigner, si déjà une foule de noms en *ez*, terminaison étrange en Italie, ne dévoilaient une provenance ibérique. A Porto-Longone, à Capoliberi, il y a aussi nombre d'habitants d'origine napolitaine, les Bourbons de Naples ayant hérité dans ces mers de ceux d'Espagne. A Campo, mais surtout à Marciana, des Corses, des Génois sont venus se fondre dans la population et créer des villes de marins. Les Marcianais sont renommés par toute l'île pour leur amour du commerce et des voyages, et envoient leurs bâtiments jusqu'en Amérique. Après eux viennent les habitants de Rio, les *Riesi*, navigateurs intrépides, riches armateurs, mais qui s'occupent principalement du transport du minerai et pratiquent plus volontiers le cabotage que le long cours.

Toutes les villes de l'Elbe, surtout Rio et Capoliberi, ont joui, jusqu'au commencement de ce siècle, de très-grands priviléges. Après les dévastations des pirates, il fallait bien indemniser, en les délivrant de l'impôt, ceux qui avaient été pillés ; on ne pouvait non plus appeler de nouveaux habitants dans l'île que par l'octroi de nombreuses franchises : c'est ce que comprirent les Pisans et après eux les seigneurs de Piombino. Les Médicis, l'Espagne, voulant de même peupler rapidement les positions qu'ils occnpaient, durent recourir à ce moyen qui réussit toujours, de coloniser par la liberté. A Rio enfin, on devait quelques dédommagements aux propriétaires du sol, que l'on dépossédait des mines, et sur d'autres points, comme à Capoliberi, il fallait respecter des franchises datant peut-être des Romains. L'île d'Elbe était et est restée

un port franc. Les communes ne payaient d'impôts qu'à
elles-mêmes, elles nommaient leurs magistrats, ne recon-
naissaient aucun maître direct, et jouissaient de statuts
républicains. Rio conserve une copie des siens sur un par-
chemin du treizième siècle.

Quand Napoléon fut exilé à l'île d'Elbe, cet état de
choses durait encore. Un jour, l'Empereur voulut faire
payer à Capoliberi je ne sais quelle contribution que d'autres communes avaient déjà acquittée. Le conseil municipal se rassemble en grand émoi : « Quel est ce Napoléon,
s'écrie l'un des membres présents, qui nous soumet à des
tributs comme si nous étions un pays conquis? Si c'est un
cadeau qu'il demande, qu'il le dise : les hommes libres de
Capoliberi veulent bien le lui offrir; mais nul n'a le droit
de les taxer. » A la suite de ce discours, refus des habitants
de payer. Napoléon, peu accoutumé, même à l'île d'Elbe,
à voir ses volontés rencontrer la moindre opposition, envoie sa garde corse contre les Capolibériens. Ordre de raser
la ville ou de revenir avec l'argent. A leur tour, les habitants s'arment, résolus à défendre énergiquement leurs
foyers. Cependant des pourparlers ont lieu. Une belle sup-
pliante court se jeter aux pieds de l'Empereur; on finit
par s'entendre, et le conseiller municipal, premier auteur
de tout cet accident, devient un ami de Napoléon.

A part un certain esprit d'indépendance qui caractérise
les habitants de l'île d'Elbe, et qui est un reste de leur
ancienne existence politique, toute trace de mœurs particulières, de coutumes propres au pays, a aujourd'hui entièrement disparu. Les anciens chants eux—mêmes ont
cessé de vivre dans la mémoire des insulaires. A ce sujet,
M. Mellini, ingénieur des mines de l'île d'Elbe, et qui a
recueilli sur son pays natal des détails du plus haut intérêt, m'a dit avoir entendu dans son enfance, de la bouche

d'un vieillard, une romance sur la prise de Rio par Barberousse. Les stances se déroulaient sur un rhythme plaintif, solennel : il y avait dans cette musique des vaincus comme un écho lointain de la poésie et du chant des Arabes, leurs vainqueurs. C'était le *super flumina Babylonis* des Elbains traînés en esclavage. Le vieillard a emporté avec lui l'air et la romance, la dernière qui eût été conservée. Tous les jeux populaires ont également disparu ; quelques légendes, quelques traditions revivent seules. Jamais pays ne s'est plié plus vite aux usages de ses nouveaux maîtres, et alors qu'en Corse, en Sardaigne, à Malte même, on retrouve chez les indigènes des habitudes invétérées, des costumes traditionnels, à l'île d'Elbe il n'y a plus rien que de toscan, probablement par suite du voisinage même de l'Étrurie.

Ce qui caractérise généralement cette population, c'est une aptitude remarquable aux travaux les plus variés. Presque tous les habitants, dans la partie orientale de l'île, vivent de l'exploitation des mines et de la navigation ; quelques-uns s'adonnent à l'agriculture, font un peu de jardinage et plantent des vignes sur les coteaux. Dans la partie occidentale, la navigation et la culture de la terre occupent surtout les bras. On fait du charbon dans les maquis ; on travaille aux carrières de granit et de kaolin. La pêche n'est pas non plus négligée. Les thons, les anchois, les sardines, d'excellente qualité dans ces eaux, y sont aussi fort abondants. Porto-Ferrajo, Campo, Marciana font un peu de commerce ; elles exportent leurs vins blancs, qui sont renommés. Dans le voisinage de Porto-Ferrajo, il y a en outre de vastes salines très-bien établies : elles datent des Médicis.

La capitale de l'île est le rendez-vous de la meilleure société du pays. Dans la belle saison, les baigneurs y affluent; ils viennent même du continent, et Porto-Ferrajo présente alors un air de fête. Le soir, sa grande et jolie place, bordée de magasins et de cafés, devient un lieu de promenade charmant. Le dimanche, à voir le luxe des toilettes, le costume éclatant que portent les femmes, qui sont d'une beauté remarquable, on se croirait dans une de ces villes tropicales auxquelles sourient le ciel et la mer. Une sorte de familiarité confiante, naïve, qui règne parmi tout ce monde, ajoute encore à l'attrait du tableau.

C'est à Porto-Ferrajo, dans l'habitation où résidait autrefois le gouverneur envoyé par Florence, que Napoléon aimait à demeurer. Il avait aussi acheté une villa à San-Martino, non loin de la ville, dans une agréable position, aux lieux mêmes où M. A. Demidoff a fait bâtir son musée. Les appartements occupés par Napoléon sont restés dans le même état. Des fenêtres toujours entr'ouvertes, l'Empereur dominait la rade, où croisaient sans cesse les Anglais. Dans cet empire lilliputien, il employait ses loisirs le mieux qu'il pouvait, et lui, qui ne sut jamais rester en repos, se donnait dans son île autant de mouvement que dans ses anciens États. Il fit exploiter les mines de fer dont on lui avait laissé la propriété, augmenter les fortifications de Porto-Ferrajo, rouvrir les carrières de marbre et de granit, défricher Pianosa, commencer des fouilles au Monte-Giove pour y retrouver les fondements du temple d'Ammon. La belle route qui de Porto-Ferrajo conduit à Longone en traversant l'île en écharpe, celle qui mène à Campo et à Marciana, ont été ouvertes par Napoléon, qui y occupait ses soldats. Avec ses fidèles amis, les généraux Drouot et Bertrand, il aimait à parcourir l'île à cheval. Quelquefois il se promenait en bateau; il avait même une petite flottille. Dans ses jours d'ennui, il gravissait une montagne élevée, d'où il regardait la Corse. Le peuple l'aimait, parce qu'il semait dans l'île beaucoup d'argent. « C'était le bon temps, me disait un insulaire; les pièces de vingt francs se donnaient comme des pièces de cent sous! » Toutefois les idées de Napoléon étaient ailleurs, et tout l'entrain dont il faisait preuve n'était que pour détourner l'attention de la France et de l'Angleterre. Jusqu'à la dernière heure, il réussit à cacher ses projets, à tromper la vigilance des espions dont il était entouré. Ceux même de ses amis qui n'étaient pas dans son secret ne se doutaient de rien.

Un jour, c'était en 1858, j'allais de Livourne à Piombino et Porto-Ferrajo sur le batelet à vapeur toscan qui composait toute la flotte du grand-duc Léopold. Sur le pont, à côté de moi, était assis un vieillard avec lequel je ne tardai pas à entrer en conversation. Il m'apprit qu'il était Français et qu'il avait été à l'île d'Elbe le jardinier de Napoléon. Son maître était parti, mais si vite, qu'il n'avait pas eu le temps de le suivre. Ce brave homme se nommait Antoine, comme le jardinier de Boileau. Voici ce qu'il me raconta :

« Depuis longtemps l'Empereur m'entretenait de ses grands projets pour le défrichement et la mise en valeur des terrains de la Pianosa. Le matin même de son départ, il m'en parlait encore, puis il me donna des ordres pour de nouvelles dispositions dans ses jardins. Il tenait à la main une longue-vue avec laquelle il regardait sans cesse la mer. — « Ne vois-tu rien sur les rivages de Toscane? » me dit-il en me passant sa lunette. Je regardai; elle était si bonne que je voyais jusqu'au port de Livourne. Je distinguais les douaniers sur la côte, et je pouvais lire jusqu'au numéro de leurs shakos et de leurs boutons. « Rien, Majesté, » lui répondis-je: Deux heures après, Napoléon était parti. »

Si l'île d'Elbe mérite surtout d'être visitée, ce n'est pas seulement pour les souvenirs historiques qu'elle rappelle, pour la beauté des paysages qu'on y rencontre, c'est encore pour l'intérêt spécial qu'elle présente aux géologues. Ses granits de première et de seconde époque, dont nous avons déjà indiqué l'aspect caractéristique, sont venus un moment bouleverser les idées de la science moderne, qui a dû faire un pas en avant; les géologues, passant la mer, sont accourus en foule étudier sur place dans cette petite île les formations de la nature. Les grenats, les aigues-marines, les tourmalines ont fait à l'île d'Elbe une réputation non moins bien établie auprès des minéralogistes, et elle n'aurait pas besoin de ses mines de fer pour attirer les savants. De ses granits décomposés, on extrait le kaolin ou terre à porcelaine, qui forme un élément d'exportation, et qu'on dirige à Doccia, près Florence, sur la célèbre fabrique du marquis Ginori. Dans ses terrains de sédiment, le marbre statuaire se rencontre comme à Carrare; entre Rio et Porto-Longone, j'ai vu en 1864 de magnifiques blocs qu'on avait fait rouler sur la plage. On devait les charger pour Rome, où ils étaient destinés à la basilique de Saint-Paul. On exploite aussi à l'île d'Elbe ce marbre blanc, veiné de vert, connu des artistes sous le nom de marbre cipolin (planche II, 6). Il a été ainsi désigné parce que les veines tracent dans la pierre, surtout quand elle est tournée en fûts de colonnes, des lignes concentriques pareilles à celles d'un oignon coupé, *cipolla*[1]. Les Romains, qui ne laissaient inexploitée aucune de leurs nombreuses conquêtes, ont les premiers su tirer parti des marbres de l'île d'Elbe. Ils ont également ouvert des carrières dans le beau granit du pays, notamment à Campo, qui fournit les plus re-

____

1. En latin *cepulla*, d'où nous avons fait le français ciboule.

marquables échantillons. D'immenses blocs y ont été extraits, comme aussi à l'île voisine de Giglio. A la beauté
de la matière se joignait la proximité de la mer et du
Tibre. Ces monolithes ornent sans doute encore, à l'état
de colonnes, d'obélisques, de pyramides, et peut-être
sous la fausse dénomination de granit égyptien, les monuments de la ville éternelle.

Ce granit, que l'on n'a pas cessé d'exploiter, et que l'on
débite non-seulement en colonnes, mais encore en dalles,
en voussoirs, est le granit micacé, en tout analogue au
granit ancien du continent européen (planche III, 2): c'est
le granit de première formation de l'île d'Elbe. Le granit
tourmalinifère ou de seconde époque, ainsi nommé parce
que l'éruption en a eu lieu longtemps après celle du précédent, qu'il a même traversé, a seul accompagné dans
l'île l'apparition des gemmes. C'est dans les flancs de ce
granit, au milieu des géodes ou cavités profondes que le
pic et même la mine peuvent seulement découvrir, que se
rencontrent les plus beaux cristaux. Là gisent les tourmalines rayées (planche V, 9), roses, jaunes, noires ou incolores, les aigues-marines et les émeraudes (planche V, 5)
en prismes transparents bleus et verts, le quartz (cristal
de roche) limpide ou compacte, aux pointements aigus à
six faces (planche V, 10), l'épidote aux cristaux bacillaires
vert olive (planche VI, 3), le mica hexagonal à l'éclat cha-
toyant, le grenat dodécaèdre rouge ou brûlé (planche V, 6),
le calcaire ou spath d'Islande, aux pointements pyramidaux
(planche VI, 6), enfin le *Castor* et le *Pollux*, qui cristalli-
sent fraternellement ensemble[1]. Tous ces jolis minéraux,

---

[1]. Le *Castor* est une variété de pétalite (silicate d'alumine et de lithine),
qui se trouve aussi en Suède : mais le *Pollux* n'existe qu'à l'île d'Elbe, où
il est même très-rare ; on le paye des prix fabuleux pour les collections.
Un petit cristal gros comme la moitié du pouce, qu'on voit à l'École des

joyaux de la nature, sont employés pour la plupart dans la
bijouterie. On trouve communément dans les granits le feldspath orthose en gros prismes et l'albite aux cristaux hé-
mitrophes, tout cela au grand contentement des amateurs
de cailloux, chercheurs infatigables, venus de loin, et que
les gisements gemmifères de Campo dédommagent amplement de leurs peines. L'île d'Elbe, comme on l'a dit avec
raison, est un vrai cabinet de minéralogie. Les filons métallifères proprement dits s'y rencontrent même, et l'on a
découvert la galène ou sulfure de plomb argentifère à l'*i-
sola de' Toppi*, l'île aux Rats, tout près de Capo-Castello,
l'antimoine sulfuré à Procchio, le cuivre natif, le cuivre
carbonaté ou malachite (planche I, 4), et le cuivre pyri-
teux à Pomonte et à Santa-Lucia.

Un guide, un parfait cicerone comme l'Italie en produit
quelquefois, accompagne d'ordinaire les explorateurs dans
leurs excursions. C'est Pietro Pinotti, dit *Cervello-Fine*,
Cerveau-Fin, comme l'appelait un Français naïf, ignorant
que de pareils surnoms ne se traduisent pas. Cervello-
Fine a installé ses lares à Porto-Ferrajo. Depuis quarante
ans, il n'est pas venu à l'île d'Elbe un minéralogiste, un
géologue, un ingénieur, un touriste ami des montagnes
qui n'ait demandé à cet homme l'aide de ses connaissances
locales. L'insulaire a d'abord accompagné l'étranger comme
un simple guide ; puis, doué d'un grand esprit d'observation, apte à saisir ce que les autres lui ont montré, Pietro
Pinotti, sans même savoir lire, s'est réveillé un jour géologue et minéralogiste. Aussi bien a-t-il été à bonne école,
et les Studer, les Fournet, les Burat, les Collegno, les Co-

Mines de Paris, a été, dit-on, payé trois cents francs. Le Pollux est en effet
unique en son genre : c'est un silicate d'alumine et d'oxyde de *cœsium*, ce
métal inconnu encore il y a quelques années, et dont l'analyse spectrale
a seule permis de révéler l'existence.

quand, les Savi, les Meneghini, les Matteucci, tout ce que
l'école française et l'école italienne ont produit de maîtres distingués, sans compter les professeurs d'Allemagne,
d'Amérique et d'Angleterre, toute cette illustre phalange
a passé par ses mains. A tous il a dévoilé ce qu'il savait
de la géologie et de la minéralogie de son île, de tous il
a en retour appris quelque chose qu'il ignorait. L'âge (il
a aujourd'hui soixante-dix ans) n'a point abattu ses
forces; c'est toujours un marcheur infatigable, et bien
que l'usage incessant du marteau et de la poussière des
minerais, à laquelle il attribue des propriétés malfaisantes,
lui aient, dit-il, déformé les mains, il semblait encore
prêt, la dernière fois que je le vis (1864), à entreprendre
de nouvelles explorations.

Un certain découragement, une sorte d'humeur noire
s'étaient cependant emparés de lui. Quand il m'eut reconnu, quand je fus dans sa confidence, il alla chercher
un vieux portefeuille. « Je ne sais pas lire, me dit-il,
mais j'ai là de précieux autographes, les certificats de tous
les savants qui m'ont employé, les lettres qu'ils m'ont
écrites, et puis ils ont parlé de moi dans leurs livres, je le
sais. Eh bien ! si un jour les jambes m'abandonnent, si
la misère vient, j'irai à Pise ou à Florence, et là, sous un
portique, j'étalerai tous ces papiers. C'est bien le diable si
je ne trouve pas quelqu'un qui y entende quelque chose,
qui me les prenne pour un morceau de pain ! » Je fus étonné
de ces paroles. « Le métier ne va donc pas, Cervello-
Fine ? — On ne trouve plus rien, plus de beaux cristaux,
reprit-il, et les *professeurs* ne passent plus. Il faut vendre
à des ignorants qui vous marchandent le prix des pierres.
Voyez là-bas, dans ce coin : les araignées tendent leurs
toiles sur le feldspath et la tourmaline, la poussière salit
mes émeraudes, mes marcassites, mes fers oligistes, et je

n'y prends plus même garde. » Je crus d'abord que, comme tous ceux qui avancent en âge, Pinotti regrettait le passé ; j'ai su depuis que l'abus qu'il faisait de l'excellent vin de l'île d'Elbe ne lui permettait plus, au grand désappointement des touristes, les mêmes excursions qu'autrefois.

Les gisements minéralogiques dont il a été question sont sans doute fort intéressants ; mais la grande richesse de l'île d'Elbe, ce sont ses mines de fer, gîtes merveilleux qui n'ont peut-être pas d'analogues dans le monde, et qui seuls maintenant vont nous occuper. Quand, parti de Piombino sur une de ces petites barques à voile latine qui sillonnent l'archipel toscan, on met le cap sur la côte orientale de l'île, sur la marine de Rio, on ne tarde pas à passer devant l'îlot de Palmajola. Le gardien du phare, heureux de trouver une occasion de se distraire sur son rocher désert, vous hèle au passage. Les matelots échangent avec lui des signes d'amitié, et bientôt, le vent ou la rame aidant, on reconnaît le cap de Pero, le point le plus avancé de l'Elbe vis-à-vis de la côte de Toscane. Alors on longe le rivage sur lequel le Monte-Giove avec son vieux château crénelé, puis le Monte-Fico et le Monte-d'Arco s'alignent en dômes arrondis, isolés, comme autant de puys, ces cratères éteints de l'Auvergne. Le Monte-Castello, le Monte-Serrato élèvent leurs points culminants plus avant dans l'intérieur de l'île, et partout les flancs des montagnes sont couverts de l'épaisse végétation des maquis, éternel manteau de verdure. Tout à coup un amas de blanches maisons se découvre à l'œil du voyageur. Un pont-embarcadère, sur lequel une nuée d'hommes vont et viennent, s'avance dans la mer, où sont ancrés de nombreux navires ; la plage est encombrée de roches extraites, et le sol, jusqu'à une hauteur de deux cents mètres aux pentes

des collines, affecte une seule teinte d'un rouge sanguin :
c'est là Rio-Marina avec ses immenses mines de fer.

La dernière fois que j'abordai ces pittoresques rivages, c'était en juillet 1864, un matin. J'étais parti de
Piombino aux premières lueurs du jour, non sans avoir
échangé avec la Douane et la Santé les formalités de ri-
gueur, tout comme au temps de l'ancien grand-duc. J'ou-
bliai ces mesquines tracasseries devant l'immense majesté
de la mer, et poussé tantôt par la voile, tantôt par le bras
vigoureux des rameurs, j'arrivai bien vite à Rio. La plage,
qui s'ouvrait à moi riante et hospitalière, présentait un aspect encore plus animé que de coutume. Devant une première rangée de maisons se tenait le marché en plein vent.
Le marin, reconnaissable à son bonnet phrygien, le mineur à sa figure rougie par le fer, l'exilé napolitain à ses
guêtres de cuir, à son chapeau pointu orné de plusieurs
tours de rubans, tout ce monde allait et venait, achetant,
marchandant. C'était la scène de *la Muette de Portici* avec
un décor comme n'en a point l'Opéra. A l'ombre, le long
des murs, se tenaient les ânons mélancoliques qui avaient
porté les provisions au marché, et qui, loin de retourner
à vide, devaient ramener leur maître au logis. Dans les
auberges, les cafés, disséminés tout le long du rivage, une
foule bruyante mangeait, buvait, et parmi ces lieux ouverts
aux chalands on distinguait l'*Osteria di tutti*, l'Auberge
de tout le monde, dont l'enseigne philosophique, en lettres
noires sur fond blanc, se lisait même de la plage. Sur le
sable avaient été tirés les bateaux pêcheurs, où vivait en
paix sous la tente la famille entière du marin. Une ligne
de points brillants, noirs, métalliques, poussière cristalline détachée du minerai, marquait la séparation entre
l'eau et la terre, et servait d'arène à la plage. Les eaux de
la rade, à une grande distance, étaient colorées en rouge

par celles de la rivière de Rio, qui reçoit le rebut du lavage de déblais ferrugineux. Le ciel et la mer étaient calmes. A l'horizon, perdu dans la brume, on distinguait Piombino; une courbe indécise, sinueuse trahissait les montagnes du littoral toscan. On voyait mieux la tour de Cerboli et le phare de Palmajola, qui semblaient surgir du sein de l'onde. Sur le rivage, la tour des Espagnols, encore debout, marquait la limite de la rade, et un peu plus loin, sur la mer, un écueil détaché de la terre ferme semblait indiquer à l'ingénieur un second point de repère pour les fondations d'une jetée.

Les navires, ancrés au large, attendaient leur tour de chargement. Plus heureux que ses voisins, un gros brick marseillais, *la Bonne Juliette*, uni par une planche branlante à l'extrémité du pont-embarcadère, recevait dans ses flancs le minerai en roche et en menu. Le capitaine allait et venait, songeant au moment désiré du départ, tandis qu'une nuée de porteurs, courant chargés le long du pont, vidaient tour à tour leurs corbeilles à fond de cale. Rougis par la poussière ferrugineuse, à peine vêtus, les pieds nus, la *couffe* sur l'épaule[1], ils s'excitaient au travail en criant. Ainsi devait s'agiter l'essaim des fellahs pharaoniques quand ils bâtissaient les pyramides, *portant des pierres sur le dos*. Au bord de l'eau, devant une montagne de minerai qui eût suffi à charger toute une flotte, étaient les ateliers de fouille et de pesage. Là se tenait le *capitan di gita*, personnage officiel qui depuis l'époque des Pisans commande la phalange des porteurs. Les balances, les poids, il y a encore quelques années, étaient les mêmes qu'au temps de la république de Pise,

---

1. C'est une petite corbeille ronde d'osier, à quatre anses, où l'on met le minerai. Elle contient moyennement 30 kilogrammes. Les hommes en portent deux, les jeunes garçons une.

et les Médicis, les grands-ducs de la maison de Lorraine,
avaient tour à tour conservé avec un religieux respect ces
vénérables reliques. Une longue file d'ânes, chargés de
corbeilles pleines de minerai, descendaient par les contours
sinueux de la montagne, conduits par des gamins qui trouvaient commode au retour de se faire remonter par leurs
bêtes. Tel est l'aspect animé que présente pendant les
beaux jours de l'été Rio-Marina, vue de la mer ou de la
plage, et longtemps j'admirai l'un après l'autre tous les
détails de ce curieux tableau, que l'on chercherait vainement ailleurs.

Les ouvriers employés à l'extraction et au transport
du minerai sont presque tous enfants du pays. Les gens de
Rio qui demeurent dans un village perché sur la montagne, Rio-Alto, exploitent les gites de Rio-Marina, Vigneria
et Rio–Albano ; ceux de Porto–Longone, les mines de
Terra-Nera ; ceux de Capoliberi, les gisements de Calamita. Tous ces ouvriers sont payés à la tâche, rarement
à la journée. Dans les deux cas, ils sont contents quand
leur salaire atteint un franc cinquante centimes ou deux
francs par jour.

Les moins compromis parmi les brigands des Abruzzes
et des Calabres, les *manutengoli* du royaume de Naples,
exilés dans les îles de l'archipel toscan, ont prêté fort
utilement aux mines de l'Elbe le secours de leurs bras,
après avoir donné chez eux la main aux réfractaires. Sous
le nom de *domiciliati coatti* ou d'internés (mot à mot,
domiciliés forcés), ils vivaient à Rio de la maigre paye
de quarante centimes par jour que le gouvernement italien délivre à tous les exportés politiques, non compris
le logement. L'idée vint d'employer aux mines ces pen-
sionnaires de l'État, sans cependant recourir à la con-
trainte. Les *manutengoli* se sont pliés volontiers à ce tra-

vail, et ils n'ont pas tardé d'y gagner le même salaire que les ouvriers du pays, dont il a fallu cependant les séparer à cause des rixes et des coups de couteau. Quoi qu'il en soit, cet appoint de bras est venu fort à propos. Depuis la fondation de l'unité italienne, les ouvriers de Rio ne portent plus la couffe qu'à la dernière extrémité. Ceux qui peuvent s'occuper à d'autres travaux en saisissent avidement l'occasion, et la jeunesse du pays ne veut plus se prêter à ce qu'elle appelle un métier de bêtes de somme. Ce ne sera pas un des côtés les moins curieux de la révolution qui s'est accomplie en Italie que d'avoir ainsi naturellement relevé le niveau intellectuel et moral du peuple, que tous les gouvernements antérieurs s'étaient attachés à rabaisser.

Les *manutengoli*, qui ont bravement accepté leur nouvelle position d'exilés et de mineurs, se montrent moins difficiles que les gens de Rio, ces *Riesi* si vite convertis au régime du travail libre ; mais ils ont aussi leurs tristesses. J'avisai un jour à Vigneria trois de ces rudes montagnards travaillant à forer une mine. L'un, assis sur le roc, tenait la barre entre ses mains ; les deux autres, armés d'une lourde masse, frappaient en cadence sur la tête du fleuret :

> Illi inter sese multâ vi bracchia tollunt
> In numerum....

Un rameau de fougère, étendu devant le trou, empêchait les éclaboussures de sauter au visage des mineurs, et l'ouvrier assis tournait le fer à chaque coup. Les hommes étaient bien groupés, pittoresquement vêtus : feutres coniques, guêtres à boutons. Les types pouvaient servir de modèles : figures basanées, barbes noires ; les yeux brillaient d'un éclat sombre. Je m'approchai. « Eh bien ! amis, on mène ici douce existence ; le climat est beau, le pays sain, le vin bon. — *Eccellenza*, me répondit l'un d'eux en jetant un regard inquiet sur la mer, c'est vrai ; mais cela n'est pas la patrie. »

Le minerai s'extrait à la poudre ou au pic. Quand la roche est friable, facile à désagréger, le pic suffit. Quand le terrain est dur, compacte, on l'attaque au fleuret. La poudre fait voler en éclats des blocs énormes, qu'on casse ensuite avec de lourdes masses et des coins. Les chantiers sont tous à découvert et présentent un aspect particulier. Les vides immenses produits par l'exploitation affectent une forme circulaire ou elliptique, et ressemblent à de vastes cratères. La couleur de la roche, rouge sombre, violacée ou noirâtre, achève l'illusion. Au pied de l'excavation et jusque sur les gradins les plus élevés sont disséminés les mineurs et les terrassiers, travaillant par compagnies. Les anciens suivaient le même système d'exploitation.

La pierre étant extraite, il faut l'amener à la plage. Nous avons vu qu'à Rio on se servait d'ânes pour ce transport. A Vigneria, on emploie des charrettes d'une disposition fort originale. Deux hommes tiennent chacun à la main l'extrémité d'un long brancard en bois, très-flexible ; la caisse est en avant, les brancards en arrière. Entraîné par le poids qu'il porte et par la pente de la voie, habilement dirigé par les hommes, le véhicule descend rapidement au rivage, où est déposé le minerai. A Rio-Albano, où l'exploitation n'est encore ouverte que sur le littoral, on jette simplement le minerai à la côte ; à Terra-Nerra fonctionnent des charrettes comme à Vigneria ; enfin à Calamita on précipite le contenu des charrettes vers la mer d'une hauteur à pic de près de soixante mètres. Le minerai roule, se brise en chemin, s'éparpille en poussière, tombe à l'eau ; la moitié est perdue. En un autre endroit, on a taillé à grands frais dans le roc une sorte de couloir étroit et profond ; à la tête de ce long boyau incliné, on vide les charrettes, et le minerai

arrive ainsi sur le rivage. On perd moins, mais ce moyen
lui-même n'est ni économique, ni bien conçu. Çà et là, à
Rio et à Vigneria seulement, il y a quelques tronçons de
chemins de fer parcourus par des wagons.

Sur chaque mine, il existe des ponts-embarcadères au
bout desquels se rangent les navires, et où les porteurs, la
couffe sur le dos, viennent décharger le minerai ; mais le
grand centre d'exploitation et de chargement est Rio. Dans
sa rade mouillent des navires de tous les pavillons, italiens,
français, anglais ; il y vient jusqu'à des bateaux à vapeur :
ceux-ci sont attachés au port de Marseille pour le nolis spécial du fer. La guerre d'Amérique a amené à Rio des navires des États-Unis que la peur des corsaires empêchait de
retourner dans leurs eaux, et qui se faisaient par aventure
porteurs de minerai ; la guerre de Danemark, des bâtiments prussiens qui n'osaient plus franchir le Sund. Enfin
la marine de Rio a vu également des Turcs, non plus pirates comme jadis, mais armateurs civilisés. L'île d'Elbe a
fait récemment bon accueil au *capitan* Achmet, pour qu'à
leur tour les gens de sa nation reçussent bien les Italiens
dans les échelles du Levant.

Tous ces navires chargent du minerai et le portent surtout en France : à Marseille, où la fonderie de Saint-Louis
en consomme vingt-cinq mille tonnes par an ; à Bouc, à
Arles, d'où le produit des mines de l'île d'Elbe, remontant
le Rhône, va desservir les hauts fourneaux de la Loire,
ceux de Givors et de Rive-de-Gier. Par la Saône, on atteint
le département de Saône-et-Loire, où le grand établissement du Creusot fond jusqu'à trente mille tonnes de ce
seul minerai. Enfin, comme on a porté à ses dernières limites l'abaissement du prix de vente et du prix des transports, les usines des Vosges et du Jura ont commencé elles-
mêmes à s'approvisionner à l'île d'Elbe, car nos gîtes

nationaux vont partout s'épuisant. La Corse, par les fonderies de Toga, de Solenzara, et celle qu'on a installée à Ajac-
cio, est un des plus importants débouchés de l'île d'Elbe.
Il faut citer aussi l'Angleterre, qui importe annuellement
pour ses usines du pays de Galles plus de six mille tonnes;
mais le principal consommateur du minerai, après la
France continentale et la Corse, est l'Italie. D'abord vient
la Toscane, dont les trois établissements royaux de Valpiana,
Follonica et Cecina, ne marchant que six mois de l'année
à cause des fièvres qui l'été désolent la Maremme, fondent
encore quinze à dix-huit mille tonnes par an, puis les
usines métallurgiques établies il y a quelques années à
Piombino. Nommons encore le haut fourneau de la Pescia,
voisin d'Orbetello, quelques usines du littoral ligurien et
napolitain, enfin les États de l'Église eux-mêmes pour la
fonderie de la Tolfa. Ces petits établissements donnent lieu
à des chargements de peu d'importance, et les chiffres de
leur consommation s'effacent devant ceux de la France
et de la Toscane. La France et la Corse emploient à elles
seules plus de quatre-vingt mille tonnes, les quatre cinquièmes de toute la production.

Parmi les marins employés à l'exportation du minerai,
on cite d'abord ceux de Rio (et il est naturel que les gens
du pays profitent surtout des bénéfices de ce transport),
puis ceux de Viareggio. Ces derniers, sortis d'un petit port
du littoral toscan au nord de Livourne, sont les plus hardis,
les plus rudes matelots de la mer Tyrrhénienne. A Carrare,
à Seravezza, ce sont eux qui d'ordinaire chargent les marbres; à Rio, ils viennent embarquer le fer. Une galette, un
oignon et de l'eau, voilà toute leur nourriture pendant la
traversée. Ils n'ont pas de cuisine à bord, où jamais ils n'allument de feu. A terre, ils se relâchent de cette vie de cé-
nobites; ils boivent et mangent souvent en un jour, au

café, à l'auberge, tous les profits d'un fructueux voyage. Les disputes, les coups succèdent à des libations trop répétées, et parfois les poignards sont tirés. Ces allures des *Viareggini* sont bien connues dans tous les ports qu'ils fréquentent.

Le coût de l'embarquement du minerai à Rio est d'un franc par tonne payé par le capitaine. Le fret sur Marseille ou Bouc est respectivement de neuf francs cinquante centimes et onze francs. La commune de Rio ne bénéficie en rien sur l'extraction ni l'exportation. L'État, qui depuis l'époque pisane s'est adjugé la propriété minérale de l'île, du moins pour le fer, paye seulement à la commune une rente annuelle de cinq mille francs. Les habitants tirent du travail des mines, de toutes les opérations, de tout le mouvement auquel il donne lieu, leurs principaux moyens de subsistance. Sans les mines, on peut dire que toute la côte entre les caps Calamita et Della-Vita serait déserte et inhabitée, à part le golfe de Porto-Longone et quelques autres points, où de rares agriculteurs, quelques pêcheurs et quelques marins seraient venus planter leur tente ou jeter leurs filets. On peut estimer à un millier au moins le nombre de tous les individus attachés à l'exploitation sur les cinq districts ferrifères : mineurs, âniers, terrassiers, porteurs, peseurs, chargeurs, etc. Ce millier d'ouvriers, si l'on y ajoute les marins, les marchands, les agriculteurs, puis les femmes, les enfants, représente une population totale de huit à dix mille habitants, à peu près disséminés également entre Rio–Marina, Rio-Alto, Porto-Longone et Capoliberi.

Les cinq rades où l'on charge le minerai n'étant que des rades foraines, la belle saison est surtout l'époque propice à l'embarquement. La moitié de l'année est donc seule utilisée pour cette opération; encore faut-il que les navires s'échappent au moindre grain et se réfugient à Longone ou à Porto-Ferrajo, s'ils ne veulent pas être désemparés. Malgré tant d'inconvénients réunis, on peut charger à Rio jusqu'à trois cent cinquante tonnes par jour avec les seuls porteurs et le mauvais pont dont on dispose. On augmente encore ce chiffre lorsqu'un navire est pressé, et, ne voulant pas attendre son tour réglementaire, demande à être chargé en rade par des chalands. Dans ce cas, la mise à bord du minerai coûte deux francs par tonne au lieu d'un franc ; mais aussi il est des navires qui sont de la sorte allés à Bouc ou à Marseille, sont revenus et repartis, pendant que d'autres attendaient encore dans les eaux inhospitalières de Rio. Le prix de vente du minerai est pour les qualités en roche, de dix francs cinquante centimes la tonne prise à la plage, et pour les terres lavées de sept francs cinquante centimes [1]. Ces prix sont ceux que payent les forts consommateurs ; pour les petits acheteurs, on comprend que les chiffres soient un peu plus élevés.

Devant le spectacle d'activité que nous venons de décrire, comment ne pas se reporter vers le passé d'une exploitation près de trente fois séculaire? Si nous avons nommé les Étrusques comme ayant été les premiers à fouiller les mines de Rio, ce n'est pas sur la foi de la fable que raconte Tite-Live, de devins tyrrhéniens mandés par Ancus Marcius pour découvrir des mines à l'île d'Elbe, mais bien plutôt par suite de considérations géographiques et d'inductions historiques qu'il serait difficile de ne point admettre.

1. On donne le nom de terres lavées à celles qui proviennent des diverses exploitations anciennes, depuis le jour où les Étrusques portèrent pour la première fois sur ces gîtes le pic du mineur. On lave ces terres pour en chasser en partie la gangue d'argile ou de silice, et on augmente ainsi leur valeur. Jusqu'à ces dernières années, où les Anglais les premiers achetèrent ces déblais pour les fondre, on regardait les *gettate* de Rio comme un véritable embarras ; aujourd'hui ce sont surtout ces terres que l'on expédie. C'est, en effet, un minerai tout extrait.

L'île d'Elbe en effet est si favorablement située, si rapprochée du continent, dont elle n'est séparée que par un bras de mer de peu d'étendue, le climat y est si doux, si salubre, le sol si fertile, qu'elle a dû être de bonne heure peuplée. Il est certain que les Étrusques de Populonia y envoyèrent une colonie dès les premiers temps de leur arrivée en Toscane. Les mines de fer de Rio frappèrent sans nul doute les premiers colons : l'aspect insolite de ces terres rougeâtres, leur poids, le volume considérable qu'elles occupaient sur le terrain, toutes ces particularités réunies durent donner à des hommes qui connaissaient déjà l'art de fondre le cuivre l'idée de jeter également dans le fourneau le minerai de l'île d'Elbe [1]. Celui qu'on trouve à Rio est très-fusible, très-riche en fer ; l'essai dut réussir, et dès lors la sidérurgie ou l'art de traiter le minerai de fer était créée.

Populonia entretint des relations suivies avec sa voisine. Pour les Étrusques, ce peuple de marchands et de navigateurs venu de l'Asie, quelque peu cousin des Phéniciens, le trajet de dix à douze milles, faible distance qui sépare Rio de Piombino, ne devait offrir aucune difficulté. Une voie d'échanges était d'ailleurs trouvée entre la colonie et la métropole : l'île donnait le métal, le continent envoyait des vivres. Dans l'île, la métallurgie allait grand train, et partout où une vallée existe, partout où apparaît une

---

1. Aristote nous apprend que les Étrusques avaient fondu le cuivre à l'île d'Elbe avant le fer, dont les dépôts étaient recouverts par ceux du premier métal. Il est plus probable que ce furent les gîtes cuivreux que nous avons signalés à Pomonte et à Santa-Lucia qu'exploitèrent les Étrusques (en même temps que ceux voisins de Populonia sur le continent), bien qu'aujourd'hui encore on ait trouvé à Calamita du minerai de cuivre au milieu du fer. Dans tous les cas, l'âge de bronze aurait ainsi précédé celui de fer, même à l'île d'Elbe, et la mythologie et l'histoire se trouveraient une fois de plus d'accord. (Voir *la Toscane et la mer Tyrrhénienne*, par L. Simonin, Paris, 1868.)

source, un faible cours d'eau, il y avait un fourneau à fer.
Ces bas foyers, dont le type est encore en usage dans l'ancienne Ligurie, en Corse, en Catalogne, étaient soufflés à
bras, ou plus simplement par la trompe au moyen de l'eau,
peut-être même par ces courants d'air naturels qui règnent
toujours le long des vallées. Le combustible était fourni
par les montagnes voisines, et la loupe de fer ou d'acier
spongieux, en sortant du foyer, était étirée sous le marteau. D'après l'examen des divers tas de scories, résidus de
la fusion, que j'ai reconnus à l'île d'Elbe, non-seulement
sur les cinq districts ferrifères, mais jusque dans les golfes
de Campo, de Procchio (car il paraît qu'on s'éloignait quelquefois des mines pour se rapprocher de l'eau et du combustible), le travail m'a semblé avoir été conduit par les
Étrusques d'une façon plus que rudimentaire. Les scories
sont lourdes, compactes, mal fondues, très-riches en fer,
et ces forgerons primitifs n'ont certainement pas retiré
plus de quinze à vingt pour cent de métal des minerais
qu'ils ont traités. Les deux tiers au moins du fer étaient
ainsi perdus. Sur quelques points cependant, l'aspect des
scories est meilleur et témoigne d'un certain progrès. A
cette époque (c'était de six à huit siècles au moins avant
notre ère), l'île d'Elbe se présentait de loin la nuit, avec
tous ces feux allumés, comme un immense phare aux yeux
du navigateur. Aussi les Grecs, qui fréquentaient alors ces
parages, allant coloniser le midi de la Gaule, la Corse, la
Sardaigne, les côtes de la Ligurie, avaient-ils donné à
l'île le nom caractéristique d'*Æthalia,* sous lequel les anciens l'ont citée, c'est-à-dire l'île qui brûle, l'île des
feux.

Quand l'Étrurie fut soumise par Rome, conquête qui
s'acheva vers le troisième siècle avant notre ère, l'île
d'Elbe subit également le joug du vainqueur. Les Romains,

les plus grands administrateurs qui aient jamais existé, se gardèrent bien d'arrêter l'exploitation des mines de fer; mais ils transportèrent sur le continent, au bord de la mer, non loin de Populonia, et aux lieux où sont aujourd'hui les forges de Follonica, les officines métallurgiques, peut-être parce que le combustible manquait alors dans l'île. Sur ces nouveaux points, pendant plus de sept siècles, on a fondu d'une manière continue. Les scories qu'on y rencontre sont de très-bonne apparence : la sidérurgie, aux mains des maîtres du monde, avait fait de rapides progrès. C'est de Populonia, nous dit Tite-Live, que Scipion l'Africain tira tout le fer dont il avait besoin pour son expédition contre Carthage. Plus tard Strabon, qui décrit si bien les localités qu'il a traversées, a visité lui-même ces forges. Enfin, quatre siècles après Strabon, l'an de Jésus-Christ 417, Rutilius Numatianus, l'ancien préfet de Rome, qui se rendait dans les Gaules, sa patrie, en cô-toyant ces rivages qu'il a spirituellement décrits dans son *Itinéraire*, trouva encore ces fours allumés. Rutilius com-pare en passant les gisements inépuisables de l'île à ceux de la Sardaigne, du Berri, et à ceux de la Norique, au-jourd'hui la Carinthie et la Styrie, tous lieux encore célè-bres, comme l'île d'Elbe, par leurs mines de fer et d'acier.

Au commencement du sixième siècle, Populonia, déjà détruite en partie sous Sylla, est entièrement ruinée par les Barbares, et il est probable que les forges disparaissent avec elle. A cette époque, quand on voulait du cuivre, on le tirait d'une statue; quand on avait besoin de fer, on arrachait les crampons qui scellaient les pierres entre elles. Le chômage des mines dura près de trois siècles; ce n'est qu'au temps de la domination de Pise que l'île d'Elbe fut repeuplée. Les mines furent alors rouvertes, les Barba-resques, qui infestaient depuis longtemps ces mers, repous-

sés en mainte rencontre, et la vente de la *vena di ferro*
procura à la république une source assurée de fortune.
C'était au pied de la tour qui fut plus tard celle de *la
faim* que l'on venait déposer le minerai. Gênes, jalouse de
sa rivale, détruisit de fond en comble les établissements de
Pise après la terrible bataille navale de la Meloria, livrée
en 1288 près de l'embouchure de l'Arno. Elle emporta
comme trophée les chaînes du port de Pise, qu'elle n'a
rendues qu'en 1859. Les Pisans mirent bien des années à
se relever de cet échec, et quand en 1309 ils rachetèrent
l'île d'Elbe et ses mines des mains des Génois, ils durent
payer cinquante-six mille florins d'or, soit six cent quatre-
vingt mille francs de notre monnaie[1]. Il fallut recourir à
un emprunt pour trouver cette somme. Les plus notables
citoyens, les plus riches marchands prêtèrent leur or à la
république, qui leur donna hypothèque sur les mines ou
du moins les remboursa en minerai. L'opération fut si
fructueuse pour les prêteurs que le bénéfice retiré par eux
égala bientôt le capital avancé. On extrayait alors dix mille
tonnes par an, et ce chiffre, qui n'est que le dixième de
celui de l'extraction actuelle, est resté le même jusqu'à la
fin du siècle dernier. Le minerai se vendait au quatorzième siècle, de cinquante à soixante francs la tonne, cinq
fois plus cher qu'aujourd'hui.

Les choses allèrent ainsi à Piombino et à l'île d'Elbe
jusqu'au jour où le traître Gérard Appiani, capitaine du
peuple, vendit Pise aux Visconti de Milan. C'était en 1400.
Les Appiani se réservèrent la seigneurie de Piombino et
de l'île d'Elbe, et jusqu'à l'aurore du dix-septième siècle, où

---

1. C'est à M. G. Ulrich, aujourd'hui inspecteur des mines de l'île d'Elbe,
et qui a fait sur le moyen âge italien des études économiques fort curieuses, que je dois la connaissance de la valeur du florin d'or de Pise
au quatorzième siècle.

leur branche s'éteignit pour faire place à celle des Ludo-
visi-Buoncompagni, ils dominèrent dans ces contrées. Ils se
mirent successivement sous la protection de Sienne et de
Florence, puis du Saint-Empire, de qui ils achetèrent les
titres de comtes et de princes. Incapables de résister aux
Barbaresques, ils défendirent faiblement l'île d'Elbe; des
villages entiers furent mis à sac et rasés. Celui où séjour-
naient les mineurs de Rio, Grassola, fut ainsi un jour entièrement détruit par Barberousse, et les hommes et les
femmes emmenés en esclavage, les hommes pour ramer
sur les galères, les femmes pour peupler les harems. C'est
quelque temps après cette équipée de Barberousse que
Charles-Quint prit Tunis, et délivra du même coup tous
les prisonniers faits à l'île d'Elbe (1535).

Il ne convenait pas à quelques-uns des États intéressés
de laisser les Appiani seuls maîtres des mines et du détroit.
Aussi, dès le milieu du seizième siècle (1548), voyons-nous
Cosme Ier de Médicis s'emparer de Porto-Ferrajo et le fortifier. Bientôt il passe des contrats avec les Appiani pour
l'achat des minerais de fer. Ses successeurs suivirent sa
politique, et les usines de l'Accessa, de Valpiana et de Cecina s'élevèrent en Toscane. Les seigneurs de Piombino
avaient déjà établi à Follonica, au point où fondaient jadis
les Romains, des forges importantes. Trois de ces établissements, Follonica, Valpiana et Cecina, marchent encore
aujourd'hui.

L'Espagne, maîtresse du royaume de Naples, ne pouvait
voir sans jalousie les Médicis installés à Porto-Ferrajo,
l'une des plus belles rades de la Méditerranée. Phi-
lippe II, en 1596, sous le prétexte fallacieux de protéger
à l'île d'Elbe les intérêts des comtes de Piombino, dont
il était parent, ne tarda point à s'emparer de Porto-Longone, qui fut bientôt entouré d'un vaste réseau de fortifi-

cations, comme l'avait été Porto-Ferrajo. Les Espagnols élevèrent aussi une tour sur la plage de Rio; ils y mirent une garnison chargée de veiller sur les mines et de vérifier l'exportation du minerai. Cette situation dura jusqu'à la fin du dix-huitième siècle.

Eu 1800, l'île d'Elbe étant tombée au pouvoir de la France, les mines furent d'abord concédées à une société d'exploitants qui dut fournir de fer et d'acier les arsenaux de l'État. Les guerres de cette époque, le blocus continental arrêtèrent l'essor de cette compagnie. Les gîtes furent alors donnés par Napoléon en apanage à la Légion d'honneur et surveillés par un commissaire du gouvernement. En 1815, l'île et ses mines furent cédées à la Toscane, qui, depuis l'époque des Médicis, fondait à elle seule presque tout le minerai de Rio. Enfin, depuis 1859, le gouvernement italien continue l'exploitation des anciens grands-ducs. Ce fait de la propriété des mines, restée ici aux mains de l'État, a soulevé plus d'une objection. C'est principalement en vertu de l'ancien droit régalien, transmis par le code romain aux États féodaux et encore en vigueur chez quelques nations civilisées, que le gouvernement est demeuré jusqu'à ce jour propriétaire des mines de l'île d'Elbe. Cette application d'un droit disparu de tous les pays constitutionnels ne s'exerce point sans inconvénient dans la moderne Italie, quand il s'agit surtout de mines qu'on peut exploiter comme celles-ci à découvert, à la façon d'une carrière. Les particuliers et les communes ont réclamé plus d'une fois contre un monopole qu'ils ne supportent qu'impatiemment; mais l'État a jusqu'ici maintenu son privilége.

II

GÉOLOGIE DES MINES DE FER.

mmenses déblais de Rio. — Diverses explications de la formation des
gîtes. — Sont-ils tombés du ciel?— Éruption probable.— Sources minérales. — Fer oligiste, hématite et magnétique. — Ilvaïte. — Fer py-
riteux. — Magnifiques échantillons. — Surface totale occupée par les
gîtes. — Perfectionnements à réaliser. — Chiffres que l'extraction pourrait atteindre. — Le gouvernement mineur et fondeur. — Comment les
Anglais traitent leurs mines. — Situation économique défavorable. —
Nécessité de la création de grandes usines italiennes.

L'étude géologique des mines de fer de l'île d'Elbe est
facile sur quatre des gîtes, à peine effleurés, à peine
ouverts. A Rio, où le travail s'est toujours concentré de
préférence depuis les premiers temps, et où un volume
énorme de déblais recouvre le gisement primitif, la chose
est moins aisée; mais l'aspect même de ces déblais est
peut-être ce qui frappe le plus le géologue. La quantité
qui en existe surpasse tout ce que l'imagination peut se
figurer. C'est à plus de cent millions de tonnes qu'il faut
évaluer ces masses accumulées depuis près de trois mille
ans. Chaque fois qu'on a voulu jeter la sonde dans ces
terres pour se livrer à un cubage approximatif, on est
resté surpris des résultats que donne le calcul. La poussière ferrugineuse, solidifiée par les siècles, s'est reconstituée en véritables montagnes, qui ont jusqu'à deux cents
mètres de haut. Les pluies en ont raviné les pentes ardues,
y creusant des anfractuosités profondes. En d'autres points
la végétation des maquis est venue recouvrir les déblais

28

et les a encore consolidés, comme ces pins qu'on plante
sur les dunes pour fixer celles-ci au sol. On distingue
différentes couches variant du rouge sombre ou violacé au
rouge sanguin, d'après la qualité du minerai dont ces sables proviennent. Des strates se sont même formées comme
dans les sédiments géologiques, et des lignes parallèles, inclinées, marquent le talus le long duquel s'accumulaient
ces déblais. Il n'est pas jusqu'à des puits de mines profonds
et des tunnels d'une grande longueur qu'on n'ait pu percer
dans ces *jetées*, tant la masse en dépasse toute limite. La
fouille au pic et à la pelle suffit pour les désagréger de
nouveau, et l'on comprend combien l'exploitation en est à
la fois facile et peu coûteuse.

S'il est quelque chose d'aussi surprenant que ces gigantesques dépôts, témoins muets d'une exploitation de trente
siècles, c'est la façon même dont se présentent le gîte de
Rio et les quatre autres qui lui sont subordonnés. Certains
géologues ont vu dans ces gîtes ferrugineux un sédiment
produit par les eaux au fond d'une mer, d'un golfe ou d'un
lac, comme pour les argiles et les calcaires; les autres
d'immenses filons, comme pour le cuivre ou l'argent; mais
aucune direction, aucune inclinaison n'est visible : il n'y a
donc ni strates ni filons. D'ailleurs, à part le gîte de Vigneria, qui se soude à celui de Rio, il n'existe entre les cinq
districts aucun lien de continuité apparent.

Quelques savants ont songé à des filons sous-marins
rompus, disloqués, rejetés sur les bords de l'île, et dont
les gisements actuels représenteraient les immenses débris; néanmoins ces gisements sont bien en place, au lieu
même où ils ont été formés, et n'ont aucun caractère erratique[1]. D'autres géologues ont imaginé de prétendus

1. L'ancien ingénieur du grand-duc, M. Théodore Haupt (il est juste
de faire connaître son nom), un jour que Léopold l'interrogeait sur la for-

bassins, des anfractuosités du sol postérieurement remplies par des dépôts de sources ferrugineuses; cependant
ces sources, les supposât-on thermales, n'auraient pas été
capables de produire les effets saisissants de métamorphisme qui se présentent à chaque pas, aux points de contact des gîtes avec les roches avoisinantes, et surtout à
Rio. Les schistes, roches feuilletées sur lesquelles repose
le minerai, sont passés à l'état de *gabbri* rouges, de cornalines, de jaspes, d'ardoises, d'alunites ou pierres d'alun.
Les calcaires sont devenus caverneux; un. élément nouveau, la magnésie, est entré dans leur composition. Nous
croyons donc que les gîtes de l'île d'Elbe sont sortis à
l'état igné des profondeurs de la terre, comme de véritables roches éruptives, comme la serpentine, la diorite,
l'amphibole, l'ilvaïte, que l'on retrouve dans le voisinage, et dont ils ont précédé ou suivi de très–près l'éruption.

Les dykes ou immenses filons ferrugineux du Campi-
gliais, entre autres le dyke de Monte-Valerio, celui de Ga-
vorrano, près de Follonica, celui de Massa–Marittima, tous
trois également en Toscane, non loin du littoral qui regarde l'île d'Elbe, doivent être contemporains du dyke
de Rio. Ils se réunissent sans doute à lui à une grande
profondeur, comme à tous les autres gîtes ferrifères de
l'île. D'un même centre est ainsi partie une éruption qui
s'est fait jour à travers la croûte terrestre par les points de
moindre résistance. Des phénomènes géologiques analogues, en relation avec les gisements de fer, se reproduisent
du reste à l'île d'Elbe et sur le continent toscan : par exemple la cuisson, la rubéfaction, l'agatisation des schistes, la
transformation de ces schistes en alunites, la transforma-

mation de ces gîtes, lui répondit qu'ils étaient tombés du ciel, et que c'é-
taient de véritables aérolithes ! Pas mal pour un géologue allemand.

tion des calcaires purs en dolomies[1] ou calcaires magné-
siens, enfin la présence de l'amphibole et de l'ilvaïte au
voisinage des dykes ferrugineux.

On rencontre sur les gîtes de l'Elbe, mais surtout à Rio
et à Vigneria, des eaux minérales qui sourdent à travers le
minerai. Elles déposent de l'ocre rouge sur leur parcours;
elles ont une saveur acide, métallique, rappelant celle de
l'encre. A Vigneria, l'acidité est légère, et l'eau peut être
bue sans danger. Elle rappelle la limonade des hôpitaux,
qu'on fabrique avec quelques gouttes d'acide sulfurique
(huile de vitriol). Elle rafraîchit l'estomac et entretient
l'appétit, au dire des mineurs et des marins. La source
de Rio est beaucoup plus acide, et ne aurait être
prise comme boisson. Mêlée à l'eau douce du pays, elle
y produit un trouble laiteux, qui constate à la fois la
qualité franchement vitriolique de l'eau minérale et la
crudité des eaux potables de l'endroit, chargées de sels
calcaires.

Le minerai qu'on exploite à Rio est la variété de peroxyde
de fer anhydre connue en minéralogie sous le nom de fer
oligiste. Cristallisé, il contient jusqu'à 70 pour 100 de
fer ; le rendement en grand du minerai, soit roche, soit
terre lavée, ne dépasse pas de 60 à 65 pour 100.

Après le fer oligiste, bien reconnaissable à sa cristallisation et à sa couleur d'un gris métallique sombre quand il
est compacte, vient l'hématite brune ou rouge. Elle ne
présente aucune trace de cristallisation, quoique la richesse en égale souvent celle du fer oligiste. Ce sont les
minéralogistes grecs qui ont donné à ce minerai le nom
qu'il porte, et qui le dépeint si bien. « L'hématite ou
pierre de sang, dit Théophraste, est d'une texture serrée

1. Ainsi nommées en l'honneur du minéralogiste français Dolomieu,
l'un des savants qui accompagnèrent le général Bonaparte en Égypte.

et solide ; elle est sèche et semble, comme le mot l'indique, être formée de sang caillé. »

L'oligiste et l'hématite dominent à l'île d'Elbe. Quelquefois les échantillons contiennent du manganèse, ce qui bonifie singulièrement la qualité du fer. L'aspect du minerai est alors plus noirâtre. A Rio-Albano, mais surtout à Calamita, c'est-à-dire sur l'une et l'autre extrémité des gisements considérés dans leur ensemble, le fer oxydulé magnétique, vulgairement pierre d'aimant, entre pour une forte proportion.

Chimiquement, le fer oxydulé contient la même quantité de fer que l'oligiste cristallisé. Il a un grain très-serré, une couleur grise un peu terne, rappelant celle de l'acier dépoli. Certains échantillons ressemblent à de véritables morceaux de ce métal. Plus durs même que l'acier trempé, ils rayent jusqu'au cristal de roche. Ils agissent d'une façon remarquable sur la boussole, et jouissent comme elle de deux pôles, attirant un côté de l'aiguille, repoussant l'autre. C'est toujours la même pierre que le sage Thalès, six siècles avant Jésus-Christ, étudiait avec tant de curiosité dans les mines de la Magnésie, d'où elle a pris son nom grec de μάγνης (*magnès*), d'où nous avons tiré à notre tour le mot de magnétisme. C'est encore elle qui, sous le nom de calamite, servait dès le onzième siècle de notre ère aux marins de la Méditerranée pour se diriger sur la mer, quand l'étoile polaire faisait défaut. Un morceau d'aimant naturel, porté sur un rondin de liége et flottant librement dans un vase, fut jusqu'à Colomb le seul compas du navigateur. Il est probable que si les Grecs restèrent fidèles à la Magnésie pour la fabrication de leurs boussoles, les Italiens et les Provençaux se fournirent à Calamita. Les mineurs de Toscane eux-mêmes, qui dès le dixième siècle fouillèrent les riches filons de cuivre et

d'argent de Montieri et de Massa–Marittima, employaient
la calamite pour s'orienter dans leurs galeries.

Le fer oxydulé magnétique porte toujours en italien le
nom de *calamita*, qu'il jouisse ou non de deux pôles. La
poussière qu'il donne est noire; celle de l'oligiste et de
l'hématite est rouge. Quand l'hématite est hydratée, alors
la poussière en est jaune. Ces signes, bien simples à reconnaître, sont caractéristiques de ces trois principales
qualités de minerai. Le fer oxydulé y joint ses propriétés
magnétiques.

Les grenats, l'amphibole, l'ilvaïte, silicates contenant
tous une forte proportion de fer, accompagnent le gisement
de la calamite. On retrouve aussi ces deux derniers minéraux (l'amphibole et l'ilvaïte) à Rio, où l'ilvaïte forme même
des faisceaux de cristaux très-remarquables. Le nom de ce
minéral rappelle celui de l'île; c'est là qu'il a été découvert
ou du moins analysé pour la première fois en 1806, par
le commissaire du gouvernement français, Lelièvre, qui
lui donna le nom d'iénite en l'honneur de la bataille d'Iéna.
Les minéralogistes allemands ont refusé de reconnaître cette
dénomination, qui consacrait une double victoire pour les
Français, politique et scientifique. C'était assez d'une, et ils
préférèrent appeler le minéral *liévrite*, du nom de son inventeur. Espérons que le mot d'ilvaïte, plus heureux que
les deux autres, puisqu'il est dérivé du nom même d'Ilva,
aura tranché toute difficulté et apaisé les susceptibilités
nationales des savants germaniques.

Dans les gîtes de Rio, de Vigneria et de Terra–Nera, on
trouve, disséminée au milieu du minerai, de la pyrite à la
couleur jaune dorée, à l'éclat métallique, souvent en très-
gros cristaux. C'est un magnifique échantillon pour ceux
qui collectionnent, mais c'est en revanche l'ennemi juré
des fondeurs, car la pyrite, mêlée au minerai, introduit du

soufre dans la fonte, ce qui rend le métal cassant. Aussi a-t-on soin de rejeter tous les échantillons qui en renferment. On isole même, par exemple à Terra-Nera, les parties du gîte trop pyriteuses.

Dans certaines argiles qui accompagnent le minerai, la pyrite existe aussi, mais à l'état microscopique. Ces argiles foisonnent, fermentent à l'air : le sulfure de fer se décompose, et des traînées de soufre, d'une belle couleur jaune citron, se détachent du jour au lendemain sur le fond gris ou blanc des argiles. Il se forme aussi du sulfate de fer ou vitriol vert, autrefois exploité non moins que les bols ou terres colorantes provenant du minerai décomposé, et qui sont également répandus dans les argiles.

Avec les beaux échantillons de pyrite cristallisée et les remarquables géodes d'oligiste, brillant souvent de toutes les couleurs de l'iris, les mineurs remplissent de petites boîtes munies de casiers, et les vendent aux visiteurs. Il n'est pas de collection un peu complète qui n'ait quelques-uns de ces magnifiques spécimens de Rio.

La surface horizontale occupée par les gîtes de l'île d'Elbe peut être estimée à deux cent cinquante hectares. Sur ce chiffre, il faut compter environ quatre-vingts hectares pour Rio et son annexe Vigneria. Il n'existe peut-être aucune autre mine métallique de cette importance, et le fameux filon d'argent, la *Veta-Madre* du Mexique, l'immense dyke de quartz aurifère, qui traverse en longueur la Californie, celui de minerai argentifère qui recoupe en écharpe l'État de Nevada, n'égalent pas en volume la concentration ferrugineuse de l'Elbe. De plus, le dépôt est ici aggloméré sur un espace relativement très-restreint, et l'on comprend de quel intérêt est un pareil fait pour l'exploitation, la mise en valeur du gîte.

Est-ce à dire qu'on tire aujourd'hui à l'île d'Elbe le meilleur parti possible de l'extraction et de la vente d'un minerai reconnu inépuisable? Non sans doute, et sous le gouvernement de Victor-Emmanuel comme sous l'ancien grand-duc Léopold, tous les perfectionnements restent encore à réaliser. L'exploitation du minerai s'opère toujours d'une manière fort primitive. Il n'y a pas de chemins de fer pour les transports économiques, rapides et par grandes masses, pas de grues pour la manœuvre des matières lourdes et pour la descente du minerai à fond de cale. Dans toutes les opérations où la mécanique est en jeu, on s'adresse à l'homme et aux bêtes, c'est-à-dire à la force la plus élémentaire, la plus coûteuse. En certains points, on n'a pas même profité de la disposition des lieux pour l'installation de plans automoteurs destinés à la libre descente du minerai dans des wagons, système aujourd'hui en usage dans toutes les mines. Il n'y a pas de ports non plus, il n'y a que de simples rades foraines; au lieu d'une jetée en pierres, on ne trouve à Rio qu'un pont chancelant établi sur des pilotis, là même où jadis étaient ceux des anciens. L'idée d'un changement quelconque dans ces habitudes, l'adoption de nouvelles mesures effrayaient le grand-duc Léopold. « Et que ferai-je de tous mes ânes? » objecta-t-il un jour qu'on lui proposait d'établir à Rio un plan incliné par lequel le minerai devait descendre tout seul.

Le temps n'est plus cependant où l'extraction ne dépassait pas douze ou quinze mille tonnes par an. Déjà, durant les dernières années du gouvernement de Léopold, elle arrivait à vingt-cinq mille, puis à cinquante mille tonnes. La moyenne des dix années de 1851 à 1861 a même été de cinquante-six mille. Ce nombre est maintenant plus que doublé, car, dans un des derniers exercices, celui du 1ᵉʳ

juillet 1863 au 30 juin 1864, le chiffre de la production
s'élevait déjà à cent mille tonnes. Malheureusement, avec
les moyens limités dont on dispose pour le transport et le
chargement, on ne peut désormais aller beaucoup plus
loin. Le jour où l'exploitation sera conduite d'après les
règles de l'art, il n'y aura d'autres limites à la production
que celle indiquée par le chiffre de la demande, comme
disent les économistes. Or, avec le bas prix auquel atteindra encore le minerai par suite des perfectionnements alors
adoptés dans l'exploitation, avec la création d'usines nouvelles que provoquera très-certainement dans le bassin
méditerranéen l'impulsion féconde donnée aux mines de
l'Elbe, le chiffre de la demande arrivera en très-peu de
temps à un million de tonnes chaque année. Le bénéfice
net réalisé sera au moins de six à huit millions de francs.
Aucune mine, aucune entreprise minérale, sauf des cas
exceptionnels, ne donne de tels bénéfices; aucun gîte n'offre
de tels éléments de production, sauf quelques mines de
houille.

Les fameux gisements de guano des îles Chincha, qui
ont plus d'un trait de ressemblance avec les gîtes de fer
de l'île d'Elbe, notamment pour la position insulaire littorale, pour l'accumulation de la matière utile, ne livraient
pas, quand j'y suis allé en 1860, une des années les plus
prospères de la production, plus de trois cent mille tonnes
par an. Aujourd'hui le chiffre de quatre cent mille tonnes
n'est guère dépassé. Il est vrai que le bénéfice résultant de
l'extraction est énorme, et que le Pérou a tiré jusqu'ici de
ces riches dépôts d'engrais fossile ses seuls moyens d'existence comme nation politique; mais on peut prévoir
l'extinction complète de ces gîtes avant une cinquantaine
d'années au plus. A l'île d'Elbe, au contraire (comme
aussi dans quelques mines de houille), le calcul indique

à l'épuisement des limites si éloignées qu'il faudrait par exemple deux mille ans, avec un million de tonnes par an, pour épuiser les cinq gîtes réunis.

De l'état d'infériorité où le royaume d'Italie, suivant les errements des anciens grands-ducs, laisse l'exploitation des mines de l'île d'Elbe, ne ressort-il pas un enseignement? C'est qu'en bonne économie industrielle il ne faut pas qu'un État soit exploitant de mines. Ici on a même dépassé la mesure, et l'État est encore fondeur avec aussi peu d'intelligence du métier. Depuis Cosme le Grand se perpétue en Étrurie une situation des plus regrettables ; les hauts fourneaux de Follonica, Valpiana et Cecina ne marchent que pendant six mois. Or, sans parler de tous les inconvénients du chômage, même momentané, d'usines aussi importantes, on sait ce que coûte la mise en feu de ces géants de nos foyers métallurgiques, les hauts fourneaux. En France, en Angleterre, en Belgique, ils fournissent des campagnes continues et marchent sans jamais s'arrêter jusqu'à cinq et six ans.

Il faut que le gouvernement italien y réfléchisse. S'il veut continuer lui-même le travail de ces mines, il doit sortir de l'impasse où il est engagé. Une mine est un capital enfoui sous terre : moins on en tire de minerai et moins le capital fructifie. On doit atteindre au plus vite le maximum de production. Les Anglais l'ont bien compris alors que, poussant aux dernières limites l'extraction de leurs houillères, ils en tirent aujourd'hui plus de cent millions de tonnes de charbon chaque année, dont ils portent le dixième ou dix millions de tonnes à travers le monde, devenu tributaire forcé de leurs minés, tandis que les Anglais trouvent dans cette exportation un aliment quotidien pour leur colossale marine.

Ce qui paraît s'opposer, à l'île d'Elbe, à la mise en

œuvre des perfectionnements désirés, c'est non-seulement l'indifférence du gouvernement italien à l'égard de ces gîtes, qui lui rapportent pourtant dans l'état actuel plus de six cent mille francs de bénéfices nets chaque année, mais encore l'aliénation que le grand-duc Léopold II en a faite entre les mains d'une compagnie de Livourne présidée par le banquier Bastogi. On était en 1851. Il fallait payer les Autrichiens, qui avaient prêté le secours de leurs baïonnettes et de leurs canons. Léopold emprunta douze millions de lires toscanes (environ dix millions de francs) à la maison de banque Bastogi, et donna hypothèque sur les mines de l'île d'Elbe. Ce gage servit à garantir l'intérêt à cinq pour cent de l'emprunt. MM. Bastogi furent même investis de la direction des mines et des fonderies grand-ducales, et sous le nom d'*amministrazione cointeressata* une nouvelle administration fonctionna à l'île d'Elbe et à Follonica sous la surveillance du gouvernement toscan. Le roi d'Italie, respectant les contrats onéreux de Léopold, a maintenu cet état de choses qui doit durer encore plusieurs années. En cette occurrence, qui fera les améliorations indiquées tant pour les mines que pour les usines? Le gouvernement italien ou la compagnie Bastogi? Le seul moyen de sortir d'embarras serait de convoquer tous les actionnaires qui ont souscrit à l'emprunt grand-ducal, de leur garantir le montant et l'intérêt de leurs titres, puis de les exproprier, pour cause d'utilité publique, de l'hypothèque sur les mines et les fonderies, et surtout de la direction des travaux. On vendrait alors les mines et les trois usines soit à l'encan, soit à des compagnies d'industriels qu'on appellerait à soumissionner. Les amateurs ne manqueraient pas. L'État réaliserait plusieurs millions dans cette affaire et y trouverait sa tranquillité. Il affranchirait du même coup les proprié-

taires fonciers de l'île d'Elbe de la servitude qui pèse sur
eux, et ceux dont le sol ne serait pas déjà occupé seraient
libres d'exploiter eux-mêmes leurs mines ou de les vendre
à la compagnie industrielle substituée aux droits de l'État.
Mais où sont la plupart des actionnaires de l'emprunt de
1851? Les titres sont au porteur, et l'on dit que l'ex-
grand-duc, sa famille et ses fidèles en possèdent une grande
partie. Sorti de son duché pour la seconde fois en 1859,
Léopold ne serait certainement pas en humeur d'aider le
roi d'Italie dans l'accomplissement d'une mesure devenue
si urgente.

Cependant il est triste, pour la péninsule, qui cherche
à se constituer, qui s'arme pour sa défense et complète le
réseau de ses lignes ferrées, d'être obligée de commander
ailleurs, pour être quelquefois assez mal servie, des *moni-
tors*, des frégates blindées, des canons rayés, des rails et
des locomotives, voire des machines à vapeur. C'est avec
le fer provenant du minerai de l'île d'Elbe que les constructeurs de France et d'Angleterre satisfont souvent
aux demandes de l'Italie. Un jour, un entrepreneur de
chemins de fer de la péninsule, ayant eu besoin de
douze mille tonnes de rails, s'adressa à des établissements français qui traitaient précisément le minerai de
l'île d'Elbe.

Aujourd'hui, dans ce golfe de la Spezzia, où la nature
a creusé le plus beau port de la Méditerranée, s'installent
des chantiers de construction maritime. On dit que c'est
une compagnie française qui les établit. Que l'Italie au
moins y élève des hauts fourneaux capables de fournir à
ces ateliers le fer et l'acier dont ils auront besoin. On ne
saurait objecter que la Spezzia est trop éloignée des lieux
de production du combustible végétal et des mines de
fer. Déjà on a érigé deux usines de ce genre à Piombino,

vis-à-vis de l'île d'Elbe. L'air y est bon, le combustible à proximité, houille sèche ou charbon de bois. La houille collante, les cokes de France ou d'Angleterre peuvent y venir par mer à peu de frais. Deux compagnies industrielles, surtout composées d'Italiens, ont entrepris sur ce point la fabrication en grand de l'acier par le procédé Bessemer. Le minerai de l'île d'Elbe convient à cette opération. Il importe donc d'introduire dans l'île même des perfectionnements trop longtemps différés, et au besoin d'y élever des hauts fourneaux et des aciéries. Avant quelques années, l'acier aura presque remplacé le fer, car il a plus de dureté, plus d'élasticité, et offre plus de résistance. On en fait des chaudières à vapeur, des rails, des cloches, des arbres de machines, des essieux de locomotives et de wagons. Il est devenu indispensable au revêtement des vaisseaux, des frégates, à la fonte des canons rayés et des projectiles de guerre. Les outils de mine et d'agriculture, une foule d'engins mécaniques, se font aussi de plus en plus avec ce métal, qui coûte de moins en moins cher à mesure que les systèmes de fabrication s'améliorent.

Le fer et l'acier ont un immense avenir industriel. Les méthodes nouvelles adoptées dans l'élaboration de ces métaux, notamment en Angleterre, où l'on voit des hauts fourneaux produire seuls jusqu'à quatre-vingt-dix tonnes de fonte par jour, ne provoquent-elles pas les méditations de chacun? L'Italie peut à son tour, en construisant de vastes usines centrales et en donnant aux mines de l'île d'Elbe tous les développements qu'elles comportent, occuper sa place dans le monde métallurgique. De pareilles entreprises fourniront d'ailleurs un aliment à sa marine; elle-même y trouvera un moyen économique de compléter le réseau de ses voies ferrées et sa flotte à vapeur.

En fondant dans ses propres usines l'acier, nerf de la
guerre moderne, elle aidera à sa défense. Qu'elle ne l'oublie pas, et entre au plus vite dans cette voie féconde que
la géographie et la géologie de son sol semblent lui avoir
préparée.

CHAPITRE IV.

LES HOUILLÈRES DE L'AUTUNOIS ET DU CANAL DU CENTRE.

I

ÉPINAC.

De Paris à Épinac. — La descente sous terre. — Éboulements et remblais. — Maisons d'ouvriers. — Les invalides du travail. — Cincinnatus. — La voie ferrée. — Cussy-la-Colonne et la colonne de Cussy. — La Bourgogne vineuse. — Le port de Pont-d'Ouche. — Le pays des Éduens. — Le château et la verrerie d'Épinac. — Le pétrole français. — La porte d'Arroux. — La cathédrale et le musée d'Autun. — Ruines romaines. — Où est Bibracte?

Les trains express qui rayonnent tous les soirs de Paris sur les divers départements de la France sont bien appropriés aux habitudes de la vie moderne. Vous montez en wagon de huit à neuf heures, après dîner. On vous a laissé le temps de faire au logis votre repas à l'aise, de lire le journal, en prenant le café et fumant, si vous êtes fumeur. Après quoi, vous avez fait approcher une voiture, et, au pas mesuré de votre cheval, vous avez gagné la gare. La cloche sonne, vous voilà enwagonné, étiqueté, numéroté, empilé, ni plus ni moins qu'un colis quelconque. Vous avez pris votre coin, et vous dormez si vous pouvez. Le lendemain, au petit jour, vous ouvrez l'œil et enviez le sort des voyageurs qui touchent à la limite de leur trajet.

Par une nuit du mois d'octobre 1865, j'étais un de ces mortels, heureux ou malheureux, qu'un soir prend au départ de Paris, et que le matin suivant restitue à une gare quelconque de province. Au lieu de suivre le chemin de mon lit, j'avais pris celui de la gare de Paris-Lyon–Méditerranée, comme on dit dans la langue officielle des railways, et je me réveillais au petit jour à Chagny, où je ne vis rien que la brume. L'infatigable M. Joanne, le père de tous les guides, grands et petits, du *Voyageur en France*, m'avait annoncé que Chagny possède entre autres merveilles, une église avec clocher roman du douzième siècle, la tour carrée d'un vieux manoir, et la coupole orientale d'un château moderne, « qui attire de loin les regards. » Je n'aperçus rien de tout cela; j'eus beau écarquiller les yeux, tout était encore enveloppé dans l'épais brouillard d'un matin d'automne, qui se résolvait dans l'air en pluie fine. Sur la route qui se détache de la station, un véhicule, un cheval et un cocher endormis se laissaient cependant distinguer à la lueur blafarde d'une lanterne. Je hélai l'automédon, qui sortit en sursaut de son rêve, et me demanda si j'étais bien « le monsieur qu'il attendait »? A quoi je répondis affirmativement, fis charger les bagages et pris le chemin d'Épinac.

Épinac-les-Mines, où j'arrivai en moins de deux heures, est le centre d'une grande exploitation houillère. Je rencontrai là un vieux camarade, Zulma Blanchet, au nom à la fois oriental et gaulois, et qui avait couru la France pendant que je courais le monde. Mais le monde est taillé en rond, et quelle que soit la direction que l'on prenne, on revient toujours au point de départ. C'est là une des propriétés de la circonférence, la seule que le bon père Legendre, dans sa géométrie classique, ait oublié de mentionner.

Je tombai dans les bras de Blanchet, lui dans les miens : il y avait quinze ans que nous nous étions perdus de vue! Un bon feu, d'excellents *havanes*, et le café au lait traditionnel nous attendaient dans la salle à manger. Je suivis mon hôte, en réfléchissant qu'à cette heure matinale, mon Sosie, si j'en avais laissé un à Paris, était encore ronflant, tandis que sans trop de peine et sans aucune perte de temps, je me trouvais tout à coup jeté à cent lieues de la capitale.

Je demandai un habit de mineur, un marteau, une lampe, et me dirigeai vers un des puits de la houillère. L'ingénieur Zulma, en homme qui aime son métier, était charmé de la métamorphose, et me fit les honneurs du gouffre qui devait nous livrer aux noirs domaines souterrains.

Naguère, je l'ai dit ailleurs, la descente dans un puits de mine était pleine de péripéties. Suspendu au bout du câble, dans une tonne aux douves mal jointes (fig. 82), on allait battant contre les parois, ·parfois accroché par la tonne montante, craignant une chute de pierre ou d'outil, baigné par l'eau qui suintait de la roche, enfin, sujet à mille accidents. « Nous avons changé tout cela, » pouvait dire mon ami avec le médecin de Molière. A peine étions-nous arrivés sur la margelle du puits, qu'à un signal du contre-maître, une cage hissée par le câble, qui était mû à son tour par la vapeur, vint se présenter à nous. Nous y entrâmes debout, et la cage descendit en glissant le long de deux guides, énormes poutrelles de bois fixées dans le puits sur toute la hauteur. La cage est munie d'un toit, en guise de *parapierre*, et ce toit est surmonté d'un mécanisme particulier qu'on nomme le parachute. Si le câble vient à se casser, un ressort, jusque-là serré par le câble, se détend ; il commande deux fortes griffes d'acier qui entrent dans le bois des guides. La cage reste suspendue dans le puits, et l'on procède au sauvetage. Que de vies d'hommes ont été ainsi préservées ! Je ne parle pas de la conservation du matériel, que l'invention des guides et des parachutes a plus que jamais assurée, non plus que de l'accélération du service que les cages guidées et superposées ont rendue possible dans les limites les plus étendues de vitesse et de charge. Comme on le voit, le progrès est partout, dans l'ordre matériel non moins que dans l'ordre moral : le monde marche ! comme on dit.

Fig. 82. — La descente dans une mine de charbon, d'après F. Bonhommé.

Fig. 83. — Transport de la houille par les mules dans les galeries de la mine d'Épinac.

Je ne faisais pas précisément ces réflexions philosophi-
ques en descendant dans le puits de la Garenne, où mon
camarade, en vrai loup de mine, m'avait poussé tout d'une
traite. En quelques minutes, nous avions atteint le fond
du puits, distant d'environ quatre cent cinquante mètres
de la surface. Sur ce point débouche une large galerie munie d'une voie ferrée. Le long de cette voie, roulent les wagons pleins allant vers les cages, et les wagons vides se
rendant aux tailles. C'est un va-et-vient continuel. Des mules tirent les wagons (fig. 83); on les fait descendre dans la
mine par le puits, attachées au câble, et elles ne quittent
plus ce sombre séjour. Elles ont une écurie confortable,
sont soignées par des palefreniers, et sont portées au tableau de la mine sous des noms harmonieux et coquets, qui
rendraient jaloux les chevaux de course eux-mêmes.

Les wagons à charbon sont en tôle de fer, à quatre roues,
en forme de petite cuve ou de berline. On les superpose
dans la cage, par paires dans chaque compartiment; ils
montent avec rapidité, le long des guides du puits, tirés
par le câble, pendant que les wagons vides, dans un mouvement inverse, descendent au fond. Une machine à vapeur installée au jour, met en jeu les deux cages. Des câbles plats,
de la largeur de la main, en fils de fer ou d'aloès goudron-
né, s'enroulent sur un tambour ou bobine : chacun d'eux
passe auparavant sur une énorme roue de fonte, la mo-
lette, qui se dresse au-dessus du puits. Une haute et massive
charpente supporte les molettes.

Autour du puits sont installées les chaudières à vapeur
qui alimentent la machine motrice ; puis les parcs ou estacades où l'on vide le charbon. Chaque qualité a sa case ;
ici le *gros*, là le *grêle* ou le *menu ;* ou bien les charbons de
grille, et plus loin les charbons à gaz ou à coke, enfin les
houilles impures à laver. Ce sont des femmes, les trieuses,

qui nettoient et classent la houille (fig. 84). Aux hommes
incombent les travaux les plus rudes; ils reçoivent le
charbon à la bouche du puits, le transportent et vident
les wagons sur les estacades.

Chacun est à la besogne; la scène est des plus animées.
La cheminée élevée des chaudières en briques rouges, le
gigantesque chevalet en bois qui porte les roues sur lesquelles glissent les câbles, tout concourt à donner au tableau un aspect étrange et saisissant. Autour du puits,
dans une corbeille aux barreaux de fer, brûle la houille
sans cesse allumée. C'est comme le feu des Vestales, qui
jamais ne devait s'éteindre. On sèche à cette flamme ses
habits mouillés en sortant de la mine, et le fumeur y al-
lume sa pipe : c'est là qu'on change les postes; c'est là
que devisent les ouvriers par les froides journées d'hiver,
et quand les surveillants sont loin.

Pendant que les travaux de la surface offrent cet aspect
particulier, à l'intérieur, dans la ville noire des mineurs,
tout est bruit et mouvement. On travaille sans relâche,
ne se reposant qu'à l'heure du repas, et le déjeuner, dans
la mine, à la clarté d'une lumière fumeuse, n'est pas de
longue durée.

Quittons la longue galerie longitudinale où nous étions
entrés tout à l'heure. Prenons les voies latérales, gravis-
sons les galeries ascendantes. Nous arrivons dans les
tailles où l'on abat le charbon. Là travaille le mineur,
armé du pic, et quelquefois de la barre à mine ou fleuret,
pour attaquer la houille avec la poudre. Le charbon abattu,
vient le rouleur ou traîneur, qui le porte au sommet des
galeries latérales. De celles-ci, le charbon gagne les galeries de roulage. La descente s'opère par la seule force
de la gravité, comme sur un plan incliné, une montagne
russe. Un câble passe sur une énorme poulie, serrée par

Fig. 84 — Les trieuses de charbon, types du Creusot (au premier plan, assise sur la brouette, est la mère Dion ; trente-huit ans de triage, haute paye) ; d'après une photographie.

un frein pour modérer la vitesse, et les wagons descendants font remonter les wagons vides.

La couche de houille exploitée à Épinac est très-épaisse, puissante, comme disent les mineurs. Elle atteint, en certains points, jusqu'à dix mètres. Naguère, on exploitait cette masse par la méthode dangereuse et barbare des éboulements. Nous savons que cette méthode n'était pas spéciale à la mine d'Épinac. Dans toutes les couches de houille puissantes des bassins français, surtout dans celui dont nous nous occupons, le bassin du Centre ou de Saône-et-Loire, elle était exclusivement employée. Enfin, on la retrouve aussi usitée en Angleterre et dans les houillères allemandes.

Avec les remarquables progrès qu'ont faits à notre époque les arts techniques, un système d'exploitation aussi primitif ne pouvait durer longtemps. Depuis quelques années, les ingénieurs, réfléchissant que les forêts souterraines s'épuisent et ne se reproduisent pas comme celles de la surface, que le charbon est matière de prix qu'il ne faut point gaspiller, ont partout renoncé à la méthode d'exploitation par éboulements. La méthode par remblais est maintenant partout employée. Avec ce nouveau système, tout le charbon est extrait de la mine. La couche, au moyen de galeries qui se rencontrent à angles droits, est découpée en massifs qu'on abat successivement (fig. 85), comme les taillis dans un bois. On remplace par de la pierre, tirée de la roche stérile au milieu de laquelle gît le charbon, ou amenée du dehors, l'utile et précieux minéral, dont pas un atome n'est perdu. C'est à M. Blanchet, qui avait déjà installé cette méthode d'exploitation par remblais sur la houillère de Commentry (Allier), que revient l'honneur de l'avoir également importée sur la houillère d'Épinac.

Après avoir jeté un coup d'œil sur la ville souterraine des houilleurs, il convient de visiter le district qu'ils habitent, ce que les Anglais appellent le pays noir, en l'honneur du charbon qui donne aux contrées houillères une teinte et un aspect caractéristiques.

Épinac-les-Mines dépend du canton d'Épinac, limitrophe de la Côte-d'Or et compris lui-même dans la sous-préfecture d'Autun. Comme le bourg est assez éloigné de la houillère, la compagnie des mines d'Épinac loge ses ouvriers.

A cet effet, elle a bâti une vaste cité, où des logements isolés sont mis à la disposition des mineurs. Cette cité se trouve au lieu dit la Garenne, non loin du puits où nous sommes descendus; elle est percée de rues larges, bien ouvertes, tirées au cordeau. Les logements ont leur façade sur la rue; derrière est la cour, le jardin. Les types des maisons sont divers. Ici les logements sont tout à fait isolés, là ils sont par couples; mais toujours une famille habite seule.

Les logements sont composés de deux pièces : l'une servant de chambre à coucher, de salle à manger et de cuisine; l'autre, pour le linge et les lits des enfants. Il y a aussi les mansardes pour les débarras, et la cave pour le vin et les provisions.

L'isolement des habitations a été reconnu indispensable, et il a fallu revenir, ici comme dans toutes les mines, du type des maisons communes ou cités ouvrières, que dans le principe tous les industriels avaient adoptées pour abriter leurs travailleurs.

La maison commune des premiers jours est habitée à Épinac par les célibataires. On l'a transformée en chambres garnies à l'usage de ceux que n'ont pas encore joints les liens de l'hyménée, pour parler comme les poëtes

Fig. 85. — Les mineurs abattant le charbon dans la houillère d'Épinac

classiques. Ces chambres sont commodes, bien éclairées, de dimensions convenables, munies d'un lit, d'une armoire, d'une table à toilette, d'une cheminée. Les murs sont blanchis à la chaux, le plancher est carrelé. Dans bien des hôtels de petite ville, on n'est pas mieux logé.

Toutes les chambres s'ouvrent sur un corridor commun; elles occupent le premier étage de l'ancien phalanstère. Au rez-de-chaussée est une autre série d'appartements, livrés généralement à des familles de mineurs. Sur le même plan est la cantine, ou plutôt l'établissement alimentaire où se confectionne sans relâche, dans une énorme chaudière, le pot-au-feu sacramentel. C'est une sorte de *Bouillon-Duval* à l'instar de Paris. L'on y sert aux ouvriers non mariés, en retour de jetons dont le prix varie de cinq à quinze centimes, suivant la nature des portions, d'excellents et copieux repas. Les familles viennent elles-mêmes quelquefois se fournir à la cantine, tant la qualité des mets y est de premier choix.

Voilà le vivre et le toit garantis à ceux qui sont bien portants. On a pensé aussi aux blessés, aux malades, aux infirmes : les soldats des souterrains, comme ceux de l'armée, méritent d'avoir leurs Invalides. C'est pourquoi on a fondé une infirmerie, où les ouvriers sont soignés gratuitement. La caisse de secours, à laquelle chacun contribue par une retenue de trois pour cent sur son salaire mensuel, assure à l'ouvrier, malade ou blessé, les visites du médecin et les remèdes, et de plus une paye journalière pendant tout le temps de son chômage. L'ouvrier vieux et infirme jouit d'une retraite jusqu'à sa mort. C'est ainsi que fonctionne sur les mines la caisse des Invalides du travail.

La satisfaction à donner aux besoins matériels des mineurs n'a pas seulement préoccupé les exploitants. Ils ont aussi fondé un asile, des écoles gratuites pour les enfants,

des cours d'adultes, une bibliothèque, et garanti par là aux
ouvriers le bien-être de l'esprit. Enfin on a pensé aussi
aux besoins de l'âme, et une église a été édifiée pour que
cette intéressante population jouisse de tous les secours
que la religion peut donner.

L'hôpital, l'école et l'église sont désormais à portée du
mineur. Son logement est confortable, sa nourriture abondante et variée, le pays qu'il habite des plus sains. Ce
tableau n'est pas chargé à plaisir; chacun y peut aller
voir. Que reste-t-il à faire pour rendre le travailleur le
plus heureux homme du monde? Lui donner les moyens
d'acquérir un lopin de terre, de construire ou d'acheter sa
maison.

Ce rêve de l'ouvrier-propriétaire, caressé par les économistes, caressé par l'ouvrier de tous les temps et de
tous les pays, a été accompli sur d'autres mines; mais la
compagnie d'Épinac s'est jusqu'ici refusée d'en faciliter à
ses mineurs la réalisation. Nous croyons que la compagnie
a tort. Attacher l'ouvrier au sol, ce n'est pas mettre dans
ses mains le monopole, la coalition du travail, comme on
pourrait le croire; c'est le rendre conservateur, ennemi
des grèves et du cabaret, ami de l'épargne. C'est lui permettre de satisfaire l'ambition de presque tous ici-bas, par
la possession d'un morceau de terre, qu'on passe sa vie à
arrondir, à agrandir comme si la terre, où nous devons
tous retourner, devait auparavant recevoir notre plus
grande somme d'effort et de travail. Et puis, faut-il le dire?
le mineur, sur les houillères, ne paye pas toujours de bonne
grâce son loyer à la compagnie exploitante, quelque mi-
nime que soit la redevance exigée. Parodiant le distique
célèbre de M. Vautour, ce modèle des propriétaires pari-
siens, volontiers il dit à ses patrons qu'il ne veut pas
payer son terme, qu'il veut avoir une maison à lui.

La cité ouvrière d'Épinac, avec ses maisons de briques ou de pierres, aux toits de tuile ou d'ardoise (la variété ne nuit pas à l'architecture), occupe un vaste plateau. Sur un côté se détache le phalanstère avec sa cuisine rivale du fameux Duval; à gauche, quand on examine le tableau du haut de la montagne de Résille, est la mine avec ses puits, dont les cheminées des chaudières sont couronnées d'un panache de fumée. Quand je visitai le pays, une partie des installations extérieures était reprise et agrandie. De nouvelles cheminées en briques, plus vastes, plus hautes que leurs cadettes, étaient en construction. De loin, on distinguait vaguement, dans ces tours massives, les maçons alignant les briques, les manœuvres charriant le mortier. Ici les chèvres pour monter les matériaux, là les planchers pour porter les hommes. C'était comme un raccourci de la tour de Babel, quand les *limousins* de Ninive et de Babylone, laissant l'ouvrage inachevé, se mirent à parler patois, et que naquit la confusion des langues.

Vu de la montagne de Résille, le spectacle qu'offre la houillère d'Épinac mériterait de fixer l'attention d'un peintre, ami de la nature et de l'industrie; je ne dis pas d'un photographe, car les photographes se sont glissés partout. A l'horizon, les montagnes porphyriques du Morvan profilent leurs pics ondulés, qui limitent doucement le tableau. Devant soi on a la mine avec ses bureaux, ses ateliers, avec le monumental édifice en charpente destiné au lavage et à la purification de la houille menue, avec la longue rangée des fours à coke où l'on carbonise la houille, comme le bois dans les forêts, tandis que les menus impurs, impropres à la vente ou à la cuisson du coke, sont employés à fabriquer de la chaux, qui sert dans les constructions, et entre comme amendement dans l'agriculture.

Les logements de la direction sont perdus dans un bou.

de jardin. Plus loin est le domaine du Curier, qui fait partie
de la houillère. Le pic et la charrue marchent ici de compagnie. Ici le directeur d'Épinac revêt l'uniforme de Cincinnatus, et après avoir vaincu les ennemis souterrains,
les éboulements, les inondations, il se repose de ces luttes
émouvantes dans les paisibles travaux des champs.

Après tout, l'agriculture et l'exploitation des mines, la
culture du sol et du sous-sol, ne méritent-elles pas d'aller
ensemble comme deux sœurs? Ces deux arts ne sont-ils
pas la source de toute richesse territoriale, ne créent-ils
pas seuls les matières premières indispensables à toute
industrie?

Derrière les arbres du domaine du Curier disparaît la
voie ferrée d'Épinac, qui partant de la houillère, en amène
les charbons au port de Pont-d'Ouche, sur le canal de Bourgogne. Cette voie occupe une place glorieuse dans l'histoire
des chemins de fer français : c'est la troisième en date des
voies ferrées construites dans notre pays. Elle a été établie
en 1830, et ne compte comme aînées que celles de Saint-
Étienne au port d'Andrézieux sur la Loire, et de Saint-
Étienne à Rive-de-Gier. Ces deux railways ont précédé
celui d'Épinac, le premier de quatre ans, le second d'un
an seulement. Ce n'était alors que pour transporter la
houille, matière lourde et de peu de prix, que l'on faisait
en France des chemins de fer. C'était même pour ce but
exclusif, et dans les houillères britanniques, que le railway
avait pris naissance. Que ces temps semblent loin à cause
des résultats obtenus! Ce n'est plus le charbon, c'est le
voyageur qui est devenu le meilleur colis des chemins de
fer, et aujourd'hui la voie ferrée est partout. C'est maintenant aux lieux où elle a été pour la première fois établie, et où elle est restée telle qu'on l'avait faite, qu'elle est
devenue une curiosité, tant le progrès a été rapide, et

si profondes ont été les transformations qu'a subies l'invention nouvelle !

Sur le chemin de fer d'Épinac à Pont-d'Ouche, dont la longueur est de vingt-huit kilomètres, on rencontre des rampes; des montées très-raides, comme dans les premiers chemins de fer, cousins des routes de terre. On y a construit ce qu'on nomme des plans inclinés, en souvenir du fameux plan de Galilée. Une machine à vapeur fixe, établie au sommet du plan, hisse le train au moyen d'un câble qui s'enroule sur un cabestan, et à la descente le train reprend seul sa course par la force de la gravité.

Le chemin de Pont-d'Ouche traverse des sites intéressants. A Yvry, à Montceau, sont établis les plans inclinés dont il vient d'être fait mention. Ces points sont remarquables dans la géographie de la France. C'est par là que passe la ligne divisoire entre les eaux qui se rendent à l'Océan et celles qui se rendent à la Méditerranée. C'est cette même ligne de faîte qu'un peu plus loin le tunnel de Blaisy, sur le chemin de fer de Paris à Lyon, franchit par un souterrain de plus d'une lieue.

Sur le plateau qui sépare les deux plans inclinés du chemin de fer d'Épinac, passe la grande courbe idéale. Les Romains ont-ils eu connaissance de cette ligne, ou ont-ils voulu seulement témoigner sur ce lieu de quelque rencontre victorieuse des cohortes césariennes avec les bataillons éduens? Toujours est-il que ce point porte le nom de Cussy-la-Colonne, parce qu'on y a trouvé une colonne romaine qu'on a remise debout. Une inscription, rédigée dans cette langue franco-latine dont nous ne pouvons parvenir à nous défaire, nous apprend que ce monument très-vieux, *antiquissimum hoc monumentum*, ruiné par l'injure du temps, a été rétabli dans son premier état par M. Charles d'Arbaud, préfet de la Côte-d'Or, *Carolus d'Arbaud, Collis Aurei præfectus*, et sous l'*empire* de Charles X, *imperante Carolo X ;* tout cela en l'an de grâce 1825, *anno salutis M. D. CCC. XXV*, comme dit l'inscription. Quel étonnant mélange de la langue de Cicéron et du patois administratif! Pauvres Romains! est-ce parce que vous nous avez vaincus, que nous traitons si mal votre beau et harmonieux langage? Ces lieux sont encore pleins de vos merveilleux exploits et de vos grands souvenirs, mais les fils de Brennus et de Vercingétorix ne se sentiront jamais pris, devant la colonne de Cussy, de ce mouvement d'orgueil qui les saisit parfois devant une autre colonne plus fameuse et toute française.

Passons, et descendons à Bligny. Nous voici en pleine Bourgogne. Le vin du terroir suffirait à nous le rappeler, si nous ignorions la géographie locale. Mais est-ce bien le cas de goûter aux crus secondaires du pays, quand nous avons à notre portée tous les crus fameux de Mercurey, Volnay, Pomard, Beaune, Nuits, Vougeot, Chambertin? Ils sont là tous, à notre droite, jalonnés sur une ligne parallèle de celle que nous suivons, et distante seulement de quinze à vingt kilomètres. Salut donc aux crus généreux et chauds de la vieille Bourgogne, salut aussi à Pont-d'Ouche, terme de notre voyage sur la voie ferrée. C'est là que passe le canal de Bourgogne, reliant l'Yonne à la Saône, les eaux de la Seine à celles du Rhône, le nord de la France au midi, l'Océan à la Méditerranée. Ce que Dieu avait séparé, l'homme l'a réuni, ou plutôt le génie humain a fait disparaître les obstacles imposés par la nature, et ces obstacles, la nature les avait peut-être créés à dessein. Si elle avait tout fait pour nous, si elle nous avait ouvert toutes les voies, quel mérite aurions-nous à réussir? C'est

dans la lutte qu'on se retrempe, et c'est au milieu des difficultés que s'engendrent les plus grandes choses.

Le rivage de Pont-d'Ouche, comme on l'appelle, est le
port du canal de Bourgogne qui dessert la houillère d'É-
pinac. De là les charbons se rendent à Dijon, à Pouilly, le
long du canal, où l'on fabrique un ciment célèbre, et enfin
en mille autres lieux, nous dirait l'agent de la mine à Pont-
d'Ouche, s'il voulait faire valoir sa marchandise.

Le port, avec ses longues estacades pour le dépôt des
charbons, avec sa fabrique de briquettes où l'on agglomère
mécaniquement les houilles menues, avec ses quais de
chargement, ses magasins, termine dignement le railway.
La voie de fer et la voie d'eau se donnent ici la main, et les
deux stations se fondent en une seule. Pour les amis du
paysage, une haute ligne de peupliers, bordant les rives
du canal, vient adoucir le ton trop heurté, pour ne pas
dire plus, occasionné par l'encombrement des charbons.

En été, le pays est, dit-on, charmant; mais je ne l'ai vu
qu'en novembre et par un jour de mauvais temps.

Au retour, la pluie et la nuit furent les compagnes du
voyage. A la descente des plans inclinés, nous sonnions du
cornet à bouquin pour aviser les gardes de la voie et faire
ouvrir les barrières. Au milieu d'une obscurité profonde,
et dans cette marche rapide que la gravité seule réglait, ce
son avait quelque chose de sinistre. Malgré moi je pensais
à Roncevaux et à Roland; mais, plus heureux que le grand
paladin de Charlemagne, je ne tombai pas en chemin, et
rentrai sain et sauf au logis.

La houillère d'Épinac est située sur la limite du département de Saône-et-Loire et de la Côte-d'Or, entre Autun
et Chagny, adossée aux derniers contre-forts du Morvan.
Elle est au cœur de cette région qui s'appelle l'Autunois,
parce qu'Autun en forme le centre. C'est la patrie de ces

anciens Éduens qui, amis et alliés du peuple romain, faci-
litèrent à César la conquête de la Gaule, et qui, pris de re-
mords au dernier moment, se confédérèrent avec les Ar-
vernes, pour tomber avec eux sous les murs d'Alésia.
Depuis, les fastes de l'Autunois n'ont plus eu à enregistrer
des pages aussi brillantes; mais la contrée a néanmoins
marqué dans l'histoire nationale, et a fourni à la France sa
part de glorieux enfants. Le président Jeannin, qui préserva
courageusement Autun des massacres de la Saint-Barthé-
lemy, et à notre époque le général Changarnier sont nés à
Autun. Les Mac-Mahon sont aussi Autunois, et ont leur
château à Sully, au voisinage de la houillère d'Épinac.

En dehors de ses mines de houille, et des ruines d'Autun,
dont nous parlerons tout à l'heure, l'Autunois a peu de cu-
riosités à montrer au voyageur. Épinac est fier cependant
de son château, plus vieux que celui de Sully qui n'a que le
nom de l'ancien ministre d'Henri IV, et qui ne date que du
seizième siècle. Du château d'Épinac, il reste deux belles
tours, d'épaisses murailles, et plusieurs appartements aux
fenêtres gothiques. Aux beaux temps de la chevalerie, ce
fut un château fort, et les savants de l'endroit prétendent
qu'il a soutenu des siéges. Un d'eux m'a affirmé que
les tours en étaient jadis plus hautes, mais qu'elles
furent abaissées parce que les chevaux du sire d'Épinac
s'étaient un jour permis, je ne sais plus sur quel pont,
de devancer les chevaux de leur suzerain. C'est quand
les tours avaient toute leur hauteur qu'il eût fallu voir
notre castel, ajoutait l'archéologue épinacien; on en parlait à cent lieues à la ronde, et partout courait ce dicton :

> Démène-toi, tourne-toi, vire-toi,
> Tu ne trouveras pas plus beau que moi.

Ainsi parlait l'archéologue, pendant que le gentilhomme

verrier de l'endroit m'arrachait à ces études du moyen âge, pour me montrer sa belle verrerie, fille de l'industrie moderne. Elle est née du charbon, et fut bâtie dans le principe près de la mine, pour consommer sur place la houille qu'on extrayait. Avant l'établissement des chemins de fer, les choses allaient ainsi. Où envoyer économiquement l'utile minéral? La cherté des transports et le mauvais état, souvent l'absence des chemins, empêchaient de le répandre au loin. Alors on créait une industrie spéciale. Tantôt une usine à fer, tantôt une verrerie, une fabrique de glaces, même une briqueterie. Les fonderies et forges de Terre-Noire près Saint-Étienne, celles du Creusot, l'ancienne fabrique de glaces de Commentry, pour n'en pas citer davantage, n'ont pas eu d'autre origine. Ne pouvant écouler au dehors le charbon, on s'étudiait en quelque sorte à le transformer sur place. A mesure que les chemins de fer sont venus, plusieurs de ces industries, nées par la force des circonstances, et comme en serre chaude, ont peu à peu disparu, mais d'autres ont résisté, et se sont définitivement implantées dans des pays où, sans le charbon, on n'eût jamais songé à les introduire.

La verrerie d'Épinac a été du nombre de ces usines d'abord improvisées, puis vivaces. Dirigée aujourd'hui par M. Andelle, elle fabrique sans cesse ni trêve des dames-jeannes et des flacons, et fournit par an plusieurs millions de bouteilles, près de quatre millions, je crois, à la Bourgogne et au Bordelais.

On connaît cette intéressante fabrication des bouteilles. Dans un four chauffé à blanc, sont disposés quatre énormes creusets en terre réfractaire, c'est-à-dire infusible au feu. Du sable de rivière un peu ferrugineux, de la chaux, de la soude sont mis ensemble dans le creuset. Le mélange ne tarde pas à fondre en un verre homogène et de couleur

vert noirâtre. Toutes les matières se sont intimement com-
binées ; ce n'est plus qu'un silicate de soude et de chaux,
auquel la présence du fer donne la couleur caractéristique
du vert bouteille. Alors arrive le souffleur, non pas alchi-
miste comme ceux du moyen âge, mais utile verrier, qui
prenant au bout d'une canne creuse en fer, semblable à un
canon de fusil, une portion de silicate, souffle par l'autre
bout, et façonne peu à peu la bouteille. La forme s'achève
dans un moule.

Dans la verrerie d'Épinac, non-seulement les formes,
mais les volumes arrivent à être toujours les mêmes, et
ce point est important aussi bien pour le marchand de
vin que pour le consommateur. Un appareil ingénieux,
le lagénomètre, fait justice de toutes les bouteilles ou trop
grandes ou trop petites. Le lagénomètre? direz-vous ;
qu'est-ce que cela? Ouvrez ce livre qui nous a tous
amusés au collége, le *Jardin des Racines grecques*, et
lisez :

Λάγηνος, pot, bouteille antique.

.   .   .   .

Μέτρον, mesure et vers nombré.

Le lagénomètre est donc l'appareil qui mesure les bouteilles ; le mot n'est-il pas bien trouvé? L'avis de M. Andelle est qu'il est bon, et que la chose fonctionne bien.
Soyons de l'avis des connaisseurs.

La verrerie consomme environ neuf mille tonnes ou
neuf millions de kilogrammes par an. On calcule que cela
fait à peu près trois kilogrammes de houille par kilogramme de verre produit. Toutes les industries établies
dans le principe au voisinage des houillères, devaient
naturellement répondre à cette condition de consommer
beaucoup plus de houille que d'autres matières premières.

La houillère d'Épinac, qui fournit à la verrerie tout le

combustible dont elle a besoin, n'est pas la seule dont il
s'extraye du charbon dans le bassin de l'Autunois. Quand
on va d'Épinac à Autun, on traverse plusieurs concessions
de mines qui produisent aussi de la houille. Toutefois ces
exploitations ne sauraient faire concurrence à celle d'Épinac; mais quelques-unes sont intéressantes à d'autres titres. C'est là que gisent les schistes bitumineux que l'on

Fig. 86. — Empreinte, sur un schiste bitumineux, du Palæonisque (*Palæoniscus Blainvillei*,
Agassiz), poisson fossile du terrain houiller d'Autun. Grandeur naturelle.

distille pour en retirer l'huile minérale, et faire concurrence au pétrole américain au moyen de ce pétrole français. Ces gîtes jouissent aussi d'un grand renom auprès des
géologues. C'est dans leurs feuillets qu'on rencontre les
empreintes de poissons fossiles, les amblyptères, les paléo-
nisques sur lesquels le naturaliste Agassiz a fait les grands
travaux qui ont rendu son nom à jamais immortel (fig. 86).
C'est encore au milieu de ces schistes, à Muse, que M. Fros-
sard a récemment découvert les débris pétrifiés d'un sau-

rien, le premier qu'on ait trouvé en France dans le terrain
houiller. M. A. Gaudry, en présentant à l'Académie des
sciences ce noble témoin des premiers âges, parent de
l'Archégosaure ou du premier lézard, a proposé de lui
donner le nom d'Actinodon. Ce nom signifie que les dents
de ce reptile sont striées, rayonnées[1].

Allant un jour à Autun, je visitais ces fameuses mines de
schiste. Les couches qui les contiennent sont supérieures à
celles d'Épinac. Les schistes, noirs, lustrés, dégagent par
le frottement une odeur bitumineuse. Ils se divisent en
minces feuillets comme des ardoises. Les Romains d'Augustodunum qui ignoraient la propriété qu'ont ces roches
de fournir de l'huile, les ont employées en placages et
comme pierres de mosaïque.

On abat le schiste comme s'il s'agissait de la houille,
puis on le distille dans une sorte de chaudière fermée ou
cornue, chauffée par le bas.. L'huile se volatilise, gagne
le haut de la cornue, et traverse un tuyau plusieurs fois
enroulé sur lui-même, ou, comme on dit, un serpentin.
Celui-ci baigne dans un courant d'eau froide. L'huile
se condense et se liquéfie. On la recueille dans des récipients. Elle a une couleur jaune foncée caractéristique,
et sent le goudron. Par de nouvelles distillations, ac-
compagnées de quelques manipulations chimiques, on la
décolore, on la désinfecte, et l'on obtient une huile blanche et limpide. Baptisée d'abord par les industriels du
nom d'huile de schiste, et plus tard, à l'époque où ont
été découverts les célèbres pétroles des États-Unis, du
nom de pétrole français, cette huile peut servir à l'éclairage comme le pétrole américain. Le mal est que les

---

1. Il faut toujours parler quelque peu la langue d'Homère dans la
science comme dans l'industrie. Actinodon vient de deux mots grecs :
Ἀκτίν, *actin*, rayon, et Ὀδούς, *odous*, dent.

détaillants s'étudient à la mélanger avec des huiles impures, à l'altérer pour gagner davantage sur le produit vendu. Ils font l'inverse de ce qu'ont fait les exploitants sur la mine, et remettent dans l'huile purifiée les produits inférieurs qu'on en avait retirés. Franchement ce n'était pas le cas de prendre tant de soins pour la rectification de l'huile de pétrole.

Le plus grand inconvénient de toutes ces altérations malhonnêtes est que ces produits secondaires et à bas prix qu'on remet dans l'huile épurée, sont ceux précisément qui la rendent détonante. Les consommateurs de pétrole feront bien, en achetant cette huile, de plonger une allumette dans une petite portion du liquide : si l'allumette s'éteint, le pétrole est pur et n'offre aucun danger; mais tout le monde sait cela.

Donnons quelques chiffres qui résument cette curieuse industrie. A l'usine à schiste de Lally, située presque à moitié route entre Épinac et Autun, et au nord du bassin houiller, on exploite une couche bitumineuse de trois mètres de puissance, gisant à vingt-huit mètres de profondeur. On retire moyennement des schistes cinq pour cent d'huile brute dont on sépare l'huile rectifiée et les produits secondaires, tels que le goudron et la paraffine, dont on fait des bougies. Rien ne se perd dans le travail du schiste.

Heureux de pouvoir mêler aux études industrielles un peu d'archéologie, je quittai l'usine de Lally, pour me rendre à Autun. La ville est sur une éminence, au pied de laquelle passe une rivière, l'Arroux, qui se jette dans la Loire, à Digoin. En moins d'une heure j'arrivai devant l'antique porte qui emprunte son nom à la rivière, et qu'on eût mieux fait d'appeler du nom d'Auguste, comme une de ses sœurs de Nîmes. Ce nom eût rappelé aussi celui d'Autun ou Augustodunum.

La porte d'Arroux est un de ces arcs de triomphe dont les Romains marquaient l'entrée de leurs villes, comme s'ils eussent voulu passer partout en conquérants. Elle est composée de deux vastes arcades au centre et de deux petites portes latérales. Au-dessus règne une rangée de dix arcades séparées par des pilastres cannelés. Une corniche corinthienne couronne le monument. Le tout est du plus pur style, et offre dans l'ensemble, comme dans les détails, cette netteté, cette correction, cette sobriété dont les architectes de la Grèce et de Rome ont emporté le secret avec eux.

J'entrai dans Autun par la porte d'Arroux, ni plus ni moins qu'un centurion de l'Empire, et gravissant une série de rues montantes, je me rendis au sommet de la ville, où j'allai voir la cathédrale. Elle date du onzième siècle, et l'architecture mérite d'en être étudiée. Elle est de ce style de transition qui relie l'arc roman ou byzantin à l'ogive. La flèche est du plus pur gothique et très-élevée. Au milieu de tout cela quelques pastiches facheux, que les modernes, par ignorance ou défaut de goût, ont imposés à cette belle construction.

Le musée d'Autun m'attirait plus encore que la cathédrale : je ne parle pas du musée des tableaux, tous assez mauvais, sauf un portrait du général Changarnier, mais du musée d'antiquités. Je vis là avec plaisir des verreries et des bronzes revêtus d'une belle patine, des mosaïques, des marbres sculptés, des restes de vases et d'amphores, des objets en fer forgé, rongés par la rouille. Tout cela portait le cachet de l'époque gauloise ou romaine. Qui sait si quelque *vergobret* (chef des Éduens) n'a pas ceint cette lourde épée, coiffé ce casque et chaussé ces éperons ?

Tous les objets que renferme le musée d'Autun ont été retirés de fouilles nombreuses faites dans les environs. L'Angustodunum des Césars ne renferme aucune ruine gauloise et a fort peu de ruines romaines. J'ai parlé de la porte d'Arroux. Celle de Saint–André mériterait aussi d'être citée. Elle est moins élégante, d'ordre ionique. Une des tours qui servait à la défendre existe encore. Deux grandes arcades couronnées par une rangée de six petites, telle est la porte que les Romains, s'ils revenaient, seraient bien étonnés de voir mise sous le patronage de saint André.

Faut–il maintenant parler dés restes d'un temple de Janus, d'un amphithéâtre, de ruines de murailles et d'anciennes tours qui ceignaient la ville, d'aqueducs qui y amenaient l'eau, et dont le principal descendait de Montjeu, le mont de Jupiter, *mons Jovis*, disent les étymologistes? Faut-il, à la grande joie des antiquaires, exhumer tous ces débris épars, et refaire une ville que les Burgundes, les Sarrasins, les Normands, les Anglais, tous ces grands dévastateurs, ont tour à tour démolie et brûlée? Laissons ce soin à de plus habiles. Seulement relevons ici une erreur dans laquelle bien des historiens persistent encore.

Autun est l'Augustodunum des empereurs romains. Le nom qu'elle porte indique à la fois l'époque de sa construction sous Auguste, et l'éminence sur laquelle elle est bâtie, *dunum*, du Gaulois *dun*, colline, montagne, d'où nous avons fait dune ou montagne de sable. Mais Autun n'est pas l'ancienne capitale des Éduens, Bibracte, dont nous parle César. C'est sur le mont Beubray ou Beuvray, situé à peu de distance à l'ouest d'Autun, et dont l'appellation moderne trahit l'ancien nom celtique, qu'était la primitive Bibracte. Après la conquête, les Romains bâtirent Augustodunum pour ruiner Bibracte, et latiniser davantage les Gaulois. L'histoire nous offre des faits analogues. En Étrurie, à côté de la Florence romaine, est la Fiesole des

Tyrrhéniens; la première n'occupe pas l'emplacement de la seconde.

Quand je visitai Autun, cette question du véritable emplacement de Bibracte préoccupait fort les modernes Éduens. Les uns penchaient pour Augustodunum, les autres pour le mont Beuvray. C'est toujours la même histoire des éternelles disputes humaines. La *Vie de César*, que Napoléon III venait de publier, avait donné à la discussion une impulsion nouvelle, et l'Empereur lui-même était intervenu dans le débat en ordonnant des fouilles sur le mont Beuvray.

Les ruines que ces fouilles ont mises à nu semblent ne plus laisser aucun doute. Sur le sommet de la montagne on a découvert des fondations de murs, et retiré du sol des bronzes et des monnaies celtiques. Là était bien Bibracte, ancienne capitale de la confédération éduenne. Là commandèrent les vergobrets Divitiac et Dumnorix, chefs du collége des druides, et d'abord alliés de César. Que de faits encore indécis dans notre histoire nationale pourraient ainsi être éclairés d'un jour nouveau par des fouilles intelligemment conduites ! Le sol répond quand on sait l'interroger, et notre époque, si féconde en grandes découvertes, aura la gloire de n'avoir pas négligé celles de l'archéologie.

Nous allons maintenant reprendre notre course à travers les houillères de Bourgogne. Il est bon, à propos de l'étude des pierres, de faire un peu d'histoire en chemin, et d'ailleurs, comme on l'a dit, facilement un géologue devient un antiquaire. Mais il ne faut abuser de rien, même de l'archéologie, surtout quand on n'est pas précisément archéologue : *Ne sutor ultra crepidam*, que le cordonnier reste à ses souliers.

II

MONTCHANIN, BLANZY ET LE MONTCEAU.

D'Épinac à Montchanin. — Mine et tuilerie. — De Montchanin à Blanzy..
—Installations élégantes. — Qualités de houille extraites.—Institutions
philanthropiques.—Village des Alouettes.—Les ouvriers et les patrons.
— Le bassin houiller de Saône-et-Loire. — Production totale. — Phénomènes géologiques. — Évolutions de la vie et cataclysmes qui ont
accompagné la formation carbonifère. — Créations dues à la houille. —
L'armée des mineurs. — Les soldats et les chefs. — Rôle de l'industrie
dans la société moderne.

La route qui relie Épinac au chemin de fer de Chagny
est des plus pittoresques. Nous l'avons parcourue précédemment par la brume et la pluie, et je n'ai pas parlé du
paysage ; car la brume ne permet guère de voir, et la pluie
attriste l'esprit. Le retour fut plus gai. Me rendant à la station de Chagny pour gagner de là le Creusot, je traversai,
au pas accéléré des chevaux, de riches vignobles, le gros
bourg de Nolay, Change, où sont des moulins à blé cachés dans les arbres, puis des carrières et des fours à plâtre, Santenay, fameux par ses vins, enfin j'arrivai à Chagny, où s'embranche le chemin de fer qui mène à l'usine
du Creusot.

La voie ferrée se détache à angle droit de celle de **Paris**
à Lyon. Elle longe le canal du Centre, cette route d'eau
qui relie la Saône à la Loire, entre Châlon et Digoin. Diverses mines de houille, Saint-Léger, Saint-Berain, dont le
nom fit jadis tant de bruit, Long-Pendu , Montchanin, où
est une belle tuilerie, sont disséminées le long du par-

cours. Une ligne de peupliers jalonne les bords du canal.
A gauche, à droite, s'étendent des prairies et des champs
de vignes; les fameux crus de Mercurey ne sont pas loin.
Çà et là, à travers les arbres, montent les cheminées de
quelques usines à vapeur.

A Montchanin, se sépare un nouvel embranchement qui
va au Creusot, tandis que la première voie gagne Blanzy
et le Montceau, centre des plus fertiles houillères de tout
le bassin de Saône-et-Loire.

Nous connaissons le Creusot que nous avons ailleurs
amplement décrit, restons à Montchanin. Sur un large
boulevard se dresse une double rangée de maisons :
c'est la ville. A l'une des extrémités est une mine de
charbon, dont les édifices se mêlent à ceux de la cité.
Quelques-uns des puits, vieux serviteurs qui ont fait
leur temps, ruinés, abandonnés, présentent au milieu
du paysage un tableau qui ne manque pas de caractère
(fig. 87).

L'exploitation de la houille, non moins que le travail des
champs, a concouru au développement et au bien-être du
pays. Cependant on ne saurait nier que le voisinage de la
houillère n'ait été quelque peu nuisible à la campagne.
Çà et là, le sol s'est affaissé par grandes places. Des fissures, des tassements énormes se sont produits. C'est le résultat du travail souterrain, des vides gigantesques provenant de l'excavation de la houille, surtout à l'époque où
la méthode des remblais n'avait pas encore été adoptée.
La mine consomme toujours une grande quantité de bois
pour son soutènement. On jette les étais dans la mine par
les galeries inclinées (fig. 88); ils parviennent ainsi au
fond des travaux, où les boiseurs les mettent en place.

La houille exploitée à Montchanin forme des amas énormes; elle est de qualité moyenne, et se réduit facilement

Fig. 17. — Vieux puits abandonné de la houillère de Monachonin, d'après F. Bonhommé.

en menu. Quels cataclysmes, quels soulèvements ont accompagné le dépôt de ce charbon fossile pour donner à son gisement des formes aussi anormales?

On a pénétré par des galeries et des puits au cœur de ces amas; la noire forêt de pierre a été découpée en piliers préparés pour l'abatage, de même façon qu'on aménage une forêt végétale pour la coupe des taillis. Ici seulement la forêt ne repousse plus : le charbon ne se reproduit pas comme le bois.

Sur un plan, le détail de ces travaux préliminaires, de ces galeries qui se coupent à angle droit, de ces pâtés de remblais, rappelle des îles de maisons et des rues. L'analogie peut aller plus loin : une mine n'est-elle pas une ville souterraine?

Les ouvriers de la houillère de Montchanin sont frères de ceux que nous connaissons déjà : soldats courageux, affrontant en face les ennemis de l'abîme, allant tous au combat sans se plaindre, piqueurs (fig. 89), boiseurs, mineurs au rocher, et tous obéissant sans murmure aux ordres de leur brave capitaine, l'ingénieur en chef de la mine.

Une partie du combustible extrait est expédiée au Creusot; l'autre portion est mêlée à du brai anglais, et moulée mécaniquement en briquettes. Sur place le combustible est employé à la cuisson de la chaux et surtout des briques. On a l'heureuse idée d'exploiter l'argile du pays en même temps que la houille, et avec un combustible qui n'est pas de première qualité, mais une argile douée de propriétés exceptionnelles, on a monté une belle tuilerie. La terre qu'on met en usage peut faire concurrence aux terres les plus renommées de Bourgogne. La Bourgogne d'ailleurs n'est pas loin, et géologiquement nous y sommes encore.

De cette usine sortent des tuiles plates à crochet, légères, de couleur rouge tendre, de tous les modèles, et

toujours du plus heureux effet. M. Ch. Avril, le fondateur
de cette industrie, a deviné ce que peu de fabricants savent
encore comprendre, c'est qu'il fallait unir l'agrément et
en même temps la simplicité de la forme aux exigences
architecturales. On peut prédire à ces produits une réussite
de plus en plus grande, et déjà les suivre par la pensée
sur les toits des gracieuses habitations des tropiques, à
Cuba, à l'île Bourbon, à l'île Maurice, pays fortunés où le
bois a jusqu'ici remplacé volontiers la tuile.

Il nous faut visiter l'usine de Montchanin. Sa bonne dis-
tribution, le mouvement des appareils réglé automatique-
ment, c'est-à-dire par des machines, l'ordre, la propreté
qui règnent dans tous les ateliers, laissent une impression
agréable. Là travaillent presque partout des femmes, ce
qui ne gâte rien à la vue.

Les tuiles plates à crochet dont nous avons déjà parlé,
les tuiles faîtières, les briques creuses, qui ont apporté tant
d'économie et tant d'avantages dans les constructions, les
carreaux taillés en polygone, lustrés, polis comme à la
cire, tels sont les principaux produits de la tuilerie de
Montchanin, qui livre chaque année plusieurs millions de
pièces à ses fidèles clients.

Le chemin de fer qui mène de Montchanin à Blanzy et
au Montceau marche de conserve avec le canal, et comme
si ce n'était point assez, une large route de terre, traversant de belles campagnes, se mêle à la voie de fer et à la
voie d'eau. Heureux le pays auquel une étoile propice a
départi avec tant de prodigalité les voies de communication, qui sont la source la plus féconde de l'industrie et
du commerce, et dont tant de localités en France sont encore déshéritées !

Les nouvelles houillères que nous allons parcourir forment le prolongement, vers le sud, de celle de Montcha-

Fig. 88. — Les boiseurs de la mine de Montchanin lançant les étais dans le puits incliné, d'après une photographie.

nin. C'est la portion la plus productive, la plus fertile de
tout le bassin de Saône-et-Loire. Bien des points y sont
encore vierges ; mais on peut dire que la bonne conduite

Fig. 89. — Ouvrier piqueur des houillères de Saône-et-Loire (mines de Montchanin),
d'après F. Bonhommé.

et l'économie de l'exploitation le disputent à l'abondance
et à l'excellente qualité du combustible.

MM. Chagot, dont le nom a été déjà prononcé parmi
ceux des fondateurs du Creusot, ont créé aussi les mines
de Blanzy et du Montceau. Ils les dirigent encore et les
ont portées au degré de prospérité qu'elles ont depuis

longtemps atteint, et où elles n'ont cessé de se maintenir. Naguère le centre de l'exploitation était à Blanzy ; aujourd'hui c'est au Montceau que sont réunis presque tous les services. Là réside la direction, là sont les bureaux, les principaux puits, la principale cité ouvrière, le port le plus animé du canal du Centre, la plus importante station de la voie ferrée.

Quelles merveilles ne produit pas l'industrie ! Jadis il n'y avait en ce lieu ni culture ni habitants. Aujourd'hui il y a un gros bourg, un port commercial animé. A la voie de fer de la compagnie de Lyon s'unit la voie de fer de la mine. La houillère a ses locomotives, et traîne elle-même ses wagons, combles de houille, de la bouche des puits ou des galeries à la station du chemin de fer. Ces petites locomotives de mine sont sorties du Creusot, et c'est plaisir de les voir travailler.

L'agriculture elle-même s'est transformée et a fait les plus étonnants progrès, grâce à l'industrie houillère. Beaucoup de personnes croient que le voisinage des mines est forcément nuisible aux travaux agricoles. Il n'en est pas généralement ainsi. Dans le département du Nord, par exemple, la culture des plantes oléagineuses et de la betterave s'est développée par suite du voisinage des houillères, qui ont fourni le combustible indispensable aux presses et aux appareils distillatoires. Dans la Sarthe, la Mayenne, la Vendée, les houillères ont donné le charbon propre à la cuisson de la chaux, qui a servi d'amendement aux terres et les a régénérées. Dans les houillères de Saône-et-Loire, nous constatons les mêmes faits. « Avant le développement des mines, nous dit M. A. Burat, l'agriculture y manquait à la fois d'argent pour améliorer un sol généralement médiocre, et de débouchés pour ses produits ; la culture du seigle et des pommes de terre était presque la seule. Aujourd'hui les sommes versées dans le pays par l'exploitation houillère ont fourni les moyens d'amélioration du sol ; l'augmentation progressive de la population a ouvert les débouchés. Les terres, sous l'influence du travail ainsi secondé, ont plus que triplé de valeur ; le chaulage, facilité par le bas prix des houilles menues, a transformé le sol à tel point que la culture du froment est devenue presque générale. Cet historique est celui de toutes les contrées où l'industrie des houillères s'est développée depuis trente ans[1]. »

Ce ne sont pas là les seuls avantages procurés à l'agriculteur par l'exploitation de la houille ; on sait que la culture de la vigne est une des principales de notre pays. Or, au Creusot, une population vigoureuse, bien rétribuée pour le dur travail qu'elle exerce, consomme plus de trente mille hectolitres de vin par an. Dans plusieurs de nos grands centres industriels, Commentry par exemple, on relève des chiffres analogues. Et là ne se bornent pas encore les services que la houille semble destinée à rendre à la terre. L'agriculture ne peut plus progresser aujourd'hui que par l'emploi des machines, c'est-à-dire par le combustible. Ces machines sont avant tout les locomobiles pour le battage et le nettoyage des grains, et les machines à faucher et à labourer, que les Anglais et les Américains, grands producteurs de houille, ont imaginées et employées avant nous. L'agriculture a donc plus à gagner qu'à perdre à l'exploitation des mines, surtout des mines de charbon.

Revenons à la mine de Montceau : l'installation des puits y a été faite avec un luxe tout particulier. La chambre des machines est dallée, lambrissée ; les machines,

1. *Situation de l'industrie houillère en* 1859. — Paris, Lacroix et Baudry, 1860.

sans cesse graissées, frottées, reluisent comme une glace.
De larges fenêtres versent à pleines baies le jour et la
lumière dans l'appartement, partout fermé et couvert d'un
toit. Les chaudières elles-mêmes sont soigneusement abri-
tées. On dirait la machine d'un vaisseau amiral, et non
celle d'une mine de houille.

Les dispositions intérieures des puits, des galeries ne
laissent non plus rien à désirer. Des cages guidées remon-
tent au jour les berlines de charbon ; les hommes circulent
également dans les puits par ce moyen perfectionné. De
fortes machines d'épuisement extrayent l'eau des chantiers
souterrains. Le style des charpentes qui couronnent l'orifice des puits est le même qu'au Creusot (fig. 49, page 455).
Dans l'exploitation, la méthode des remblais a peu à peu
remplacé partout celle des éboulements. De vastes carrières
extérieures sont ouvertes dans ce but, et permettent d'a-
mener dans les tailles la roche stérile qu'on n'y rencontre
pas en assez grande abondance.

Les couches de houille exploitées sont au nombre de
deux, et ont douze à seize mètres d'épaisseur. Jadis on
n'en connaissait qu'une. Elles sont quelquefois divisées,
rompues par des lits de grès et de schiste. Elles donnent un combustible dont les qualités varient suivant
la couche qui le fournit et les points d'où on l'extrait,
comme si la nature de la houille avait dû changer avec
l'exposition des plantes qui l'ont formée. Les houilles
flambantes bonnes pour la grille et les fours à briques ;
les houilles grasses, collantes, destinées à la maréchalerie,
à la fabrication du coke, du gaz ; les houilles sèches,
dures, à courte flamme, recherchées par les fours à
chaux, etc. : toutes ces variétés de combustible se rencontrent dans les mines de Blanzy et du Montceau. La
deuxième couche est de qualité sensiblement plus grasse

que la première, et fournit les charbons à coke. Nous avons vu qu'une partie de ces houilles était dirigée sur le Creusot. Une verrerie consomme sur place une autre partie des charbons extraits. La plus grande partie est expédiée à Châlon par le canal du Centre. L'usine à gaz de cette ville et celle d'Autun emploient uniquement la houille du Montceau.

L'atelier de lavage des charbons est parfaitement installé; sur des cribles mécaniques la houille est séparée des parties stériles qui la salissent. Les menus purifiés sont ensuite mêlés à du brai, et comprimés en briquettes pour le service des locomotives et de toutes les machines à vapeur.

Les mines fournissent à peu près 450 000 tonnes par an de houilles de différentes sortes. Elles occupent environ 3000 ouvriers, hommes, femmes ou enfants. Tous les ouvriers sont logés dans des cités fondées sur le type de celles dont nous avons parlé précédemment. Ils jouissent des mêmes avantages que les ouvriers des compagnies voisines du Creusot et d'Épinac. Il est de même bon de rappeler, à propos de toutes ces institutions philanthropiques créées en faveur des mineurs, que Blanzy a donné un des premiers l'exemple. Dès 1834, la compagnie exploitante établissait sur ses mines une caisse de secours, et songeait à loger ses ouvriers. Elle a fondé tour à tour quatre cités, et adopté définitivement le type des maisons isolées. Un magasin de denrées alimentaires a été aussi organisé en 1847. Les principales substances qui forment la base de l'alimentation du mineur, le blé, la farine, les salaisons, l'huile, etc., sont livrées à prix coûtant. Enfin, en 1854, une caisse de retraite en faveur des vieux ouvriers est venue compléter l'institution de la caisse de secours.

Parmi les cités bâties pour les mineurs, la plus nouvelle, celle qui compose le village dit des Alouettes, se rattache

directement au Montceau : on croirait voir une de ces cités
américaines qu'un jour voit naître au milieu des déserts
quand les énergiques pionniers du *far-west*, s'éloignant
toujours davantage des bords du Mississipi et du Missouri,
font un pas de plus vers la colonisation des prairies et des
forêts vierges. Ici, comme en Amérique, on a bâti l'église
et l'école en même temps que les maisons. Il ne manque
plus qu'un journal pour que la similitude soit complète;
mais nos mineurs ne lisent pas encore autant, ne s'occupent pas surtout autant de politique que les ouvriers des
États-Unis.

La compagnie de Blanzy, comme celle du Creusot, fait
des concessions de terrains et des avances aux ouvriers qui
veulent se construire eux-mêmes leur demeure; enfin elle
décerne chaque année un prix au logement le mieux tenu.
Cette mesure a établi une grande émulation entre les divers ménages, et provoqué chez ces rudes mineurs le goût
du confort, du bien-être, l'amour du foyer domestique que
d'habitude les ouvriers français n'ont guère, bien différents
en cela des ouvriers anglais et allemands.

Il est inutile de s'étendre davantage sur un sujet que
nous avons déjà abordé plusieurs fois. Nous ne sommes
point ici le coryphée des compagnies. Nous applaudissons
à tout ce qui est louable, nous disons ce que nous avons
rencontré de bien sur notre route; mais nous devons nous
interdire les détails superflus, et surtout les redites.

A plus forte raison n'accepterions-nous pas le reproche
d'être avec l'exploitant contre l'ouvrier, et de trouver que
tout est pour le mieux dans les meilleures des mines possibles. Nous savons plus que personne, ayant dirigé nous-
même des mineurs, tout ce qu'il y a d'abnégation, de dé-
vouement dans cette noble classe d'ouvriers. Nous savons
que le mineur fait son devoir bravement, témérairement

même, sans se plaindre, sans l'espoir d'aucun avancement,
d'aucune récompense ; nous savons que les compagnies,
en embauchant le soldat de l'abîme, ne lui font pas espérer
qu'il tient au bout de son pic son brevet d'ingénieur,

Fig. 90. — Maître mineur des houillères de Saône-et-Loire (mines du Montceau),
d'après F. Bonhommé.

comme le fantassin porte le bâton de maréchal dans sa
giberne, ou le matelot son bâton d'amiral ; les caporaux
eux-mêmes, les maîtres mineurs (fig. 90) savent que bien
rarement ils pourront s'élever jusqu'au grade de capitaine,
celui d'ingénieur ou de directeur de la mine. Mais l'amour
de la vérité nous force à dire que si le mineur, ce pionnier

modeste, héros obscur, peut-être plus méritant encore que
celui qui défend la patrie, fait si glorieusement son devoir,
les compagnies font aussi le leur. Aucune d'elles n'a failli
à sa mission, non-seulement dans la Saône-et-Loire, mais
dans toutes les autres mines françaises. On a vu de quels
soins vigilants, paternels, les compagnies houillères entourent tous leurs ouvriers. Voilà ce que nous ne devons
pas méconnaître, nous qui ne sommes ni avec les ouvriers
contre les compagnies, ni avec les compagnies contre les
ouvriers, et voilà ce que nous sommes heureux de proclamer, faisant à chacun la part qui lui convient.

Il faut maintenant revenir sur tout ce qui a été dit, et
résumer, dans un coup d'œil d'ensemble, les différents
spectacles auxquels nous avons successivement assisté.
Après l'analyse, la synthèse.

Un bassin houiller a donné naissance aux diverses industries que nous avons fait tour à tour passer sous les
yeux du lecteur : extractions souterraines, fabrication du
verre, de l'huile minérale, de la fonte, du fer, des machines, cuisson de la chaux, du ciment, de l'argile, etc.
Ce bassin, dont l'exploitation concourt ainsi à la prospérité
de quelques-uns de nos départements du centre, est entièrement compris dans le département de Saône-et-Loire,
et en a reçu le nom. Il se compose de trois îlots distincts
à la surface, réunis peut-être en profondeur. Ces trois
îlots sont : celui de l'Autunois, le plus vaste, mais non le
plus productif; celui du Creusot, le plus restreint et pro-
portionnellement le plus fertile ; celui enfin qui longe le
canal du Centre, et sur lequel sont distribuées, du nord au
sud, les mines de Saint-Berain, Long-Pendu, Montchanin,
Blanzy et le Montceau, ces deux dernières les plus fécondes
de tout le bassin.

La production totale du bassin de Saône-et-Loire pou-

vait être évaluée, en 1867, à un million de tonnes par an,
soit un milliard de kilogrammes, le douzième de la production totale de la France. Sur ce chiffre d'un million de
tonnes, Blanzy et le Montceau concouraient presque pour
la moitié, soit 450 000 tonnes, le Creusot pour 220 000, Épinac et le bassin d'Autun pour 170 000, Montchanin
pour 110 000 et Saint-Berain pour 50 000 environ. Tous
ces chiffres sont encore augmentés aujourd'hui ; mais les
proportions restent sensiblement les mêmes.

Le terrain houiller est essentiellement formé de roches
grenues, grisâtres, les grès, et de roches noires, lustrées,
feuilletées, les schistes. C'est entre les couches de grès et
de schistes qui se prolongent régulièrement sous le sol à
de grandes distances, et se succèdent les unes aux autres
comme les feuillets d'un livre, qu'est interposée la houille.
L'accumulation et la décomposition lente des plantes qui,
à l'époque carbonifère, végétaient en ces régions, ont seules contribué à la formation du combustible, et le phénomène s'est passé il y a des milliers de siècles.

Au bord d'une vaste mer, qui s'étendait entre les montagnes porphyriques du Morvan et les cimes granitiques
du Charollais déjà toutes deux soulevées, croissaient alors,
en taillis touffus et en hautes futaies, les calamites, les
sigillaires, les lépidodendrons, les annulaires (fig. 91),
les fougères arborescentes, végétaux dont l'abaissement
de température du globe a depuis longtemps amené l'entière disparition, ou qui, réduits à de plus humbles formes, ont été presque tous reportés vers les contrées tropicales. Au milieu de ces espèces végétales on voyait aussi
quelques conifères, comme les walchias, ancêtres des pins
et des sapins. Les cycadées, à leur tour, faisaient présager
les palmiers. Au pied de tous ces arbres, des plantes
aquatiques formaient comme un épais tapis, et par leur

tissu feutré, tourbeux, préparaient les couches de houille,
dont l'exploitation devait un jour venir en aide à la machine à vapeur, l'une des merveilles de notre époque.

La mer baignait partout la lisière de ces forêts antédiluviennes. Le terrain émergé n'était formé que d'îles, et
dans les eaux salines poussaient même quelques-unes des
plantes houillères. Dans ces eaux vivaient aussi des êtres
d'espèces aujourd'hui perdues, notamment ces poissons si
différents des nôtres, mais que les maîtres de la paléontologie ont su reconstituer (fig. 86, page 471). Ce sera la
gloire de M. Agassiz d'avoir en quelque sorte fait revivre
ces poissons fossiles, comme celle de M. Ad. Brongniart
d'avoir reconstitué et remis à leur véritable place toutes
les plantes de l'époque houillère.

On retrouve les vertèbres, les écailles et même le corps
tout entier des poissons de l'âge carbonifère, en empreintes moulées dans les schistes. Au milieu de ceux-ci
se sont conservés jusqu'à des coprolithes, ou déjections
pétrifiées de ces animaux fossiles. Nous avons dit, en parlant du bassin d'Autun, si riche en débris de cette sorte,
qu'un saurien, l'Actinodon, avait même été retrouvé avec
les poissons. Aucun de ces êtres éteints n'appartient à des
mammifères; le moment n'était pas encore venu pour les
animaux supérieurs de faire leur apparition.

Quel sujet de réflexion pour le philosophe que cette
succession, cette transformation de la vie sur le globe,
cette série d'espèces qui vont sans cesse se modifiant, se
perfectionnant, à travers les millénaires géologiques, des
espèces les plus rudimentaires, les plus humbles, aux plus
intelligentes, jusqu'à ce qu'enfin l'homme apparaisse,
et la civilisation avec lui!

Le terrain houiller de Saône-et-Loire, déposé dans une
anfractuosité marine, une sorte de baie marécageuse, qui

Fig. 31. — Empreinte de plante fossile sur un schiste houiller des mines du Monceau (*Annularia longifolia*, Ad. Brongniart; Annulaire aux longues feuilles). Grandeur naturelle.

était comprise entre les côtes porphyriques du Morvan et les granits du Charollais, ne s'appuie pas partout directement sur ces roches éruptives. Souvent, comme au Creusot, il repose sur la grauwacke[1], roche bleuâtre, grisâtre, aux tons indécis, et qui a dû être fortement calcinée par le contact du granit, au temps des grands cataclysmes géologiques. Les lignes de stratification ont sensiblement disparu ; les couches ont été soulevées presque verticalement, la roche est fendillée, et se divise en fragments irréguliers. On y retrouve, comme trace de la vie organique à l'époque où elle s'est déposée, quelques rares empreintes d'encrines, de la famille des coraux.

Nous savons que, dans ces âges lointains, qui sont contemporains de la première période de la formation terrestre, le monde, encore dans l'enfantement, était agité de convulsions violentes, qui rompaient et disloquaient les couches, souvent même pendant leur formation. Ces effrayantes trépidations du sol, dont les tremblements de terre d'aujourd'hui ne peuvent donner qu'une très-faible idée, ont continué pendant toute l'époque houillère, à des intervalles intermittents. Ce sont elles qui ont brisé, pétri, laminé les couches de houille encore pâteuses (carte X), et provoqué, dans les terrains à peine consolidés, des fractures et des crevasses ; ce sont elles qui ont bouleversé des stratifications auparavant régulières, et fait émerger quelquefois, au milieu même des bassins, des pitons de roches ignées qui ont rejeté au loin les strates. C'est ainsi qu'entre Autun et le Creusot, le terrain houiller a dû être soulevé, démembré et balayé par quelque déluge après son dépôt.

L'époque houillère finie, sont venues l'époque per-

____

1. De l'allemand *grauwacke*, roche grise.

mienne, puis les époques triasique et jurassique. Nous savons pourquoi on les a baptisées de ces noms. Les mineurs belges, qui font peu de géologie savante, mais beaucoup de géologie pratique, appellent pittoresquement les *morts-terrains* ou terrains-morts les formations supérieures au terrain houiller, parce qu'ils n'y rencontrent pas la houille. En retour ils appellent *terrains d'adieu* les terrains inférieurs au terrain houiller, ceux sur lesquels s'appuie la formation carbonifère, parce que, passé ce niveau, il faut dire adieu au charbon, il n'y a plus d'espoir de le rencontrer. Ici, comme il arrive presque toujours, les expressions populaires ont le pas sur celles des savants : elles sont plus justes et surtout plus imagées.

Les terrains permien, triasique et jurassique, qui sont les morts-terrains du centre français, présentent tous les trois des traces nombreuses au-dessus du bassin houiller de Saône-et-Loire. Les grès rouges appartenant aux deux premières époques recouvrent presque complétement les grès et les schistes carbonifères, si bien qu'il y a probabilité, nous dirons même certitude, de rencontrer la houille au-dessous. Cependant aucun des sondages entrepris dans ce but n'a encore tout à fait réussi. Au Creusot, la recherche de l'inconnu, entreprise avec une hardiesse et une persistance qui ne se sont jamais démenties, a été un jour soudainement arrêtée par un accident en apparence insignifiant, la rupture d'un outil au fond du trou de sonde! C'est ainsi que les plus petites causes se mettent souvent en travers des entreprises de ce monde, qu'elles ruinent subitement.

Passant des considérations géologiques au côté industriel de la question, nous voyons cette houille enfouie comme à dessein sous le sol, au temps où le globe nais sait, et devenue pierre elle-même, vivifier, féconder à notre époque plusieurs départements. Cette transformation s'opère non-seulement par la création d'industries diverses, et d'une usine de premier ordre, que tous les pays étrangers nous envient, mais encore par tout le mouvement auquel donne lieu la houille, matière encombrante, de grand poids et de faible valeur. La houille veut avoir à son service non-seulement les routes de terre, mais encore les routes perfectionnées, les canaux, les chemins de fer, même les fleuves et les rivières, ces chemins qui marchent, comme les appelaient Rabelais et Pascal. Il faut aller le plus loin possible, et avec le moins de frais. Voyez les pays houillers, les *pays noirs*, ce sont de véritables Indes, au dire des Anglais, et les Anglais sont bons juges en pareille matière. Ne visitez même ces pays qu'en France et dans le district que nous avons choisi. Le Creusot, une ville plus peuplée que la plupart de nos chefs-lieux de département, Épinac, Montchanin, Blanzy, le Montceau, tous ces centres de population sont nés avec l'exploitation de la houille. Le diamant brut et opaque a fondé toutes ces villes, et son glorieux frère, le diamant cristallisé et limpide du Brésil ou de l'Inde, qui joue aussi en ce monde un rôle civilisateur, n'a pas de plus belles pages à nous montrer dans son histoire.

Et que dirons-nous maintenant des houilleurs? de cette armée vaillante, aguerrie, qui brave sans murmure tous les périls? de cette armée qui succombe, sans se plaindre, dans une lutte où l'ennemi est d'autant plus terrible qu'il est caché, et porte ses coups dans l'ombre, à l'improviste? Cette armée, nous l'avons vue à l'œuvre, sur son champ de bataille. Nous les avons suivis dans leurs noirs souterrains, ces fils vaillants et dévoués de sainte Barbe, et si nous n'avons pas raconté ici, une fois encore, tous leurs

combats, toutes leurs misères, nous n'en avons pas moins
appelé l'attention, à plusieurs reprises, sur le rôle glorieux et élevé qu'ils remplissent.

Ainsi, d'une part, les miracles que produit l'industrie ; de
l'autre, la lutte incessante du travailleur contre les éléments, voilà ce que nous a offert ce voyage à travers le
département de Saône-et-Loire. N'y a-t-il pas, dans ce genre
de spectacle, une sorte de poésie ? Qui a dit que l'industrie
desséchait le cœur et n'avait rien que de prosaïque ? Comment tant de merveilles, qui s'accomplissent chaque jour
sous nos yeux, n'ont-elles pas déjà ému davantage et l'écrivain et l'artiste ? Qui racontera, dans leur grandiose réalité,
les travaux des mines et des usines ? Qui fera enfin l'épopée
du travailleur ? Il n'est pas vrai que l'intérêt soit la seule
cause qui a produit tout ce que nous avons vu. Nous savons même que le soldat de l'abîme est mû par un mobile
encore plus élevé que le soldat des armées ; pour lui, pas
d'honneurs, pas de croix, pas d'avancement, et une paye
toujours modeste ; et cependant, invariablement fidèle à la
discipline, il fait énergiquement son devoir. Unique sou-
tien de sa famille, c'est pour gagner le pain quotidien qu'il
expose à chaque instant sa vie. Mais son salaire le soutient
à peine, et ce n'est pas par amour de l'argent qu'il brave
de continuels dangers.

Les chefs n'ont pas toujours non plus le lucre seul pour
objet. Cet ingénieur commande ses hommes, et se met à
leur tête dans les moments de péril, comme un capitaine
le fait pour sa compagnie. Ce directeur, qui consacre ses
journées et ses veilles à la conduite d'une immense entreprise, c'est le général qui combine et mène une opération,
et de qui dépend tout le gain de la bataille. Souvent l'a-
mour du pays guide autant cet homme, que vous appelez
l'industriel, le manufacturier, que son intérêt propre, et il

mérite bien de ses concitoyens en se consacrant tout entier à une grande affaire dont la réussite est utile à tous.

C'est sous de tels aspects que l'on aimerait à voir ceux qui tiennent aujourd'hui en maîtres la plume ou le pinceau, représenter le travail industriel. Il y a autre chose dans l'industrie que cette femme allégorique que les classiques font éternellement poser sur une pile de ballots de coton, revêtue de la toge romaine, et ayant à ses pieds des roues d'engrenage, des ancres, ou des compas et des niveaux. Il y a dans l'industrie, dans la science qui lui vient en aide, l'évolution de la société moderne, les luttes et les aspirations de notre époque tout entière, époque de travail et de progrès ; il y a une porte toujours plus grande ouverte à l'égalité ; il y a la matière domptée, assouplie, les agents physiques mieux connus, qu'on réduira peut-être à un seul ; il y a la connaissance du grand Tout qui se prépare, la science de l'avenir.

Tel est le côté par lequel il faut envisager le travail industriel et le rôle qu'il remplit à notre époque. Les pierres, les minéraux usuels sont au fond de tout labeur humain, et les arts utiles, comme on les a si bien nommés, sont non moins indispensables au bien-être et au développement des sociétés que les beaux-arts ; ceux-ci ne doivent pas proscrire ceux-là, mais leur tendre fraternellement la main.

FIN.

TABLE DES FIGURES.

I

PLANCHES TIRÉES HORS DU TEXTE.

II

CARTES TIRÉES HORS DU TEXTE.

III

FIGURES INSÉRÉES DANS LE TEXTE.

FIN DE LA TABLE DES FIGURES.

TABLE DES MATIÈRES.

PREMIÈRE PARTIE.

LA TRIBU DES PIERRES.

CHAPITRE I.

L'ÉTUDE DES PIERRES.

CHAPITRE II.

LA NAISSANCE DES PIERRES.

CHAPITRE III.

LES PIERRES DE FRANCE.

CHAPITRE IV.

LES PIERRES DU GLOBE.

DEUXIÈME PARTIE.

HISTOIRE DE QUELQUES PIERRES.

CHAPITRE I.

L'OR ET L'ARGENT DES MONTAGNES-ROCHEUSES.

CHAPITRE II.

LES MARBRES D'ITALIE.

CHAPITRE III.

LES MINES DE L'ÎLE D'ELBE.

CHAPITRE IV.

LES HOUILLÈRES DE L'AUTUNOIS ET DU CANAL DU CENTRE.

10618 — Imprimerie générale de Ch. Lahure, rue de Fleurus, 9, à Paris.

www.ingramcontent.com/pod-product-compliance
Lightning Source LLC
Chambersburg PA
CBHW061255030726
47595CB00001B/61